循环经济之道
通向可持续发展

[英]彭莱（Peter Lacy）
[美]杰西卡·朗（Jessica Long）　著
[美]韦斯利·斯平德勒（Wesley Spindler）

王艺　王欣　译

U0295413

THE CIRCULAR ECONOMY
HANDBOOK
Realizing the Circular Advantage

上海交通大学出版社
SHANGHAI JIAO TONG UNIVERSITY PRESS

内容简介

地缘政治和地缘经济的压力持续增加、技术变革的规模扩大、社会环境的挑战层出不穷，我们已站在抉择的十字路口。我们正把地球的承载力推向极限——气候变化对生物多样性和对海洋的威胁只是少数几个例子。循环经济提供了有效解决方案：稀缺且有害的资源使用不再是取得发展的必然前提，对环境的负面影响得以减少；而生产和消费前景却更为壮观，企业的创新力和竞争力更加强大。兑现循环经济的承诺是以扩大循环影响力和规模为必要前提，使价值链完成循环，并最终掀起经济系统的整体变革。

本书的作者提供了从理想到行动、从线性到循环的路径。书中的案例分析、有效建议和实践指导，正启发着我们：如何全面转型为循环的组织机构，让循环扎根于组织内部，并把系统变革的基础打得更牢，范围扩展得更大。本书分享了作者对不同商业模式、技术、产业的独到见解，本书的特色在于讲述了循环先锋们的故事并呈现了真实世界的案例，是帮助企业成长为牢牢把握循环优势的领军企业所必不可少的借鉴和指南。

First published in English under the title

The Circular Economy Handbook: Realizing the Circular Advantage

by Peter Lacy, Jessica Long and Wesley Spindler, edition: 1

Copyright © The Editor (s) (if applicable) and The Author (s), under exclusive license to Springer Nature Limited, 2020*

This edition has been translated and published under licence from Springer Nature Limited.

Springer Nature Limited takes no responsibility and shall not be made liable for the accuracy of the translation.

上海市版权局著作权合同登记号：图字：09-2021-252

图书在版编目(CIP)数据

循环经济之道：通向可持续发展/(英)彭莱
(Peter Lacy),(美)杰西卡·朗(Jessica Long),
(美)韦斯利·斯平德勒(Wesley Spindler)著；王艺，
王欣译.—上海：上海交通大学出版社,2021.10
ISBN 978-7-313-25439-9

Ⅰ.①循… Ⅱ.①彭…②杰…③韦…④王…⑤王
… Ⅲ.①可持续性发展-研究 Ⅳ.①X22

中国版本图书馆 CIP 数据核字(2021)第 187348 号

循环经济之道：通向可持续发展

XUNHUAN JINGJI ZHI DAO: TONGXIANG KECHIXU FAZHAN

著　　者：[英]彭莱 [美]杰西卡·朗 [美]韦斯利·斯平德勒	译　者：王 艺 王 欣
出版发行：上海交通大学出版社	地　　址：上海市番禺路 951 号
邮政编码：200030	电　　话：021-64071208
印　　制：上海新艺印刷有限公司	经　　销：全国新华书店
开　　本：710mm×1000mm　1/16	印　　张：19
字　　数：358 千字	
版　　次：2021 年 10 月第 1 版	印　　次：2021 年 10 月第 1 次印刷
书　　号：ISBN 978-7-313-25439-9	
定　　价：68.00 元	

版权所有 侵权必究

告读者：如发现本书有印装质量问题请与印刷厂质量科联系

联系电话：021-33854186

谨以此书献给世界经济论坛和全球青年领袖论坛，献给加速循环经济平台（PACE）的全体成员，感谢他们为经济循环发展提供的支持和付出的辛勤工作。

此书亦献给所有开拓进取的变革者、相关组织机构和合作伙伴：始终激励着我们，告诉我们如何在前行的道路上成为有责任心的领导者。

此书还献给我们的家人，尤其是露西、杰克、萨姆、盖伊、珍妮、贝唐、艾达、费利西蒂、伊莎贝尔、索菲、林肯、阿奇、克里斯和特里丝：他们成就了今天的我们——努力为所有人的光明未来贡献绵薄之力的我们。

原版序一

循环经济的标准化和规模化是全球经济繁荣与发展的前提。

环境问题每天都在折磨着我们所有的地球人,使地球变为沉重的负担。最直白地讲,环境问题是当代最重要的问题,所有的个人、组织、机构都应齐心协力,我们所应思考的首要问题是如何系统性地扭转浪费趋势、减少碳排放。我个人坚信循环转型是一条可持续发展之路,使得经济发展不再依靠不可持续的资源消耗。

六年前,飞利浦(Philips)公司做出一项重大战略决策——将循环思路贯彻至全部业务,这既是提升竞争力的要求,又是将理念付诸行动的举措,因为飞利浦相信,突破资源短缺的障碍,会成为公司的极大优势。有些人误以为循环增加了成本,但我的经验是,创新的循环反而释放了新的增收潜能,因为客户对公司的认可度会更高,利润也水涨船高。此外,飞利浦怀揣着强烈的目标感和使命感,将绿色思维扎根于所有的创新行动,飞利浦既是好的雇主,又是好的合作伙伴,这得益于公司的企业文化和企业魅力。

但是,我们依然面对着诸多基础性挑战,即如何把循环意识融入所做的每一件事情之中,如何让员工、客户和供应商共同投身于我们的重大转型之列?我们设置了很多目标,既坚定又有理想,有些目标甚至超出了自己的能力范围。我们是刻意为之,计划在2020年之前让所有大型医疗设备进入循环闭环:到2025年,这一范围将扩展至所有医疗设备,所有的消费者业务也都将体现循环的思路。

飞利浦对下一步的行动充满激情,将以过硬的知识和创新实力激发出潜在的循环价值。这需要全体员工和合作伙伴的努力和承诺,才能实现既定目标。我们志将循环生态系统和商业模式融入公司血脉,我们的优先选择是优化全球供应链的方方面面,使之标准化和规模化。

无论是大型企业还是中小型企业,也都在进行类似的变革,不管是公共部门还是私营行业,都将在电子废弃物、塑料和资本设备领域积极作为。我们可以为自己的成绩自豪,但紧迫的形势催促我们,步伐要迈得更快、行动要更高效、目标要更远大。我们将以全球领导者联盟的姿态参与其中,扩大循环经济的规模,密切关注其影响力并制定新型标准,这一切都将驱动全球的循环变革。

　　祝贺本书作者为鼓励和发展循环经济提供了切实可行的指导方针和明确清晰的战略方案,本书的案例研究也令人受益匪浅。鉴于我们对后代造成不可逆转损害的临界点正在迅速迫近,各级商业领袖都有责任投身于广泛存在且行之有效的循环经济事业。

万豪敦(Frans van Houten)

荷兰皇家飞利浦公司总裁兼首席执行官

加速循环经济平台(Platform for Accelerating the Circular Economy，PACE)联合主席

于荷兰阿姆斯特丹

原版序二

"我们的房子着火了。"瑞典知名环境活动家格蕾塔·桑伯格（Greta Thunberg）在2019年的达沃斯论坛上发声，她生动的描述并非危言耸听。我们必须马上行动，改变全球发展路线，商界领袖也必须有所作为，推动境况好转。

若企业致力于践行循环经济原则，进而为地球、投资者和所有利益相关者做出贡献，那么《循环经济之道》（*The Circular Economy Handbook*）就是必不可少的指南。有些领域的事务千头万绪，交易也似乎不被允许，而循环业务往往能扭转局面，本书用不同形式的成功案例，为企业指明了切实易行的商业模式，为公司转型注入动力。众所周知，除了把事情做好的心，掌握方法也很重要。

这本书就是企业开启循环之旅最需要的蓝图。哪些问题值得问？哪些困难要处理？长期目标和短期任务该如何确立？哪些要优先处理？对于这些问题，本书都给出了答案，本书还告诉企业应如何开始并取得成功。

《从摇篮到摇篮》（*Cradle to Cradle*）一书的合著者威廉·麦克多诺（William McDonough）鼓励我开办公司，解决当时尚未快速解决的问题。我和他人共同创办了AeroFarms，这是一家可完全控制的垂直农场公司，公司的目标是在闭环的水体系统种植作物，而实现这一目标之前，我们的任务是使废弃物为零。将循环经济理念纳入公司架构，也激励着员工不断努力发现改变的契机，比如，我们的员工就发现了将能量足迹减少超过30%的解决方案，再比如，我们自己开发的布料生长培养基（即种植作物的各种材料），可消灭污垢，且100%由可循环材料制成，可100%再利用。

彭莱（Peter Lacy）和我在世界经济论坛（World Economic Forum）共同建立了循环经济任务组（Circular Economy Taskforce），鼓励商界将循环经济原则融入日常业务模式。我们创立了全球循环经济奖（The Circulars），奖励在循环领域做出杰出贡献的公司，本书也阐述了五年多以来该项目带来的启发，讲述了振奋人心的故事，这不仅证明了该项目的价值，更从宏大的角度展现了循环经济的进步。

《循环经济之道》将加速全球向循环商业模式的转型。

这本书启发公司如何设计并推广循环商业模式。正如《从摇篮到摇篮》的合著者迈克尔·布劳恩加特（Michael Braungart）所言，生活在这个地球，我们希望不说"对环

境友好的智慧方案"，只说"智慧方案"，同理，我们的目标也是从构建"努力达到循环
经济要求的商业模式"转变为本质就是循环的商业模式。

现在，这本书里，就有我们需要的可信的样例、智慧的战略和充满教育意义的商
业模式。我们的房子着火了，我们迫切需要这本书。

戴维·罗森伯格（David Rosenberg）
AeroFarms 联合创始人兼首席执行官
全球循环经济奖联合主席
于美国新泽西州泽西城

原版序三

　　循环经济成为热门话题的时代已经到来。全球的政府、企业、民间社会组织和金融机构都已经认识到，循环转型不仅事关全球的财政收入和生态环境，更提供了巨大的经济发展机会和社会利好。

　　世界经济论坛的报告称，到 2025 年，全球循环经济每年可节省高达 1 万亿美元的材料成本。基于这种认识，《循环经济之道》的出版恰逢其时，这是公共和私营部门领导走向循环之路必不可少的行动指南。本书帮助企业发现扩大投资规模的机会，传授相关见解，论证循环经济对环境和商业的双重益处。此外，公私伙伴关系对实现循环也至关重要。

　　当前的全球经济模式本质上是线性的：我们获取、制造、消费、丢弃。据估计，我们开采的资源中，只有 9% 在首次使用后能成为新产品的原料重新回到生产系统。这样的经济模式不利于保护自然环境，必须马上转型。而实现循环转型，政府、企业、民间社会组织和金融家都必须发挥作用，因为这不是仅靠一方就能完成的事业。

　　全球环境基金(Global Environment Facility)意识到，有必要建立起全球平台来促进私营行业和公共部门的合作，使双方共同推动循环经济的发展，因此在世界资源研究所(World Resources Institute)的主持下，全球环境基金与荷兰皇家飞利浦公司一道，成为加速循环经济平台的联合主席，该平台把公共和私营部门的领导人集合在一起，推动集体行动。

　　我坚定不移地相信，明天的经济将与昨天的经济截然不同。在这方面，循环经济就是我们经济体系根本变革的蓝图，我们迫切需要循环经济这样完全可能并切实可行的变革。

　　《循环经济之道：通向可持续发展》一书十分重要，是我们实现这一目标的又一助力。

石井菜穗子(Naoko Ishii)

全球环境基金总裁兼首席执行官

加速循环经济平台联合主席

于美国华盛顿

原版序四

自 2012 年第一份量化循环经济机会的报告[《走向循环经济》("Towards The Circular Economy"),来自艾伦·麦克阿瑟基金会(Ellen MacArthur Foundation)]在世界经济论坛亮相以来,循环经济便得到了极大关注。循环经济的主张点燃了全球的商业领袖、新生创新力量、政府和城市、设计师和学者的想象力。循环经济之所以魅力巨大,或许是由于其令人信服的内在逻辑和经济原理,及其创造价值的巨大可能性和强大的竞争优势。与此同时,单向、线性的获取—制造—废弃系统带来的不利影响越发明显。到 2050 年,预计全球经济规模将翻两番,世界人口将突破 100 亿,新兴市场将占全球消费的 2/3。我们知道,线性经济造成浪费、带来污染、使有限的资源枯竭、自然系统退化、加剧气候恶化,按目前趋势发展,线性经济的负面影响将是灾难性的。

艾伦·麦克阿瑟基金会和很多其他机构的研究已清楚表明,与循环经济的机会相比,线性经济前景堪忧。2015 年《变废为宝》(*Waste to Wealth*)一书已证明了循环经济创造价值的巨大潜力,循环经济在五个重要商业领域的引入和推广,保守估计到 2030 年可创造超 4.5 万亿美元的价值。而本书则体现了过去五年循环经济思维的进步,展示了循环经济领域优秀的案例,很多领先企业目前行动迅速,已经从最初仅有意识,发展到进行实质性的参与和投资。

毫无疑问,第四次工业革命的技术,如人工智能、机器人、增材制造和物联网,将为循环转变发挥至关重要的作用。这些技术使数据透明度更高,让企业拥有更强的洞察力,为企业提供了新的可能,有利于企业优化设计、创新生物材料和技术材料、选择更好的材料和制造方法、提升嵌入式材料智能、发展可扩展的资产跟踪和回收。这些催生了新的商业模式,改进了产品,这些商业模式和产品能够安全、有效、高效地适应工作环境、经济系统、环境系统和社会系统。若以循环经济的愿景为目标,那么下一轮由技术驱动的创新,将为向循环经济的转型和加速转型带来广阔前景。

循环经济带来的机遇现已获得大量媒体报道,也得到了政府和城市监管机构以及资产管理企业和投资者的关注。循环经济的领军者和利用循环原则创造价值的企业,将牢牢把握竞争优势,而那些仍困在线性经济的企业,则会发现自己的处境越发艰难。

这本书提供了有力的案例分析，详细说明了商业环境中如何切实用好循环原则的方法、工具和技术。本书是循环经济领域又一备受欢迎的力作。

艾伦·麦克阿瑟(Ellen MacArthur)

艾伦·麦克阿瑟基金会创始人兼董事会主席

安德鲁·莫莱(Andrew Morlet)

艾伦·麦克阿瑟基金会首席执行官

于英国考斯

原版序五

有些人也许会说，第一次工业革命的"获取、制造、废弃"的线性生产模式利用无原则的商业发展造成了人类与地球关系的紧张。但幸运的是，今天我们看到很多的商业和社会领袖接受了《从摇篮到摇篮》一书中的循环经济原则，循环经济原则不仅仅是减少、最小化和避免浪费，而是接近完全没有浪费的自然状态。

《从摇篮到摇篮：循环经济设计之探索》(*Cradle to Cradle：Remaking the Way We Make Things*)一书出版之前，2002年我已有幸与循环经济的领军企业合作，这些公司包括家具制造商赫尔曼·米勒(Herman Miller)和地毯公司萧氏工业集团(Shaw Industries Group)，我们共同努力，重新思考、重新设计、不断实践，带着循环的愿景和目标，为未来的产品设置新的标准。从2014年到2016年，我担任了世界经济论坛循环经济全球理事会的首任主席，这使我能亲眼看到循环经济的大规模推广并在其中发挥作用。

虽然过去25年进步巨大，但考虑到今天大多数产品的构思和营销方式，我们显然还有漫长的路要走。比如，企业和监管机构经常提到产品的"生命周期"和"使用结束"来表明环境责任，其实产品的"生命"往往很短，但这"短暂的一生里"，既有浩大的出生——全球供应链都参与其中，又有在垃圾堆中潦倒甚至危险重重的死亡；可能埋葬在陆地、河流和大海中；也可能在烈焰中和有毒的"废弃物变能源"工厂里灰飞烟灭。这些情况，在"用过就抛"的时代屡见不鲜。但现在我们已经意识到，资源是有限的，发展是受限的，所以"用过就抛弃"的做法本身也被抛弃了，与其在不完善的系统中结束产品的一生，不如在安全、循环和有益的系统中妥善处理产品，或将产品投入下一次使用。

《从摇篮到摇篮》一书的循环经济实践让我们将理想变成现实，这些实践代表了商业条款基础原则的根本转变，让我们走出浅薄、以自我为中心的状态："如何用最少的投入换取最大的收益？"——这是我们在充满约束和恐惧的世界实现经济价值的量化；现在，循环经济让我们着眼于更睿智更宏大的课题："我们能付出多少来感恩社会？"——这是我们在物质富庶且充满希望的世界，对自身商业价值的全新量化。

我认为《循环经济之道：通向可持续发展》一书是很有价值的工具。该书解决了经济价值链中每一个环节面临的问题，提供了实现共同繁荣的手段，激发了大众对循环经济不断增强的兴趣，为循环设想的实施提供了重要的支持。我希望遵照本书行动的人，在探索《从摇篮到摇篮》一书循环经济的原则和实践时，不仅看到商业模式和系统的转变，更发现思维和语言的升级。

威廉·麦克多诺（William McDonough）

McDonough Innovation 行政总裁

于美国弗吉尼亚州夏洛茨维尔

致 谢

很多团队和个人帮助我们就循环经济议题进行构思,并最终构成了本书的独到见解。这毫无疑问是一项协作性的工作,我们将永远心存感激。

特别鸣谢主撰稿人——奥尔登·林(Alden Hayashi),他的语言造诣确保了本书的连贯性和可读性,这是我们自己力所不能及的;也特别鸣谢詹纳·特雷斯科特(Jenna Trescott)、克里斯托弗·霍克(Christopher Hook)、泽纳·拉马(Zeina Lamah),三位不知疲倦、奉献颇多,将他们的实践真知带进了本书,与我们一起提高了本书的逻辑性。

此外,感谢埃森哲团队,为本书研究和完善投入了大量的时间和精力。团队成员有:

阿克沙伊·卡塞拉(Akshay Kasera)、阿尔维斯·利斯卡(Alvise Lisca)、阿莉莎·迪·卡拉(Alyssa Di Cara)、安娜·滕德沃尔德(Anna Töndevold)、贝琳达·邓(Belinda Deng)、凯西·麦克安德鲁(Cathy McAndrew)、丹尼尔·牛顿(Daniel Newton)、戴夫·斯佩尔曼(Dave Spelman)、杰伊·塔克尔(Jay Takkar)、乔舒亚·柯蒂斯(Joshua Curtis)、凯瑟琳·钟(Katharine Chung)、克里蒂卡·乔杜里(Kritika Choudhary)、利克·福森(Lieke Vossen)、迈克尔·利德(Michael Lieder)、米希尔·弗雷奈(Michiel Frenaij)、纳兹尼·谢赫(Nazneen Shaikh)、帕拉什·古普塔(Palash Gupta)、普里扬卡·阿比(Priyanka Abbi)、拉吉尼·阿卢瓦利亚(Ragini Ahluwalia)、丽贝卡·凯斯比(Rebecca Caseby)、里特什·班加勒(Ritesh Bhangale)、罗希特·巴特(Rohit Bhat)、什雷斯塔·帕迪(Shrestha Padhy)、索菲·威尔逊(Sophie Wilson)、斯里哈沙·瓦维拉拉(Sriharsha Vavilala)、苏卡尼亚·德希穆克(Sukanya Deshmukh)、桑迪普·辛格(Sundeep Singh)、赛兹·迪克斯特拉(Sytze Dijkstra)和托尼·默德热夫(Tony Murdzhev)。

最后,还要感谢通过点评、访谈、鼓励、合作等方式分享观点的朋友。他们的批评和先锋领导力丰富了本书,更为循环运动增色。感谢你们的贡献:

亚当·劳里(Adam Lowry)、艾米·布朗(Amy Brown)、安德鲁·莫莱(Andrew Morlet)、安德鲁·温斯顿(Andrew Winston)、安东尼娅·加韦乌(Antonia Gawel)、贝

亚·佩雷斯(Bea Perez)、克里斯·赖利(Chris Riley)、克里斯托夫·贝克(Christophe Beck)、戴维·罗森伯格(David Rosenberg)、多米尼克·沃瑞(Dominic Waughray)、道格·贝克(Doug Baker)、艾伦·麦克阿瑟(Ellen MacArthur)、埃里克·苏贝朗(Eric Soubeiran)、埃丽卡·陈(Erika Chan)、厄恩斯特·西韦尔斯(Ernst Siewers)、谢白曼(Feike Sijbesma)、弗莱明·贝森巴赫(Flemming Besenbacher)、万敦豪(Frans van Houten)、贡萨洛·穆尼奥斯(Gonzalo Muñoz)、乔苏·乔恩·伊马兹(J. Jon Imaz)、詹姆斯·昆西(James Quincey)、杰米·巴特沃思(Jamie Butterworth)、赵国华(Jean-Pascal Tricoire)、珍妮弗·西尔贝曼(Jennifer Silberman)、约翰·艾奇逊(John Atcheson)、约翰·克恩(John Kern)、约翰·普鲁格(John Pflueger)、约斯特·范·邓恩(Joost van Dun)、卡尔-约翰·佩尔松(Karl-Johan Persson)、凯塔琳娜·斯滕霍尔姆(Katharina Stenholm)、凯瑟琳·加勒特-科克斯(Katherine Garrett-Cox)、劳伦特·奥古斯特(Laurent Auguste)、利昂·维南德斯(Leon Wijnands)、莉萨·布雷迪(Lisa Brady)、卢卡·梅尼(Luca Meini)、马克·德莱(Marc Delaye)、马克·佐恩斯(Marc Zornes)、马克·库蒂法尼(Mark Cutifani)、马西米亚诺·泰利尼(Massimiano Tellini)、马坦亚·霍洛维兹(Matanya Horowitz)、马修·西尔弗(Matthew Silver)、迈克尔·戈尔茨曼(Michael Goltzman)、石井菜穗子(Naoko Ishii)、尼尚特·帕雷赫(Nishant Parekh)、诺埃尔·金德(Noel Kinder)、彼得·德斯蒙德(Peter Desmond)、赖尼尔·莫马尔(Reinier Mommaal)、里克·里奇韦(Rick Ridgeway)、罗伯特·伯纳德(Robert Bernard)、董善励(Saori Dubourg)、希瓦·达斯达(Shiva Dustdar)、斯蒂芬·罗伯茨(Stephen Roberts)、托比亚斯·韦布(Tobias Webb)、汤姆·萨基(Tom Szaky)、托尼·米利金(Tony Milikin)、维尔日妮·赫利亚斯(Virginie Helias)、威廉·麦克多诺(William McDonough)和赵凯。

对《循环经济之道》的评论

"气候危机使循环经济转型迫在眉睫。循环经济的发展已如火如荼，但还不够迅速。这本实用手册可以帮助企业领导者重新思考议题、为循环经济解决方案扩能。在此呼吁大家积极参与其中——只有所有人为之努力，体系变革才会实现。希望本书能激励更多人前行。"

——拉尔夫·哈默斯(Ralph Hamers)，荷兰国际集团(ING)首席执行官

"我们这代人独享机会，参与调和社会进步与地球可持续发展之间的矛盾，这要归功于效率的步步提升。如果重新思考建筑、工业、城市的设计方式，就会发现数字技术可以帮助改变能源管理方式。《循环经济之道》展示了数字化和循环模式是如何助力实现这一效率的。"

——赵国华(Jean-Pascal Tricoire)，施耐德电气董事会主席兼首席执行官

"我们相信废弃物会是珍贵的商品，构筑起新的商业模式，创造出未曾设想的商业机会。是时候行动起来，助力经济、生活、环境出现系统性转变。这本书涉及知识广博，研究充分，具有深刻的实用性见解，及时为这一领域做出了贡献，是当代领导者的重要读物。"

——安托万·弗雷罗(Antoine Frérot)，威立雅(Veolia)环境集团总裁兼首席执行官，《水与文化责任感》(*Water：Towards a Culture of Responsibility*)(2011 年)作者

"没有私营经济的参与和创新，就不会出现有效的循环经济。提升循环经济的机会意识，并赋能不同行业的公司成为循环经济的领导者，这是加速转型的必由之路。"

——卡尔梅努·韦拉(Karmenu Vella)，欧盟委员会环境、海洋事务和渔业委员

"循环经济的商业案例非常清晰。有许多企业已经将概念变成现实价值，但全球仅实现了 9% 的循环。正如本书为企业提供了实际指导并聚焦于推动转型所需的颠

覆性技术那样，它将助力实现循环经济的规模化。大自然是循环的，现在是时候采取同样的行动了。"

——谢白曼(Feike Sijbesma)，皇家帝斯曼集团前首席执行官

"《循环经济之道》为私营部门的领导者提供了整体框架，并为业务流程改造提出了具体的实施指导意见，使自身变得更为循环和更可持续。"

——贝亚·佩雷斯(Bea Perez)，可口可乐公司高级副总裁兼首席公共事务、传播、可持续发展和市场营销业务官

"气候变化街谈巷议。原料和土地使用约占全球排放量的一半，如果不重视循环经济，就无法解决气候危机。循环性是经济增长与资源使用实现真正脱钩的必需。《循环经济之道》一书的作者通过提供实用性见解和策略，证明了可持续商业的可行性，助力实现循环发展转型。"

——伊达·奥肯(Ida Auken)议员，丹麦议会能源和气候委员会主席、环境部前部长

"大大小小的组织都在向循环经济转型。为了精心设计前行道路，私营部门必须站出来，与政府、公民社会和消费者携手合作，引领变革。我们正在设计全新的制造、消费和生活模式，《循环经济之道》一书出现在这一历史的关键时刻。在新技术的帮助下，我们团结一致就能促进转型。"

——贡萨洛·穆尼奥斯(Gonzalo Muñoz)，TriCiclos 创始人

"《循环经济之道》的前身《变废为宝》一直是我们循环经济战略决策取之不尽的重要资源。《变废为宝》阐述了闭环系统和升级材料可以促进增长，而现在的《循环经济之道》更进一步明确创新、技术和合作在确保循环竞争优势中的实际作用。这是对循环经济学派的重要贡献，比以往任何时候都更重要。"

——托尼·米利金(Tony Milikin)，百威英博首席可持续发展和采购官

"中国的政策制定者已经为循环经济提出了自上而下的优先倡议，但人们却期待看到企业有自下而上的大动作。《循环经济之道》是支持这一关键行动的及时之作。自 2015 年出版以来，我已经向中国官员、商业领袖和研究人员介绍了其前身《变废为宝》，期待这本续著能够实现同样的效果。"

——诸大建教授，上海同济大学可持续发展与管理研究所所长

"我们不能用今天的方案解决明天的问题。如果不能解决我们这一代出现的问题,那么风险会越来越高,比如气候变化、失业和贫困等。本书阐述了数字化和循环经济的强大作用,鼓励企业推动颠覆性技术创新,重塑核心业务,为解决问题做出了宝贵的贡献。"

——罗布·舒特(Rob Shuter),MTN 集团首席执行官兼总裁

"人们很难摆脱'获取、制造、废弃'这一思维方式,但是我们的确正在迅速走向一条不归路。《循环经济之道》为实现循环转型提供了具体方向。该书指出:小规模的循环倡议如果像往常一样根本就无法带来所需的变革。希望这本书能成为高管在变革中的实用工具。是时候该采取行动了。"

——莉塞·金戈(Lise Kingo),联合国全球契约首席执行官兼执行主任

"第四次工业革命将影响生活的方方面面。面对全球新形势,我们需要采取新的商业模式和规范,实现蓬勃发展。循环经济可以使我们跟上技术创新的步伐,支持可持续的综合生态系统,使我们走向一个更光明的未来。《循环经济之道》是各类组织利用循环机会的重要指南。"

——克劳斯·施瓦布(Klaus Schwab)教授,世界经济论坛创始人兼执行主席

"我的首要议程是开发新型商业模式,以适应气候危机、资源限制和社会规约所致的变化。通过从原料中提取出最大的价值,循环经济重塑了价值创造与社会分享方式。《循环经济之道》是一大贡献,帮助我们从概念走向行动,通过实际方式扩大商业新模式,使之成为主流。"

——伊尔哈姆·卡德丽(Ilham Kadri),索尔维(Solvay)集团首席执行官

缩略语

4IR	第四次工业革命
ACEA	欧洲汽车制造商协会
ACT	澳大利亚首都地区
AI	人工智能
B2B	企业对企业
B2C	企业对消费者
C2B	消费者对企业
CCU	碳捕获和利用
CCUS	碳捕获、利用和储存
Cefic	欧洲化学工业理事会
CFCs	氯氟化碳
CLP	闭环合作伙伴（平台）
CO_2	二氧化碳
CO_2e	二氧化碳当量
COP	缔约方会议
CORFO	智利经济发展局
CPG	大众消费品
CSR	企业社会责任
CTO	首席技术官
D2C	直接面向消费者
DAC	直接空气捕捉
DC	直流电
EACs	环境属性证书
EIB	欧洲投资银行
EJ	艾焦耳
EOR	强化石油开采

EPA	环境保护署
EPR	生产者责任延伸
ESG	环境、社会和治理
EU	欧盟
EV	电动汽车
FMCG	快速消费品
GDP	国内生产总值
GE	通用电气
GHGs	温室气体
GM	转基因
GPS	全球定位系统
HFCs	氢氟碳化物
HNWI	高净值人士
HP	惠普公司
ICT	信息和通信技术
IEA	国际能源署
IFF	美国国际香精香料公司
IIoT	产业物联网
ILO	国际劳工组织
IoT	物联网
IPCC	政府间气候变化专门委员会
IRENA	国际可再生能源机构
IT	信息技术
KPIs	关键绩效指标
LaaS	灯光即服务
LCAs	生命周期评估
LSEV	低速电动汽车
M&A	兼并与收购
M&IE	机械和工业设备
M2M	机器对机器
MRI	磁共振成像
NFC	近场通信
NGOs	非政府组织

NT	北领地
O&G	石油和天然气
OECD	经济合作与发展组织
OEMs	原始设备制造商
OPEC	石油输出国组织
P&G	宝洁公司
PACE	加速循环经济平台
PCs	个人电脑
PE	聚乙烯
PET	聚对苯二甲酸乙二醇酯
PP	聚丙烯
PPAs	购电协议
PUE	电力使用效率
PV	光伏发电
QR	快速反应
R&D	研发
RCRA	资源保护和恢复法
RFID	射频识别
ROI	投资回报率
rPET	回收的聚对苯二甲酸乙二醇酯
SaaS	软件即服务
SDGs	可持续发展目标
SEZs	经济特区
SFK	昆山智能工厂
SKUs	库存单位
SMEs	中小型企业
TFEC	最终能源消耗总量
TNC	大自然保护协会
TPU	热塑性聚氨酯
UK	英国
UN	联合国
UNDP	联合国开发计划署
UNEP	联合国环境规划署

UNIDO	联合国工业发展组织
UNITAR	联合国训练研究所
UPS	联合包裹运送服务公司
US	美国
USDA	美国农业部
V2G	车辆到电网
VAT	增值税
VOCs	挥发性有机化合物
Volvo CE	沃尔沃建筑设备公司
VR/AR	虚拟现实/增强现实
WBCSD	世界可持续发展工商理事会
WEEE	废旧电子和电气设备
WEF	世界经济论坛
WHO	世界卫生组织
WWF	世界自然基金会

目 录

图目录

表目录

1

引言： 循环经济的转型之路

当今,企业竞争的国际环境日新月异。地缘政治和地缘经济日益紧张、技术变革的速度和规模不断提升、气候问题迫在眉睫、资源短缺加剧等大量的社会和环境问题层出不穷。复杂的挑战环环相扣,改变着企业的思考、工作和创新面貌。好消息是,循环经济为我们提供了前所未有的机遇,让我们得以将危机化为转机,为企业和社会创造财务和经济价值。事实上,企业不仅有机会克服困难、重塑经济体系,我们的研究表明,即便是保守估计,它们也拥有巨大的潜力——4.5万亿美元的上升空间。我们相信,把握好循环经济的优势,企业便能激发创新、开辟新市场、运用智慧的手段带领当今世界走向更可持续、更有韧性的发展道路。现在就行动吧! 本书将为领导者展示利用循环经济的行动纲要。

当务之急

我们首先从关键的宏观趋势出发设定背景。根据联合国(UN)的数据,截至2050年,世界人口将达到92亿。[1] 目前占总人口数一半(36亿)的中产阶级,到2030年将扩大到53亿。[2] 根据现有趋势,随着生活水平的提高,资源密集型商品(如肉类、住房和车辆)的消费和需求也将增加。到2030年,全球粮食需求预计将增加35%,水需求增加40%,能源需求增加50%。[3] 持续存在的经济不平等和不断加剧的地缘政治紧张局势导致了这种对资源的争夺。[4]

尽管原材料价值的提取已经更加高效,但并没有跟上消费增长的步伐。事实上,我们目前的能源消耗是地球承载能力的1.75倍,也就是说每年被消耗的自然资源比再生资源多75%。可以预见的是,对稀缺资源的需求在未来几十年内还会持续增加。[5] 例如,预计到2030年,金属商品生产将猛增250%以满足人类需求,而其他商品也正面临着类似的问题。[6]

这并不是什么好兆头，尤其是对于我们最宝贵的两类资源——洁净的水和新鲜的空气。世界卫生组织（WHO）的数据显示，目前有 7.85 亿人无法获得饮用水，到 2025 年，全球一半人口将生活在水资源紧张地区。[7] 此外，约 40 亿人口每年至少有一个月会遭受严重缺水的问题。目前面临水灾威胁的人数有 12 亿左右，据预测，这一数字将于 2050 年上升至 16 亿。[8,9] 此外，海洋污染也超乎人们的想象。到 2050 年，海洋中塑料的重量将超过鱼类的重量。[10] 空气也会受到不利影响。据估计，空气污染每年造成 700 万人死亡，这个数字与吸烟造成的死亡人数相等。在世界大部分地区，与空气污染相关的死亡率正在上升。[11,12]

此外还有生物多样性及其栖息地数量的骤降。自 1970 年以来，人类活动已造成 60％哺乳动物、鸟类、鱼类和爬行动物的灭绝，世界上 1/5 的珊瑚礁和 1 300 万公顷的森林消失。[13,14] 这种损失可能会威胁到全球的食物供应。而在过去的 20 年间，地球上大约 1/5 的植被覆盖土地变得越来越贫瘠。[15] 仅在 2017 年，热带地区的树木覆盖就减少了 3 900 万英亩，相当于孟加拉国国土面积，这意味着每分钟就有 40 个足球场大小的森林消失了。[16] 2018 年，印度尼西亚为开垦农田故意纵火，导致超过 1 万平方英里的森林被毁，东南亚大部分地区出现了持续数周的毒雾，数十万人患病（预计死亡十万余人），经济损失达 300 亿美元。[17]

接下来我们谈谈气候变化。这或许是最重要的挑战，这一挑战与其他因素相互关联，对社会、环境及其他宏观趋势产生深远影响。2018 年 10 月，联合国政府间气候变化专门委员会（IPCC）的报告显示：如果全球变暖以目前的速度继续下去，在 2030 年至 2052 年间，气温或将上升 1.5℃，到 2100 年地球或将升温 3 至 5℃。[18,19] 不幸的是，现在距离上升 1.5℃只剩下 12 年的时间，一旦超过这一水平，数亿人遭受干旱、洪水、极端天气和贫困的风险就会增加。根据 IPCC 的一项研究，到 2100 年，全球变暖 1.5℃带来的经济影响预计达 54 万亿美元，如果变暖 2℃则预计会达到 69 万亿美元。[20] 因此，当务之急是采取措施，避免灾难。

另一个与其他趋势产生连锁反应的核心宏观趋势，则是第四次工业革命（4IR）所带来的前所未有的技术变革。第四次工业革命中出现的机器学习和人工智能（AI）等各种技术，对全球几乎所有行业产生了深远影响。与过去的工业革命不同，第四次工业革命中的新技术范围广、速度快、规模大，有机会使经济增长与资源使用脱钩。正如本书所探讨的那样，颠覆性技术在扩大规模和提高循环商业模式效用及效率方面发挥着关键作用。然而，要让这些变为现实，必须善用技术，加强管理，尽量减少技术带来的负面影响，如对环境的破坏、失业、网络威胁和道德问题。

响应行动号召

挑战之大不可否认，但前景并非黯然无光。比如过去的几年，气候变化已经迎来了拐点。无论是国际组织还是个人都意识到，我们正在造成不可弥补的损害。幸运的是，现在越来越多的人意识到，气候行动对于长期社会经济发展至关重要，而且许多政府积极响应号召并采取行动。迄今为止，已有 185 个缔约方签署了《巴黎协定》，该协定的目标是将全球平均气温较前工业化时期上升幅度控制在 2℃以内，并努力将温度上升幅度限制在 1.5℃以内。[21] 此外，企业也加入了这场战斗。许多全球大型公司承诺 100％使用可再生能源。[22] 投资者群体也加入其中。化石燃料撤资运动的资产规模从 2014 年的 500 亿美元(来自 181 家机构)增长到 2018 年底的近 8 万亿美元(来自 1 000 多家机构)。[23] 关注这一领域的公共行动主义者也越来越多，尤其是年轻人。在 18 至 24 岁的年轻群体中，几乎一半人认为环境问题是当今世界最为紧迫的三大问题之一，这一比例在总人口中仅为 27％。[24] 2019 年，1 600 多个城市的数十万名学生参加了罢课，以期引起社会对气候变化的关注。[25]

气候变化外的问题及举措

随着人们对气候变化的担忧加剧，可持续发展和资源利用等问题也日益受到关注。尽管通过提高能源效率、进行零碳生产和使用可再生能源等手段减少碳排放至关重要，但能源的生产和消耗只占全球温室气体排放量的一半。因此，同样重要的是解决约占温室气体排放量另外一半的产品制造和使用问题。[26,27] 这要求整个经济体系进行变革。如果要在 2030 年前实现联合国可持续发展目标(SDGs)并在《巴黎协定》的约定范围内实现这一目标，现在是最紧要的关头。[28] 令人感到鼓舞的是，各利益群体越来越关注地球和人类的健康与福祉，尤其是自然资源开采数量和速度，以及不负责任地使用(过度消费)和处置产品与原料。海洋健康、塑料、电子垃圾和食物垃圾等问题已经成为全球关注的热点话题，并对社会和环境带来影响。

日益增长的担忧让人们选择行动起来。各国政府都在制定积极的目标。欧盟(EU)承诺到 2021 年会禁止使用常见的一次性塑料物品，如餐具和吸管，到 2029 年塑料瓶的收集率会达到 90％。[29] 印度表示将在 2022 年前逐步淘汰一次性包装。而中国、印度尼西亚、马来西亚、泰国和越南已经不再进口塑料垃圾。[30,31] 消费者习惯在发生改变，比如全球已经接近 1/3 的千禧一代使用各种资产共享服务。[32] 大多数公司都意识到政府政策和消费者行为的变化，许多企业通过制定新目标保持领先地位，如增加回收材料的使用、制定零废弃物填埋目标、承诺采用 100％可重复使用和可回收的包装等。

循环经济的优势：新的经济体系和经营战略

以上都属于环境问题？错。这些直接或间接属于商业问题。在充分把握宏观趋势的基础上，我们着眼于微观经济和可供领导者采用的商业策略。众所周知，实现如此宏伟的目标并不容易，但每一个挑战的背后都是机遇。企业能否在全球压力下以全新面貌——新的创新形式和价值创造模式——加快步伐前进，对全球经济的发展至关重要。"循环"经济提供了一个强有力的前进方向：从传统的"线性"商业方式转变到循环新原则(参见"线性经济与循环经济")。本质上，企业必须摒弃"获取、制造、废弃"的方法，以最大化利用产品和资源，并在使用结束后，将其组件和材料循环使用(或"回路")到零浪费价值链系统中。换句话说，循环经济彻底消除了废弃物的概念，从根本上改变了生产和消费方式，创造了更健康、更繁荣的生态系统，使经济和社会的价值得以循环。通过这种方式，从根本上使经济增长与资源利用脱钩，并使经济增长与社会进步相结合——为应对全球挑战提供了解决方案框架。

向循环经济转型带来的可能不仅仅是确保未来可持续发展所需的颠覆性变化，它还将为企业提供激动人心的崭新机会，以创新的产品和服务进入新市场，为长期增长扫清障碍。同样重要的是，这为企业提供了一个契机，让它们可以重新思考运营和供应链资源使用，以及成本基础等问题。与此同时，这还将对企业的品牌、信任和声誉产生积极的影响——增强人才吸引力和消费者号召力。简而言之，循环经济不仅有益于环境保护和应对社会挑战，同时可帮助组织机构获得更多竞争优势。

该优势不仅能平衡，更能连接和强化埃森哲定义的企业敏捷竞争力框架的三个维度：增长与客户、盈利能力、可持续性和信任(见图1.2)。[33]

📲 线性经济与循环经济

线性经济指的是传统的工业模式，遵循"获取、制造、废弃"的过程。在这个过程中，原材料被提取出来，变成产品，在使用或消费后，产品通常作为不可回收的废弃物扔掉(或最多为回收与再回收)。这是我们今天的主流经济模式。

在循环经济中，增长与稀缺资源的消耗脱钩。产品和材料尽可能长时间地保持在生产性使用范围内，当它们到达使用极限时就会被有效地循环(或回转)到系统中。实现真正的循环意味着重新思考和改造整个价值链，从而创建一个系统。在这个系统中，废弃物被完全设计出来，目的是通过恢复模式实现净正性(增加而不是提取资源)。循环经济系统图(见图1.1)展示了技术和生物材料经由"价值圈"进行的循环和连续流动。

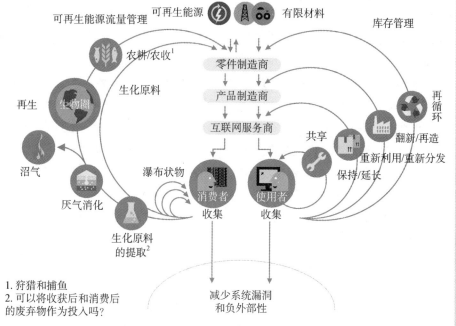

图1.1　循环经济系统图[34]［资料来源：艾伦·麦克阿瑟基金会、太阳公司(SUN)和麦肯锡商业与环境中心；布劳恩加特和麦克多诺绘制，摇篮到摇篮(C2C)］

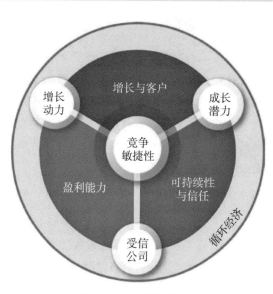

图1.2　竞争敏捷性框架

我们在《变废为宝》中首度阐述了通过循环经济可以获得的竞争优势。该书于2015年出版，描述了将5种循环商业新模式和10种技术融入其业务结构的组织所面临的重大机遇。从那以后，我们取得了更大的进步——埃森哲战略（Accenture Strategy）通过全球循环经济奖（The Circulars）分析了1 500多个循环经济案例，该奖项是与世界经济论坛合作开展的全球首屈一指的循环经济奖计划。[35]此外，我们跟众多企业客户和生态伙伴携手合作，以打造全球领先的循环经济战略。在这项工作中，我们发现循环经济的发展虽已取得重大进展，但还远远不够。具体来说，尽管有些组织已经开始采用循环商业模式及具开创性的技术，但这些努力通常集中在"速赢"项目、小规模举措，及在常规商业环境中依旧适用的商业计划上。但是从根本上进行业务重组才能获得竞争优势。要充分发挥循环经济的价值潜力，还有很长的路要走。

那么，需要的是什么呢？我们发现，只有企业全面采用循环业务模式和第四次工业革命技术，抓住新的增长机会，同时加强其核心业务时，才能真正产生影响并形成规模（参见"什么是第四次工业革命？"）。我们在埃森哲《明智转向》一书中，在数字转型的背景下对此进行了广泛的论述。[36]为了在循环经济的背景下实现这一转变，企业必须同时做三件事：①改造现有的价值链，消除浪费，提高效率，以提高投资能力；②通过嵌入循环产品，实现核心业务的有机增长，为投资提供动力；③投资和扩大全新的颠覆性循环业务。

什么是第四次工业革命？

第一次工业革命利用水和蒸汽动力实现了生产的机械化。第二次工业革命依靠电力实现了大规模生产。第三次工业革命利用电子和信息技术实现了生产的自动化。现在，第四次工业革命正在第三次工业革命——20世纪中叶以来的数字革命——的基础上发展。它的特点是技术的融合，模糊了物理、数字和生物领域之间的界限。这些技术的多样性和组合潜力给世界各地的商业和社会带来了指数级的持续变化。[37]

当然，我们认识到这既不简单又不直接，而且风险极高。我们谈论的不仅是建立以人和自然为首的经济体系，还有巨大的可能被忽视的潜在经济价值。在《变废为宝》一书中，埃森哲估计，到2030年，这一价值将达到4.5万亿美元，相当于全球国内生产总值（GDP）的4%至5%，超过当今整个德国的经济总量（世界第四大经济体）。[38]自2015年该书出版以来，我们重新审视了这些数字，发现这一机遇的规模没有实质性变化。其实这个估计大概是比较保守的。它假设我们要在 2050 年之前实现"一个星球的经济"，继续更有效地从资源中获取价值，但没有考虑到资源短缺对全球经济可能产生的连锁反应。

　　根据经验、广泛的研究和在世界经济论坛上与合作伙伴的密切合作，可以发现这个机会不仅巨大，而且触手可及。重点是我们只有十年的时间在循环转型上取得实质性进展，其中大部分必须由私营部门率先进行。实施和推广循环解决方案需要大量投资，现在是行动的时候了。但是，企业到底应该如何做呢？

前进之路

　　挑战艰巨，解决方案众多，给企业带来了巨大的困惑。企业是否需要从上到下彻底改革，还是不需要极端的改变？我们认为，转型和渐进式变革需要同时进行，因为有些组织机构准备好了彻底变革并且行动迅速，而另外一些则需要缓慢行动。无论企业的起点在哪里，《循环经济之道》的目的不是建议企业应该采取哪种形式的变革，而是给所有组织机构提供极其务实的方法。因此，这本书定义为实用的指南，通过说明主要学习成果和大量案例研究，为高管提供有效的战略和可行的见解。目的是让读者了解如何在组织内发展循环经济，并在整个价值链中提高竞争优势。为便于参考，我们将《循环经济之道》分为三大部分。

第一部分　现在在何处？——奠定基础

　　首先，本书更新了在《变废为宝》中首次引入的五种循环商业模式：循环资源投入、共享平台、产品即服务、产品使用扩展和资源回收。每一种循环模式都可以帮助企业解决四种类型的浪费（资源、容量、生命周期和嵌入价值）。本书还确定了对加速应用至关重要的五个关键推动因素：消费者参与、设计、逆向物流、颠覆性技术和生态系统。然后，本书重点介绍了第四次工业革命的颠覆性技术，这些技术对循环经济至关重要。这些技术分为三类：数字、物理和生物，尤其是当这些技术结合使用时，可以通过提高效率、增强创新、加强信息透明度和减少对资源密集型材料的依赖来实现循环商业模式。

第二部分　目标是什么？——扩大行业影响

　　循环经济贯穿整个经济体系，但每个行业都面临着独特的挑战，将经历不同的转型。本部分介绍了 10 个主要行业的概况，明确最大的废弃物池与挑战，以及展现最大机遇的领域。我们还重点介绍了一些案例，让行业中的参与者能够在循环经济之旅中使用技术并克服障碍。此外，我们还研究了领军企业如何通过一系列举措来实现其底线价值的策略，从而说明通过在行业价值链中纳入循环性可以达到的影响规模。我们希望通过提供一系列行业的概况使人们了解贯穿不同经济部门的领先实践。

第三部分　循环经济之道——开启转型

企业需要学习如何实施和推广循环经济计划。这需要核心业务的转型和增长，同时扩展新计划。为实现这一点，组织必须找到一个"明智转向"的方向，并在四个维度上提高循环经济成熟度。[36]

运营： 解决运营和业务流程副产品在能源、排放、水和废弃物方面的价值损失。

产品和服务： 重新思考产品或服务的设计、生命周期和最终用途，优化使用方式，消除浪费，并实现产品闭环。

文化和组织： 通过重新定义工作实践、政策和程序，将循环经济原则嵌入组织结构。

生态系统： 与公共和私营部门合作并结成伙伴关系，创造有利于集体转型的环境。这包括研究投资和政策的重要作用，这在两个"深潜"章节中有详细说明。

尽管企业可能倾向于首先关注可以直接控制的维度，但重要的是，在不断发展的过程中需要全面考虑以上四个维度，获得系统变化的思维模式。只有这样，才能从循环经济计划中获取最高水平的价值。

* * *

正如本章开头所讨论的，社会和环境压力令人生畏，但是循环经济为我们提供了一个选择。它可以帮助我们在环境挑战达到全球临界点之前给予应对，让社会和组织共同繁荣。希望这本书可以帮助读者规划道路，指明方向，用知识武装自己，从线性模式向循环模式转型，并采用循环业务模型，确保可持续发展和包容性增长所需的革新性变化。从下一章开始，我们将更好地了解废弃物和有助于变废为宝的五种商业模式。

注释

1. 澳大利亚科学院，《人口与环境：全球性挑战》，https://www.science.org.au/curious/earth-environment/population-environment(2019 年 8 月 9 日访问)。

2. 《金融时报》，《超过一半的世界人口为中产阶级》，https://www.ft.com/content/e3fa475c-c2e9-11e8-95b1-d36dfef1b89a(2019 年 8 月 9 日访问)。

3. 欧盟委员会，《日益增长的消费主义》，https://ec. europa. eu/knowledge4policy/foresight/topic/growing-consumerism_en(2019 年 8 月 9 日访问)。

4. 世界经济论坛与威达信集团和苏黎士保险集团合作，《2019 年全球风险报告》第 14 版，http://www3. weforum. org/docs/WEF_Global_Risks_Report_2019. pdf(2019 年 8 月 30 日访问)。

5. 地球生态超载日，《全球足迹网络》，2019 年，https://www. overshootday. org/newsroom/past-earth-overshoot-days/(2019 年 8 月 12 日访问)。

6. 普拉萨德·莫达克(Prasad Modak)，《走向可持续性的环境管理》，2017 年，CRC 出版社。

7. 世界卫生组织，《饮用水》，2019 年 6 月 14 日，https://www. who. int/en/news-room/fact-sheets/detail/drinking-water(2019 年 8 月 9 日访问)。

8. 梅斯芬·M. 梅柯宁(Mesfn M. Mekonnen)和阿杨·Y. 胡克斯特拉(Arjen Y. Hoekstra)，《40 亿人面临严重缺水》，《科学进展》，2016 年 2 月 12 日，https://advances. sciencemag. org/content/2/2/e1500323/tab-figures-data(2019 年 8 月 9 日访问)。

9. 联合国新闻，《联合国聚焦雨水回收，全球水危机"绿色"解决方案中的人工湿地》，2018 年 3 月 19 日，https://news. un. org/en/story/2018/03/1005332(2019 年 8 月 9 日访问)。

10. 艾伦·麦克阿瑟基金会，《新塑料经济：反思塑料的未来》，https://www. ellenmacarthur-foundation. org/assets/downloads/EllenMacArthurFoundation _ TheNewPlasticsEconomy _ Pages. pdf(2019 年 8 月 9 日访问)。

11. 世界卫生组织，《空气污染如何损害我们的健康》，2018 年 10 月 29 日，https://www. who. int/air-pollution/news-and-events/howair-pollution-is-destroying-our-health(2019 年 8 月 9 日访问)。

12. 纳特·克莱姆·昌(Nat Clim Chang)，《可归因于气候变化的空气污染中未来全球死亡率变化》，美国国家生物技术信息中心，2017 年 7 月 31 日，https://www. ncbi. nlm. nih. gov/pmc/articles/PMC6150471/(2019 年 8 月 9 日访问)。

13. 世界自然基金会，《来自我们星球的警告信号：自然需要生命支持》，2018 年 10 月 30 日，https://www. wwf. org. uk/updates/living-planet-report-2018(2019 年 8 月 9 日访问)。

14. The World Counts，《珊瑚礁毁灭的事实》，https://www. theworldcounts. com/counters/ocean_ecosystem_facts/coral_reef_destruction_facts(2019 年 8 月 9 日访问)。

15. 联合国粮食及农业组织，《2019 年世界粮食和农业生物多样性状况》，2019 年，http://www. fao. org/state-of-biodiversity-for-food-agriculture/en/(2019 年 8 月 9 日访问)。

16. 米凯拉·韦斯(Mikaela Weisse)和利兹·戈德曼(Liz Goldman)，《2017 年是有记录以来热带树木覆盖损失第二严重的年份》，《全球森林观测》，2018 年 6 月 27 日，https://blog. globalforestwatch. org/data-and-research/2017-was-the-second-worst-year-on-record-for-tropical-tree-cover-loss(2019 年 8 月 9 日访问)。

17. 乔·科克伦(Joe Cochrane)，《研究称东南亚火灾可导致超过 10 万人死亡》，《纽约时报》，

2016 年 9 月 19 日, https://www. nytimes. com/2016/09/20/world/asia/indonesia-haze-smog-health. html(2019 年 8 月 9 日访问)。

18. 联合国政府间气候变化专门委员会,《特别报告: 全球变暖 1.5℃》, https://www. ipcc. ch/sr15/chapter/summary-for-policy-makers/(2019 年 8 月 9 日访问)。

19. 路透社,《到 2100 年全球气温将上升 3~5℃: 联合国》, 2018 年 11 月 29 日, https://uk. reuters. com/article/us-climate-change-un/global-temperatures-on-track-for-3-5-degree-rise-by-2100-u-n-idUKKCN1NY186(2019 年 8 月 9 日访问)。

20. 奥维·霍格-古德伯格(Ove Hoegh-Guldberg)、丹妮拉·雅各布(Daniela Jacob)、迈克尔·泰勒(Michael Taylor)等,《全球变暖 1.5℃对自然和人类系统的影响》, 联合国政府间气候变化专门委员会, https://report. ipcc. ch/sr15/pdf/sr15_chapter3. pdf(2019 年 8 月 9 日访问)。

21. 《联合国气候变化框架公约》,《巴黎协议是什么》, https://unfccc. int/process-and-meetings/the-paris-agreement/what-is-the-paris-agreement(2019 年 8 月 9 日访问)。

22. 气候变化集团,《世界上最有影响力的公司致力于 100%可再生能源》, https://www. theclimategroup. org/RE100(2019 年 8 月 9 日访问)。

23. 路易斯·哈赞(Louise Hazan)、约西·卡丹(Yossi Cadan)、理查德·布鲁克斯(Richard Brooks)等,《1 000 项撤资承诺和计数》, Gofossilfree. org, 2018 年, https://gofossilfree. org/wp-content/uploads/2018/12/1000divest-WEB-. pdf(2019 年 8 月 9 日访问)。

24. 达米安·卡林顿(Damian Carrington),《英国公众对环境的关注创历史新高》,《卫报》,2019 年 6 月 5 日, https://www. theguardian. com/environment/2019/jun/05/greta-thunberg-efect-public-concern-over-environment-reaches-record-high(2019 年 8 月 9 日访问)。

25. 素尹·海因斯(Suyin Haynes),《来自 1600 个城市的学生走出学校抗议气候变化——可能是格蕾塔·桑伯格发起的迄今为止最大的罢课》,《时代周刊》,2019 年 5 月 24 日, https://time. com/5595365/global-climate-strikes-greta-thunberg/(2019 年 8 月 9 日访问)。

26. 材料经济学,《循环经济——减缓气候变化的强大力量》, https://europeanclimate. org/wp-content/uploads/2018/06/MATERIAL-ECONOMICS-CIRCULAR-ECONOMY-WEBB-SMALL2. pdf(2019 年 8 月 30 日访问)。

27. 美国环境保护署,《全球温室气体排放数据》, https://www. epa. gov/ghgemissions/global-greenhouse-gasemissions-data(2019 年 9 月 2 日访问)。

28. 《联合国气候变化框架公约》,《气候行动和可持续发展目标》, https://unfccc. int/topics/action-on-climate-and-sdgs/action-on-climate-and-sdgs(2019 年 9 月 2 日访问)。

29. 欧洲议会(European Parliament),《议会在 2021 年禁止一次性塑料制品》,2019 年 3 月 27 日, http://www. europarl. europa. eu/news/en/pressroom/20190321IPR32111/parliament-seals-ban-on-throwaway-plastics-by-2021(2019 年 8 月 9 日访问)。

30. 斯蒂芬·伯兰伊(Stephen Buranyi),《塑料反弹: 我们突然暴怒的背后是什么——它会有所不同吗》，《卫报》，2018 年 11 月 13 日，https://www.theguardian.com/environment/2018/nov/13/the-plastic-backlash-whats-behind-our-sudden-rage-and-will-it-make-a-difference(2019 年 8 月 9 日访问)。

31. 道格·伍德林(Doug Woodring)和崔西·海德(Trish Hyde)，《从塑料废弃物贸易战到循环经济》，城市网，2019 年 4 月 9 日，https://www.urbanet.info/from-plastic-waste-trade-war-to-circular-economy/。

32. 罗伯特·威廉斯(Robert Williams)，《护林人：千禧一代推动共享经济的增长》，移动营销者网站，2018 年 1 月 30 日，https://www.mobilemarketer.com/news/forrester-millennials-boost-growth-of-sharing-economy/515851/(2019 年 8 月 19 日访问)。

33. 马克·皮尔森(Mark Pearson)和布尔·蒂弗洛(Bull Teaflou)，《获胜公式：衡量企业竞争力的新方法》，埃森哲战略，2017 年，https://www.accenture.com/_acnmedia/PDF-57/Accenture-Formula-Won-PoV.pdf♯zoom＝50(2019 年 8 月 9 日访问)。

34. 艾伦·麦克阿瑟基金会，《信息图表：循环经济系统图》，https://www.ellenmacarthur-foundation.org/circular-economy/infographic(2019 年 8 月 27 日访问)。

35. 全球循环经济奖与埃森哲战略合作，《关于全球循环经济奖》，www.thecirculars.org(2019 年 8 月 12 日访问)。

36. 埃森哲，《明智转向》，2018 年，https://www.accenture.com/_acnmedia/PDF-79/Accenture-Make-Your-Wise-Pivot.pdf(2019 年 8 月 9 日访问)。

37. 克劳斯·施瓦布(Klaus Schwab)，《第四次工业革命：意味着什么？如何应对?》，世界经济论坛，2016 年 1 月 14 日，https://www.weforum.org/agenda/2016/01/the-fourth-indus-trial-revolution-what-it-meansand-how-to-respond/(2019 年 8 月 9 日访问)。

38. 埃森哲商业研究院。

第一部分

现在在何处？

——奠定基础

2

循环经济模式

在 2015 年的《变废为宝》一书中,我们提到了价值 4.5 万亿美元的全球机会:通过重新定义"废弃物"这一概念,使其成为竞相争夺的有价值资源。我们主要关注四种不同类型的废弃物,从中获取这一价值(见图 2.1)。

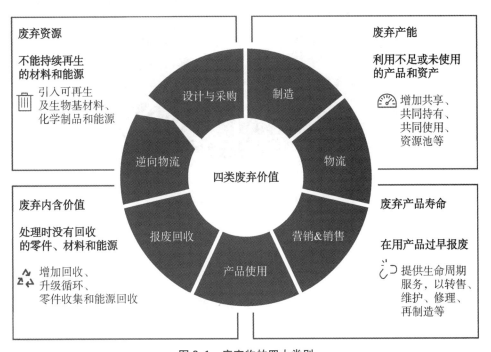

图 2.1　废弃物的四大类别

废弃资源:使用不能有效再生的材料和能源,如化石能源和不可回收的材料。
废弃产能:在其使用寿命内没有得到充分利用的产品和资产。

废弃产品寿命：由于设计不良或缺乏二次使用选项,造成产品过早报废。

废弃内含价值：没有从废弃物中回收零件、材料和能源。

为了抓住重新定义废弃物的机会价值,我们引入了五种商业模式,实现循环经济转型(见图 2.2)。不管是单独还是总体来看,这些模式都有助于将传统的线性"获

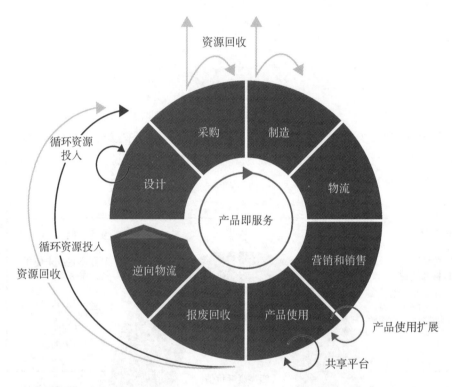

经典价值链

循环资源投入
使用可再生能源、生物基或有潜力完全可回收的材料

共享平台
用于使用、访问或持有的合作模式提高使用率

产品使用扩展
通过维修、再加工、升级和转售延长产品的使用寿命

产品即服务
提供产品使用服务,产品使用权仍由生产者持有,以提高资源效率

资源回收
从废弃物或副产品中回收可用的资源或能源

图 2.2　循环价值圈——五种商业模式

取—制造—废弃"的生产和消费方式转变为循环方式,最大限度地减少甚至消除废弃物、污染和低效问题。在过去的五年里,这些模式已经得到各公共和私营部门组织的广泛认可,成为实施循环经济战略的可行方法。然而,各个模式的采用规模分布不均,实施的速度也比预期的慢。我们的分析和经验表明,充分利用循环模式带来的红利仍任重道远。以下章节着重阐释了我们在过去几年通过调查研究、与企业在循环经济方面的直接合作,以及参与多边讨论的主要研究和见解。

创造循环价值的五种模式

五种循环商业模式在不同地域、行业、企业规模和结构以及产品类型中的接受程度有所不同。虽然每一种模式在推动循环经济扩大真实规模和影响中都必不可少,但并不相互排斥——当它们紧密配合实现最大价值时,就有可能带来最大收益。例如,地毯制造商 Desso 将"摇篮到摇篮™"的理念用于产品设计中,这些产品会根据租赁合同被召回和回收,从而实现两种循环商业模式的结合:"资源回收"和"产品即服务"。[1]

其中三种模式更侧重于生产(循环资源投入、产品使用扩展和资源回收),而另外两种模式(共享平台和产品即服务)则更针对消费以及产品和消费者之间的关系。从本质上讲,这些模型覆盖了整个循环价值链。"循环资源投入"关注的是产品在设计、采购和制造阶段投入的"要素"。这些旨在消除资源浪费(包括有毒的和一次性使用的材料)的投入,是其他所有模式的基础。在一些更先进的例子中,"循环资源投入"可以超越零浪费,实现资源增值(例如,废弃物被加工成材料)。"产品使用扩展"的重点是使产品的使用价值最大化。要做到这一点,企业必须从一开始(特别是产品设计和责任采购环节)就着手实施,以避免浪费产品的生命周期,并尽可能地延长产品的使用寿命。此外,"产品使用扩展"在促成"产品即服务"和"共享平台"模式中又发挥了重要作用。后两者更进一步,以全新的方式重塑"产品效用"(例如,购买功能或服务,如出行,而不是产品本身——一辆汽车)。这反过来又激励企业从产品中获得最大的价值和利用率,解决废弃产能和生命周期浪费问题。一旦产品达到使用期限,"资源回收"就将嵌入的物料或能源回收到生产周期中,从而形成使产品从采购到使用再回到采购的"闭环"。

正如引言所述,循环经济的最终目标是实现"获取、制造、废弃"的闭环。显然,实现这一远大目标需要对目前的经营方式进行长期的大规模转变,而通过关注多个本地化的价值池,就可以实现短期内的重大进展。具体来说,在任何一个循环价值链"环"中,公司可以专注于多个"小型闭环"(见图 2.2);例如,生产工序中产生的废弃物可以重新加工成有用的副产品，或者工序原料可以来自其他产品的次生材料。考虑到企业越来越多地使用食品生产废弃物作为生产设施的能源来源。在下游，还有其他与市场有关的小型循环，能够帮助消费者转售旧产品：从玩具和服装到船只和半拖拉机。这些循环可以跨越行业界限（一个行业可以使用另一个行业的废弃物作为投入）和地域，为在全球经济中采用五种循环商业模式提供了许多机会。

为了挖掘这些机会，高管们需要更详细地了解这五种循环商业模式。在这一章中，我们讨论了每种模式目前的使用率、关键的成功因素和常见的障碍，并提供了一些应用实例。

循环资源投入

在生产过程中使用可再生、可回收或高度可循环的资源，能够部分或完全消除废弃物和污染。

"循环资源投入"，也可理解为"循环供应"或"循环供应链"，是迄今为止企业采用最多的循环商业模式之一。要想实现"循环资源投入"，组织必须在供应链中用"循环"资源类型取代"线性"资源类型。这些解决方案可以大致分为三类：

可再生资源：可自然补充并可重复使用的资源投入，例如，雨水收集或海水淡化过的水、风能和太阳能，从多余可再生能源中提取的氢燃料等。

可再生生物基材料：从生物有机体中提取的化学成分开发的材料，如生物塑料和微生物农业化学品。

可再生人造材料：基于非有机化学的工程材料，可以无限循环使用，而不会造成质量或物理特性的重大损失。

从短期到中期来看，在操作和商业上可行的情况下，企业应该确定、优先考虑并实施将循环资源替代品作为生产投入。从长远来看，真正的目标则是与跨行业和跨部门的利益相关者持续合作，完全闭合资源循环，从而消除浪费。换句话说，"循环资源投入"的第一步是逐步淘汰"线性"资源的使用（和废弃物），而第二步则是彻底摒弃作为生产系统整体变革一部分的废弃物概念。

迄今为止，循环资源投入主要是采用对环境影响较小的替代品来取代线性原料，如不可再生或可回收资源。在这些活动中，"绿化"经济的立法和补贴已经出现并成为主流，可持续性在公众对话中的地位也日益突出（例如，欧盟禁止使用一次性塑料和危害蜜蜂的农药）。[2] 接下来，我们将讨论一下迄今为止对循环资源投入模式的成功至关重要的两个领域：可再生能源和材料创新。

可再生能源

对气候变化的日益关注促进了对于可再生能源项目的大规模投资，产生了更经济、可靠和精进的技术。因此,可再生能源将成为电力部门增长最快的能源,预计在2017年到2023年间将占全球发电量增长的70％以上。[3] 除此之外,我们需要以更快的速度减少或消除对化石燃料等碳密集型资源的依赖。遗憾的是,一些包括技术和资金限制在内的障碍,抑制了可再生能源在新市场的部署;与此同时,将可再生能源发电纳入电网仍然受到现有市场的限制。[4] 能源足迹较重的跨国组织可以引领潮流,考虑扩大对可再生能源能力的投资,将其作为自身长期能源战略的一部分。

材料创新

多年来,官方和非官方的媒体一直在揭露各种材料造成的环境破坏——从20世纪90年代的氯氟化碳到最近的微塑料污染,这引起了公众的高度关注,并使人们意识到有必要采取管制措施。同时,资源匮乏已经影响到大多数行业,包括棉花、黄金、稀土矿等;因此,寻找替代性解决方案的研究和开发活动明显增加,老牌公司也在推动新型循环材料的专利和商业化,以纳入其未来的生产中。[5] 例如,芬兰的包装材料制造公司苏拉帕克(Sulapac),推出了由木屑和纯天然黏合剂制成的可生物降解包装解决方案,代替由石油基塑料制成的传统一次性包装的使用。[6]

最终,要取得成功,材料创新除了循环性外,还必须满足其他标准,包括质量标准和成本平价。因此,当考虑采用一种新材料时,企业应关注功能、可用性和可重复使用性,以及帮助实现成本平价所需的数量要求。产品生命周期评估也可以有助于减少一切潜在的意外环境影响,比如创建可重复使用材料所需增加的能源强度。为了帮助分析,诸如所谓"材料护照"之类的创新可以提供材料在整个产品生命周期的信息,促进报废后的回收。[7] 材料护照包含与特定产品相关的数据,包括该产品材料的特征,以促进这些资源的回收、循环或再利用。为了进一步加快向更多的循环资源投入转变,各组织需要超越组织边界,评估系统性的材料流动、机会和障碍。例如,循环经济工程公司 TriCiclos 通过其在拉丁美洲的废弃物管理部门,利用其回收基础设施网络来分析废弃物,这些信息帮助了百事公司(PepsiCo)和可口可乐公司等公司重新设计其包装,并开发新包装材料。[8] 在这个层面参与循环经济需要供应商、同行、合作伙伴和客户之间的通力合作,我们将在后文关于组织文化和生态系统的章节中更详细地阐述这一点。

🔍 案例研究:耐克公司

耐克(Nike)是一家跨国鞋类和服装公司,在材料创新方面多有建树。该公司使用自己研发的 Nike Grind 材料,为新的鞋类、服装和体育设施的表面提供原材料。[9] 利用收集的"废弃物"材料(回收的运动鞋和剩余的制造废料),该公司已经能够开发出新的高性能产品。大约 73％ 的耐克鞋和服装都含有一些回收材料，而 98.2％ 的生产废料被转移到了垃圾场。[10] 例如，耐克的 Flyleather 材料是由至少 50％ 从皮革废料回收的天然皮革纤维制成的，具有与原生皮革相似的外观、手感，甚至气味。[11] 此外，这种材料允许更有效的切割过程，与传统皮革相比，产生的废弃物更少。更令人印象深刻的是，Flyknit 纱线中的聚酯纤维得到了 100％ 的回收利用。[12]

共享平台

产品和资产的利用率通过共享所有权、获取权和使用权（通常由数字技术实现）得到优化。

"共享平台"使所有者能够最大限度地利用资产，同时建立一个社区，为客户提供实惠方便的产品和服务。这种模式已经在不同的市场和地区得到采用（尽管跨国公司的采用比率相对较低），主要集中在高价值的行业，如汽车和酒店。[13] 由于平台经济的发展，"共享平台"作为一个概念蓬勃发展，但到目前为止，我们还没有发现特意采用循环原则的规模化"共享平台"案例。

对于大型企业来说，"共享平台"往往需要对现有的商业模式进行大刀阔斧的变革，或者成立一个新的企业来促进试验。要在战略、规定、功能和商业模式上达成共识，需要大量的探索和调整，特别是对更希望规避风险的成熟企业。因此，跨国公司接受这种模式的速度较慢。相反，初创企业已遥遥领先，已在企业对消费者（B2C）市场 [如爱彼迎（Airbnb）、来福车（Lyft）和 ZipCar 等家庭和交通共享平台] 和本地小企业中，彻底颠覆了各自的行业。不过，在过去几年里，大型跨国公司也开始向"共享平台"进军。世界上最大的连锁酒店之一万豪酒店（Marriott）最近推出了 Homes & Villas 民宿服务，作为 Airbnb 的竞争对手，提供高端的住宅共享租赁服务；安飞士（Avis）和 Enterprise 等一些成熟的租车公司，目前也开始提供"汽车共享"服务。[14,15,16] 当下，从时尚和配饰行业到共享办公，再到工具和机械行业，"共享平台"遍布多个行业，包括企业对企业（B2B）的许多例子。事实上，B2B 共享可能为大公司提供了最有前途的机会，特别是对于那些持有高成本资产且利用率低的企业。例如，供医院分享和最大限度地有效利用医疗设备的平台 Cohealo。[17]

在新兴市场，智能手机普及率的提高为共享服务提供了强有力的启动平台。例如，印度和中国就掀起了一股共享平台的热潮，覆盖了 RentSher 和滴滴出行等公司。[19,20] 昆山智能工厂（SFK）是江苏省地方政府和一家德国公司的合资企业，帮助了

案例研究：eRENT

　　总部设在芬兰的初创公司 eRENT 为建筑设备和机械管理提供共享平台。该平台使客户能够通过数字渠道出租和管理全国不同类型的设备,使闲置资产与新的需求相匹配,并提高了效率较低的行业工序的生产力(例如,通过电话向租赁站预订设备)。这项服务包括重型设备和小型手持工具,为整个建筑工地提供一站式服务。平均而言,得益于包括物联网(IoT)在内的各种技术,eRENT 的客户在设备和机械成本上节省了 20%。[18]

　　约 30 家处于早期阶段的公司在其初创工厂获得共享生产和装配设施,在某些情况下,其采用率甚至高于发达经济体。[21,22] 但如果考虑到未来几年全球中产阶级的急剧扩大会波及亚洲,这一现象就并不令人惊讶了。[23] 这些经济体的消费者越来越希望获得便利、定制化和节约成本的服务,因此越来越多地采用"共享平台"。人口密度高、空间有限和物流高效的城市化的飞速发展,更支持这种模式的发展,特别是在亚洲和非洲,这一模式预计将在两大洲的城市实现 90% 的增长。[24]

产品即服务

　　企业保留对产品的所有权,并在服务的基础上出售其收益,同时继续负责产品的维护和报废后的处理。

　　在"产品即服务"的商业模式下,一个或多个客户通过租赁或付费使用的方式使用产品。这种方法颠覆了对产品耐用性和升级的追求,将企业的关注点从数量(即销售"零件")转向性能(即销售该零件的功能)。常见的例子包括轮胎公司米其林(Michelin)为货运车队提供的按里程付费的模式,以及照明公司昕诺飞(Signify)提供的灯光即服务(LaaS)。[25]"产品即服务"模式的前提是,企业可以通过与客户建立长期关系,销售额外的服务(交叉销售或追加销售),货币化使用数据,或在报废阶段提取物质价值,从产品中获取额外价值。

　　尽管价值生成的潜力越来越大,但"产品即服务"模式的使用规模仍然有限。当然,从销售产品到销售服务的转变是企业价值主张的一个根本性变化,会带来许多复杂性。首先,产品的"服务化"涉及多种附加功能的设计、规划和推出辐射从客户服务台、客户经理到收集和逆向物流系统等各个环节。因此,企业需要投资建设这些关键能力,而与这些投资相关的潜在成本需要由定价模式承担,但最终可能会增加产品整个使用过程中的总成本。此外,数据所有权问题可能成为潜在客户的障碍,特别是在

B2B领域，运营数据可以提供巨大的竞争优势。

基于这些原因，初创公司往往更灵活，更不惧风险，而且更有能力更快地吸引客户并打造其品牌，目前更适合实施"产品即服务"模式。一个关键的成功因素是开发会计模型，使之更好地与多个客户使用的产品即服务相匹配，而不是由单个客户一次性购买全部产品。这种模式要求公司调整传统的财务预期，以考虑更长的产品使用寿命、产品所有权以及在产品使用寿命结束后的折旧、回收、服务成本，将其与产品残值纳入业务账户中。在某些情况下，为了实现此种商业模式，甚至可能需要建立一个全新的产品系列。

订阅模式在"产品即服务"中极具颠覆性。在娱乐行业订阅服务成功的刺激下，这一模式现在已经应用于时尚、食品和美容产品。总体而言，自2011年以来，基于订阅的服务正以每年200%的速度增长，这得益于产品种类的爆炸性增长和数字技术带来的更多无缝体验。[26] 这种模式对于那些非常受欢迎但不容易负担得起的高级商品特别有效，特别是在产品的过时性是一个重要因素的情况下。消费类电子产品是这种市场动态的一个典型例子，促使了Grover等公司的出现，该公司出租手机、无人机、游戏设备和其他电子设备。[27] 虽然订阅模式引起了过度消费和过度选择的问题，但我们相信妥善处理退货、延长产品寿命和再次使用的模式将成为平衡消费者需求、负担能力和环境影响的赢家。

对于传统企业和重视季度、年度财务表现的企业来说，"产品即服务"模式的规模发展仍然是一个挑战。令人信服的商业案例证据将帮助企业更好地理解该模式的好处（包括有形的和无形的）和所需的财务重组（比如，现金流的变化、资产负债表的扩展、信贷风险的考虑和长期的不确定性）。对外，与客户的接触和服务开发中的密切协作是至关重要的。

🔍 **案例研究：Rent the Runway**

Rent the Runway是一家位于美国的电子商务公司，提供设计师服装和配饰的在线租赁服务。顾客可以以一小部分的零售价（10%以上）租用4至8天的高端时装，从而开辟了一个全新的市场。Rent the Runway还提供订阅计划，包括免费运输、干洗和租赁保险，消费者每月支付费用，可以定期更新衣橱。该公司发现，注册其服务的客户减少了购买服装的支出，自从2015年推出循环包装解决方案以来，已经节省了900多吨废弃物的运输费用。[28,29] 该公司在2019年的估值达到了10亿美元。[30]

产品使用扩展

通过设计考量、维修、零件翻新、升级和在二级市场上的转售,有目的地延长产品的预期使用寿命。

通过"产品使用扩展"商业模式,企业可以优化产品在其原始形式和预期应用中的使用。例如,手机经常更新换代,而真正需要的只是更新一个核心功能,如摄像头或电池。产品使用扩展是在产品的第一次使用期间或结束时进行的。该产品不是被处理、填埋,或最多被回收,而是被修理、翻新、更新以延长其使用时间,或者在二手产品市场上出售,实现二次使用。这种商业模式包括许多活动——维修、翻新和升级,以及交易和转售——其中有些活动本身就可以被视为商业模式。

"产品使用扩展"的一个优点是不需要全盘改变企业现有的商业模式,而是需要扩展业务能力或市场渠道,以便通过转售产生新的收入流。重要的是,通过让人们参与扩展他们所拥有产品的使用,企业能够与客户群创造更多的接触机会。这提高了客户的中心地位,提高了品牌忠诚度,并可以获得更多产品反馈。据巴塔哥尼亚(Patagonia)公共事务副总裁里克·里奇韦(Rick Ridgeway)说:"我们的维修设施是北美最大的,仅在 2018 年就完成了 7 万多次维修。"此外,里奇韦补充道:"Worn Wear平台吸引了更多新客户以优惠价格购买巴塔哥尼亚服装,并通过加强与现有客户的联系提高了我们的品牌吸引力。我们利用从破旧产品上收集到的想法和数据来改进研发工作,从而提高产品质量,延长产品寿命。"

对于采用这种商业模式的组织而言,特别是涉及相对低价值的产品时,关键挑战是选择正确的形式和范围来建立一个内部探索型企业。这些决策可能看起来并不那么重要,但实施"产品使用扩展"模式往往意味着获得新的功能,对产品设计进行潜在的改变(例如,增加模块化以促进功能升级),以及改变财务模式,抵消对一次性产品销量减少的担忧。例如,家具设计公司 Vitsoe 销售"通用货架系统",这是一个模块化和可升级的货架系统,其设计是持久的,可通过新的货架、抽屉和其他附件进行升级,并可轻松拆卸和重新建造。[31]

各个行业也出现了其他创新,包括电子、时尚和家具行业。在时尚行业,采用这种模式的主要是高端品牌或像服装零售公司海恩斯莫里斯(H&M)这样的公司,它们正在实施的模式是将服装的设计标准转移到更注重质量和使用寿命以及向有环保意识的消费者转售二手物品上——例如,H&M 在瑞典启动了试点,销售二手服装。[32]因此,时尚转售市场的增长速度估计是传统零售业的 24 倍。[33] 世界上最大的平价设计家具生产商宜家(IKEA),也在产品使用扩展模式方面取得了进展。在法国和比利时,该公司的"家具的二次生命"计划可以让顾客用旧物品换取商店的优惠券。[34] 宜家还向瑞士的企业客户出租办公家具，并在英国试行销售旧家具。到 2020 年，租赁计划将扩展到更多国家。[35]

案例研究：施耐德电气

法国跨国能源管理公司施耐德（Schneider）电气通过更换客户现场的开关设备部件来更新、升级或增加新的功能，延长了其开关设备的使用时间，可以节省 65％的新安装成本。回收的开关设备和附件可以重新使用，过时的零件可以翻新、修理或回收，以尽量减少浪费。例如，开关设备的外壳、插头、灯、开关和额外的机柜可以重复使用，电缆和电线可以保留下来以备将来使用。这样做可以减少二氧化碳排放 40 吨，相当于 8 辆汽车环游世界所排放的二氧化碳量；减少水消耗 389 千升，相当于一个普通欧洲消费者 7 年的用水量；以及能源强度 75 万兆焦耳，相当于 135 桶石油。[36]

资源回收

农产品和工业品中嵌入的材料或能源的价值，在产品报废后，通过回收、升级循环或降级循环的基础设施和方法收集、汇总和处理。

作为传统废弃物管理的延伸，"资源回收"已成为最广泛采用的商业模式，这一点也许并不奇怪。"资源回收"的重点是价值链的终端阶段，即从报废、无法发挥功能的产品中回收材料和资源。理想的情况是，回收的资源能够在最长的时间内保持其最高的可能价值，例如，在一辆汽车报废时回收的钢材被重新用于制造另一辆汽车，或在更高价值的应用中进行升级循环，而不是被降级为低价值产品。在这种情况下，企业在确定如何从报废的产品中创造价值时，应牢记"废弃物等级"（见图 2.3）。企业应该瞄准较高的目标，并牢记虽然闭环很复杂，而且在技术上不总是可行，但是最佳的解决方案。降低材料质量的解决方案只应作为最后的手段来考虑。

到目前为止，已经有很多组织至少采用了某种形式的"资源回收"。各个公司正在从电子废弃物中回收一切有价值的金属，到包装中的塑料，甚至烟头，从废弃物流和副产品中创造价值。鉴于大多数组织都有某种形式的废弃物管理战略，这种模式对现有业务结构的调整最小，而且比其他模式的破坏性更小。

即便如此，从增加收集和处理废弃物的数量到改善回收产出或副产品的质量，扩展现有解决方案的潜力仍然相当可观。总的来说，当今的经济和技术能力（例如，分

最佳选项

预防和避免浪费：通过优化效率、设计、材料组合

闭环回收：将废弃物循环回生产系统中

升级回收：利用废弃物创造出比原始产品更优质或更有价值的产品

降级回收：利用废弃物制造出比原始产品价值更低或档次更低的产品

能源回收：将不可回收的废弃物转化为有用的热能，最好与碳捕获和利用技术结合起来

填埋处理：在没有其他选择的情况下（到时将不再作为一种选择）

最差选项

图2.3　从循环经济的角度看废弃物的层次结构

类或拆解)限制了在正常情况下可以回收的资源数量和类型。收集和分离的成本仍然很高,而且现有的废弃物相关基础设施往往没有能力满足买家的数量和质量要求。但是,随着技术的改进(和成本的下降),数据变得更加丰富,新的创新解决方案也使以前的劳动密集型工作自动化,企业已有条件考虑回收(并获得更大的价值)越来越多的废弃资源。由于资源的短缺和监管的变化,如要求公司负责处理和处置其产品的"生产者责任延伸"(EPR)税,以及消费者对解决废弃物问题的压力越来越大,资源回收模式也将获得更广泛的应用。就企业而言,它们需要提供激励措施来吸引消费者,鼓励产品回收,并促进长期的行为改变。激励措施可以是经济上的,比如科技公司苹果公司的 GiveBack 计划(针对电子产品)和 reGAIN 应用程序(针对服装),通过该计划,消费者可以用旧产品换取积分和折扣券,也可用于未来购买产品。[37,38]

🔍 案例研究：威立雅

　　威立雅是一家水务、废弃物和能源管理解决方案公司,帮助客户更好地管理废弃物,并在报废后回收宝贵的资源。作为这一过程的一部分,该公司不断开发新的包装回收技术,优化回收经济模式,该公司 60% 的循环经济收入来自重复利用和材料回收。威立雅还分析了英国领先的百货公司塞尔福里奇(Selfridges)的废弃物流,以增加现有的回收材料,促进对废弃物的回收利用。作为该项目的一部分,威立雅设计了一种方法来回收用过的咖啡杯中的纤维,这样产生的材料就可以作为生产该店经典黄色袋子的主要原料,使回收率从15%提高到55%,并实现100%的垃圾分类。[39]

加速转变

正如上一节所述,各企业正在使用这五种商业模式,但许多障碍阻碍了使用的速度和规模。为了克服这些障碍,公司必须花时间和精力关注以下五个关键因素。

消费者参与： 重塑消费的意义

"用户需要的不是一个6 mm大的钻头,他们只是需要在产品上打一个6 mm的孔满足使用需要!"这句被广泛引用的话出自哈佛商学院的西奥多·莱维特(Theodore Levitt),强调消费者需要的不是产品本身,而是产品提供的服务或体验。换句话说,在许多情况下,产品仅仅是一个所需功能或结果的交付机制。新的、基于需求的商业模式,如"共享平台"和"产品即服务",支持这种从所有权到使用权的转变。这种转变对许多企业将变得越来越重要,因为越来越多的消费者开始寻求只需轻点手指就能获得的产品和服务。

另一个考虑因素是需求偏好的变化,全球66%的消费者表示愿意为可持续品牌支付更多的费用。[40] 事实上,在过去几年中,公众对全球气候和废弃物挑战的认识不断提高。在国际事件、极端天气事件和主流媒体报道的推动下,围绕废弃物生产、处理和二氧化碳排放的宣传活动已在多个行业普遍展开。这对越来越多的消费者的意识产生了巨大影响,催生了各种行动,如在超市禁止使用一次性塑料袋。值得注意的是,因为成本和质量仍然是消费者购买决定的关键因素,所以兴趣或意图并不总会改变购买行为。

此外,公司的选择对环境的影响并不总是易于理解的,这就要求组织提高透明度和沟通水平。代乳公司Ripple Foods的联合创始人亚当·劳里(Adam Lowry)说:"尽管人们对塑料垃圾等话题的认识越来越多,但对细节却知之甚少。很多可生物降解的包装只是垃圾,但消费者的看法是,塑料就是邪恶的。大众在理解什么是最好的循环材料方面存在误区,同时,改变消费者的看法也是一个挑战。"Ripple Foods公司的做法是从循环经济的角度完全透明地做出决定,并建立反馈循环,不断改进。根据劳里的说法:"这与其他品牌简单地添加一个标签的做法不同。有时,品牌会给消费者带来误解。我们试图通过参考主要的科学研究,清楚展现出如何做出负责任的选择,并邀请消费者来监督决策。"正如 Ripple Foods 公司所证明的那样,从企业责任的角度来看,教育消费者非常重要,可以帮助品牌提高信任度和参与度。

设计: 产品循环计划

　　直到最近,产品设计通常都没有将使用后情况作为关键投入。由于设计处于产品生命周期的初始阶段,而对许多人来说,循环性侧重于使用后,所以一直阻碍了产品的有效使用,以及对嵌入材料的高质量回收。大多数中低价值的产品都是为短期使用而设计的,往往有内在的过时性。例如,一个简单的清洁喷雾瓶,该产品可能标明可以回收利用,但瓶身可能是由多种聚合物结构组成,不容易分离,而且瓶内的金属弹簧也不容易取出来重新使用或回收。对于高价值的产品,如消费类电子产品,过时也是一个问题,这些产品的设计特点,如无缝隙的边缘,使得拆卸特别困难。鉴于技术变化的速度很快,在未来几年里,产品报废可能仍然是一个相当大的挑战,突显了对更多循环设计实践的需要(见表 2.1)。

表 2.1　循环设计原则

目　标	阐　述　原　则
产品成分和生产——只使用循环或更可持续的材料	● 减少或消除对材料和包装的需求 ● 使用可回收/可再生的材料和再制造的零件 ● 减少库存单位(SKUs)和多余的库存浪费 ● 选择替代性强的、资源消耗少的、无毒的材料 ● 在设计上消除或尽量减少生产过程中的浪费
产品使用——尽可能地保持产品使用寿命,并减少使用过程中的影响	● 耐用、模块化、可维修/可升级、高使用效率的设计 ● 设计时要避免一次性使用和报废 ● 采用技术来延长产品的使用时间并实现回收(例如,用于资产监测) ● 应用循环商业模式,为共享、租赁和二次生命设计产品
产品回收——使材料或零件易于回收到价值链中	● 为报废后的拆卸、翻新和再制造进行设计 ● 选择在报废后可回收或可降解成肥料的材料

　　设计方法需要纳入循环原则,使消费者能够延长产品的使用寿命,公司也能够回收有价值的材料,在报废后减少浪费。例如,"摇篮到摇篮认证™"产品计划为评估材料状况、再利用、可再生能源、碳管理、水管理和社会公平性提供了明确的指导方针。[41]为了充分实现资源回收和产品使用扩展,需要对设计原则进行根本性的转变,如维修、翻新和再制造。多年来,尽管不一定使用循环相关术语,但这样的设计原则往往被认为是针对高价值产品的。事实上,各种机器和设备的设计都基于模块化、可维修

和可升级的原则。这些设备包括车辆和飞机部件、信息和通信技术(ICT)设备、医疗保健设备等。跨国技术公司戴尔(Dell)的首席环境战略家约翰·普鲁格(John Pflueger)说："将循环原则纳入设计阶段是至关重要的。我们一直努力使产品便于维修和拆卸,而这要从设计开始。"相比之下,很少有批量生产、零售分销的产品在设计时考虑到循环和拆卸的问题。然而,随着生产者责任延伸立法的不断加强,此类产品正逐渐获得领先企业的设计师和创新部门的关注。然而,对于这些产品中的大多数,目前的市场经济还不鼓励循环设计。现在需要的是整个产品价值范围内的系统性转变。

如果在设计环节即开始关注产品的拆卸和再利用,参与资源回收活动就会成为一个有吸引力的商机。例如,斯堪的纳维亚工业集团旗下的 Moelven 公司提供的建筑墙体作为室内解决方案的一部分,可以拆卸并重新组装成不同的设计,而不需要任何新材料。[42] 鉴于全球废弃物流的数量不断增加,二手材料的使用就成了一个重要的采购机会。试想一下：所生产的塑料中有 40％用于包装,仅仅使用一次就被丢弃了。[43] 如果这些废弃物可以被转化为二次材料,那么替代性的采购渠道就会变得具有战略意义。例如,索尼(Sony)的电子产品和解决方案部门在其电子产品中使用可回收塑料率高达 99％。将这些特点融入设计中的好处是,塑料可以很容易地被多次使用,这反过来又可以使索尼的电视生产中的二氧化碳排放量降低 80％。[44]

逆向物流： 创建回收循环

解决基础设施的缺口,使制造商能够接收闲置的、不需要的、损坏的、未充分利用的或报废的产品,是扩大循环经济模式的一个重中之重。"逆向物流"是一种关键能力,对几乎所有的循环商业模式都很重要,特别是"产品即服务""共享平台""产品使用扩展"和"资源回收"模式。它并不限于产品和物料的收集和集成,而是延伸到增值活动,如分类、分离、再加工和再销售。它还包括与价值链追踪能力(识别和记录具体物料内容)和相关废弃物法规(如跨境废弃物处理和生产者责任延伸)等要求的联系。

📐 什么是逆向物流?

逆向物流是"为获取价值或恰当处理,将产品从典型的最终目的地中转移出的过程"。[45] 它是循环价值链的关键部分,也是传统价值链和循环价值链的主要区别之一。逆向物流是使循环回路(以及相关的"小循环")得以形成闭环的过程。管理产品从消费者手中回收到价值链中的过程,是循环经济的一个关键原则,它使产品和物料得以回收、再利用、再制造等。

逆向物流是循环价值链复杂性的核心所在。它面临着与正向物流相同的挑战，例如，信息、基础设施和容量限制；高仓储和库存成本；最后一公里优化挑战；以及客户对交付速度的期望不断提高。此外，它呈现了一个完全不同层次的复合体，这一复合体与供应的不可预测性（包括数量和质量）、激励回收的机制以及通常没有发展充分的国家和国际资源回收网络有关。为了解决这些问题，物流公司敦豪（DHL）与英国克兰菲尔德大学（Cranfield University）和艾伦·麦克阿瑟基金会（一家专注于支持向循环经济转型的慈善机构）合作，开发了逆向物流成熟度模型，该模型将关键问题类别和潜在的解决方法分为三种产品导向的原型：低价值的生产者延伸责任、服务零件物流和高级工业产品。[46] 这些无偿的实践指南使循环商业模式得到了进一步应用。

另一种方法是使用"白色标签"解决方案，为企业提供物流、存储和转售服务。以电子商务公司 Yerdle 为例，该公司负责时装业客户的二级市场收集、物流、维修、仓储和网络开发。[47]

颠覆性技术：利用第四次工业革命创新加速发展

第四次工业革命（4IR）技术使资源得到智能利用，为循环经济创造了新机遇。想象一下，30 年前，绝大多数家庭既没有移动设备，又没有互联网连接，共乘一辆乘用车需要付出多大的努力。现在，智能移动设备和其他 4IR 创新大大降低了服务的管理成本，远远低于资源成本，催生了各种新的商业模式（"共享平台"和"产品即服务"）。这类技术还允许公司实时跟踪和监测其资产的可用性和功能的细节，从而提高效率、带来长期价值（"产品使用扩展"）。例如，服务供应商 Dirkzwager 提供了对石油钻井平台等海上资产在整个使用周期内的远程监控和管理服务。[48] 不仅有助于保护宝贵资产，还能提高在危险水域的航运安全，及早检测出石油泄漏问题，并以多种方式防止环境污染。

> ### ▣ 什么是 4IR 技术？
>
> 4IR 技术是指推动第四次工业革命的一系列数字、物理和生物技术。在 4IR 中，技术突破正以指数级的速度发生，几乎颠覆了全球每一个行业和每一个人。[49] 在"颠覆性的技术"一章中会进一步探讨。

其他 4IR 创新能够促进有价值材料的回收（"资源回收"）。比如，初创公司 AMP 机器人公司为回收设施开发了新型分类技术 Cortex 机器人。在先进的人工智能技术的支持下，Cortex 可以在几乎不改变现有操作的情况下，自动分类商品，从根本上解决从废弃物中回收资源的成本问题。其他技术发展来自不同的领域。Cambrian Innovation 公司是一家提供分布式废水和资源回收解决方案的商业供应商，利用专有的生物电化学技术将废水转化为清洁水和能源；[50] 该模式帮助工业制造商变得更加循环。Cambrian Innovation 公司的创始人兼首席执行官马修·西尔弗（Matthew Silver）解释说："我们采用一种基于数据的方法，结合使用专门的生物处理技术和分析平台来监测我们的工厂。"事实上，数字、物理和生物技术一直是解决循环问题的核心，我们将在下一章进行更深入的探讨。

生态系统： 拥抱外部参与的力量

正在进行的技术革命将消费和生产的全球化推向了一个新的经济变革曲线——行业和价值链之间的界限逐渐模糊。像特斯拉（Tesla）和梅赛德斯-奔驰（Mercedes-Benz）这样的汽车制造商正在向能源储存领域延伸；矿业公司正在逐渐重新定位为物料管理者；像亚马逊这样的全球电子商务集团已经成为物流公司。事实上，各行业一直在融合，而旧的"线性"关系正在被重新划分为网状的扩展性生态系统。四个主要因素一直在推动这一趋势：政策和立法、投资、知识共享和实际合作——所有这些将在生态系统章节中详细探讨。

各组织必须仔细考虑如何参与和影响直接价值链以外的各种力量。谈及法律关系，比如针对特定行业的法规，要求扩大生产者对产品使用过程中产生的额外环境或社会成本的责任。这样的政策是对制造商的有力激励，使其纳入循环设计原则，并在报废阶段促进可持续利用（"资源回收"）。从 1970 年到 2015 年，400 项生产者责任延伸措施得以实施，其中大部分集中在欧洲的电子行业。[51] 其他的政策主要关注消费者：瑞典大大降低了维修的增值税（VAT），鼓励延长自行车、洗衣机以及其他电器的使用时间（产品使用期限延长）。[52] 政策和监管的触点对循环商业模式的采用至关重要，因此，我们将在"政策——决策者的作用"一章中更详细地讨论这些问题。

商业模式的组合力量

为了充分挖掘循环商业模式的潜力，应该将各种模式结合，实现价值创造的倍增效果。因此，鼓励企业研究和假设这五种模式适合或可能适合的地方，以及在什么情况下可以采用。例如，在设计产品和采购物料时，从一开始就考虑到"产品即服务"模式，保留所有权，报废后回收产品，拆解以实现重复利用。此外，对于"产品使用扩展"模式来说，便于维护和回收的设计就已足够。这五种模式的组合可以提高企业竞争力,最重要的是,为不确定的、快速变化的全球市场"证明"组织的未来。以耐克公司为例,该公司开始从消费前和消费后的废弃物中逐步实施循环资源投入和资源回收。随后在 Nike Grind 标签下开发了其品牌副产品,并通过其儿童鞋订购服务"冒险俱乐部"维持循环上升之路。[9,53]

🔍 案例研究: 戴尔公司

戴尔公司提供"个人电脑即服务",将硬件、软件和产品使用周期服务相结合,按月收费。与此同时,资产转售和回收计划允许公司在产品使用结束后以环保的方式收回、转售、回收或返租任何多余的硬件。戴尔 Reconnect 与美国的 Goodwill 二手商店合作,后者接受赠予的任何品牌或类型的电脑,戴尔负责翻新可用资产,并回收其他资产。此外,在一些地区还提供回购选项,客户可以从任何制造商购买合格的设备抵扣售价。回收的塑料在生产设施中被粉碎、熔化、混合。目前,约有 35% 的物料被回收并被制成新的零件。截至 2017 年 6 月,这些所谓的闭环塑料被用于 90 多种戴尔产品的零件。到目前为止,这些回收工作的净效益估计节省 200 万美元。[54]

在本章中,我们讨论了这五种循环商业模式的发展和使用,展示了如何帮助企业将其传统、线性的经营方式转变为循环方式,从而最大限度地减少浪费、提高效率,并为创新提供平台。但是,企业如何具体利用这些技术来实施和扩大这些模式?在下一章中,我们将介绍正在实现从线性到循环转变的 4IR 技术。

📖 本章小结

● 五种循环商业模式为支持向循环转变提供了成熟的框架,但跨国公司对这些模式的采用情况不一。一般来说,不需要对现有业务进行重大改造的模式(即"资源回收""循环资源投入"和"产品使用延伸")往往比那些通常需要重大改造的模式(即"产品即服务"和"共享平台")更容易被大公司采用。

● 要通过运用这些商业模式来加速循环经济的转型,还需要很多努力,我们已经确定了对五种模式采用至关重要的五个关键推动因素:消费者参与、设计、逆向物流、颠覆性技术和生态系统。

● 要有效利用这些商业模式，需要把它们结合起来，以便在整个价值链上创造最大的价值。

注释

1. 艾伦·麦克阿瑟基金会，《迈向循环经济：第一卷》，2013 年，https://www. ellenmacarthur-foundation. org/assets/downloads/publications/Ellen-MacArthur-Foundation-Towards-the-Circular-Economy-vol. 1. pdf(2019 年 8 月 9 日访问)。

2. 达米安·卡林顿，《欧盟同意全面禁止危害蜜蜂的杀虫剂》，《卫报》，2018 年 4 月 27 日，https://www. theguardian. com/environment/2018/apr/27/eu-agrees-total-ban-on Bee-harming-pesticides。

3. 国际能源署，《2018 年可再生能源市场分析和预测，从 2018 年到 2023 年》，https://www. iea. org/renewables2018/(2019 年 8 月 9 日访问)。

4. 国际可再生能源机构，《转型时期的可再生能源政策》，2018 年，https://www. irena. org/-/media/Files/IRENA/Agency/Publication/2018/Apr/IRENA_IEA_REN21_Policies_2018. pdf(2019 年 8 月 9 日访问)。

5. 劳伦·赫普勒(Lauren Hepler)，《为什么材料会成就或破坏循环经济》，GreenBiz. com，2016 年 2 月 3 日，https://www. greenbiz. com/article/why-ma-terials-will-make-or-break-circular-economy(2019 年 9 月 2 日访问)。

6. 苏拉帕克，《海洋友好的稻草》，https://www. sulapac. com/(2019 年 8 月 9 日访问)。

7. Bamb，《构建循环建筑业》，https://www. bamb2020. eu/(2019 年 8 月 9 日访问)。

8. 珍妮弗·埃尔克斯(Jennifer Elks)，《雀巢、可口可乐、百事可乐和联合利华联手打击智利的废弃物》，可持续品牌，https://sustainablebrands. com/read/collabora-tion-cocreation/nestle-coke-pepsi-unilever-join-forces tocombat-waste-in-chile(2019 年 8 月 16 日访问)。

9. Nike Grind，《提高性能，减少浪费》，https://www. nikegrind. com/(2019 年 9 月 2 日访问)。

10. 耐克公司，《目标激励我们，FY18 耐克影响报告》，https://s3-us-west-2. amazonaws. com/purpos-cms-production01/wp-content/uploads/2019/05/20194957/FY18 _ Nike _ Impact-Report_Final. pdf(2019 年 9 月 2 日访问)。

11. 耐克新闻，《Nike Flyleather》，2018 年 9 月 14 日，https://news. nike. com/news/what-is-nik-flyleather(2019 年 9 月 2 日访问)。

12. 耐克的目标，《废弃物》，https://purpose. nike. com/waste(2019 年 8 月 9 日访问)。

13. 基于 5 年内循环奖的参赛数据。

14. 哈拉·图里亚拉(Halah Touryala),《2019 年世界最大的酒店:万豪再次领先,凯悦和雅高发展飙升》,《福布斯》,2019 年 5 月 15 日,https://www. forbes. com/sites/halah-touryalai/2019/05/15/worlds-largest-hotels-2019/♯39d51282796d(2019 年 8 月 16 日访问)。

15. 安飞士,https://www. avis. co. uk/(2019 年 8 月 16 日访问)。

16. 企业汽车俱乐部,https://www. enterprisecarclub. co. uk/gb/en/home. html(2019 年 8 月 16 日访问)。

17. Cohealo,《让你的医疗设施出汗》,https://cohealo. com/(2019 年 8 月 9 日访问)。

18. eRent,《跟踪和租赁平台》,https://www. erent. fi/en/(2019 年 8 月 9 日访问)。

19. 在印度最大的城市中心运营的在线租赁公司,提供笔记本电脑、投影仪、轮椅、服装、活动用品和服务,及家用电器。

20. 全球运输公司提供基于应用程序的运输服务和汽车销售、租赁、融资、维修、车队运营,以及电动汽车特定服务。

21. 中国启动工厂,《昆山德中示范中心工业 4.0 竣工在即》,2017 年 7 月,https://www. startupfactory-china. de/en/2017/07/13/jul-2017-smart-manufacturing-demonstration-lab-kun-shan/(2019 年 8 月 9 日访问)。

22. 朱迪斯·华伦斯坦(Judith Wallenstein)和乌维希·舍拉特(Urvesh Shelat),《共享经济的下一步是什么?》,波士顿咨询集团,2017 年 10 月 4 日,https://www. bcg. com/en-gb/publications/2017/strategy-technology-digi-tal-whats-next-for-sharing-economy. aspx(2019 年 8 月 9 日访问)。

23. 霍米·哈拉斯(Homi Kharas),《发展中国家新兴的中产阶级》,布鲁金斯学会,2011 年 6 月,https://siteresources. worldbank. org/EXTABCDE/Resources/7455676-1292528456380/7626791-1303141641402/7878676-1306699356046/Parallel-Sesssion-6-Homi-Kharas. pdf(2019 年 8 月 9 日访问)。

24. 英国普华永道,《快速城市化》,https://www. pwc. co. uk/issues/meg-atrends/rapid-urbanisation. html(2019 年 8 月 9 日访问)。

25. 飞利浦照明,《光即服务》,http://www. lighting. philips. co. uk/campaigns/art-led-technology(2019 年 8 月 9 日访问)。

26. 丹尼尔·麦卡锡(Daniel McCarthy)和彼得·法德(Peter Fader),《订阅业务正在蓬勃发展:如何珍惜利用》,《哈佛商业评论》,2017 年 12 月 19 日,https://hbr. org/2017/12/subscription-businesses-are-booming-heres-how-to-value-them(2019 年 8 月 9 日访问)。

27. 托马斯·奥尔(Tomas Ohr),《总部位于柏林的格罗弗获得 3700 万欧元的 A 轮融资,以便利消费者技术获取》,EU-Startups,2018 年 7 月 20 日,https://www. eu-startups. com/2018/07/berlin-based-grover-raises-e37-million-in-series-a-funding to-make-consumer-tech-more-accessible/(2019 年 8 月 9 日访问)。

28. Rent The Runway,《真正可持续的时装运动》,https://www. renttherunway. com/sustainable-fashion? action_type＝footer_link(2019 年 8 月 9 日访问)。

29. 撒母耳·胡姆(Samuel Hum),《Rent The Runway 如何创造并留存数百万美元的服装租赁》,Referral Candy 博客,2018 年 11 月,https://www. referralcandy. com/blog/rent-the-runway-marketing-strategy/(2019 年 8 月 12 日访问)。

30. 尤拉·罗伯特(Yola Robert),《Rent The Runway 以 10 亿美元的估值加入独角兽俱乐部》,2019 年 3 月 25 日,https://www. forbes. com/sites/yolarobert1/2019/03/25/rent-the-runway-joins-the unicorn-club-at-a-10 billion-valu-ation/♯28c6bcda5f0c(2019 年 8 月 12 日访问)。

31. Vitsoe 公司,《606 通用货架系统》,https://www. vitsoe. com/gb/606(2019 年 8 月 9 日访问)。

32. 路透社,《时尚倒退? H&M 将试行销售复古服装》,2019 年 4 月 5 日,https://www. reuters. com/article/us-hennes-mauritz-environ-ment/fashion-backwards-hm to-trial-sales-of-vintage-garments-idUSKCN-1RH1PN(2019 年 8 月 9 日访问)。

33. ThredUP,《2018 年转售报告》,2018 年,https://www. thredup. com/resale/(2019 年 8 月 9 日访问)。

34. Fast Company,《宜家希望你不再扔掉你的宜家家具》,2016 年 1 月 28 日,https://www. fastcompany. com/3055971/ikea-wants-you-to-stop-throwing-away-your-ikea-furniture(2019 年 8 月 9 日访问)。

35. 萨拉·巴特勒(Sarah Butler),《宜家出售翻新家具促进回收文化的发展》,《卫报》,2019 年,https://www. theguardian. com/busi-ness/2019/feb/07/ikea-to-sell-refurbished-furniture-in-bid toboost-culture-of-recycling(2019 年 8 月 9 日访问)。

36. 吉奥瓦尼·扎卡罗(Giovani Zaccaro),《改造与替换:你应该对我们的配电设备做些什么?》,施耐德电气博客,2018 年 3 月 14 日,https://blog. se. com/electricity-companies/2018/03/14/retrofit-ver-sus-replace-what-should-you-do-with-your-power-distribution-equipment/(2019 年 8 月 16 日访问)。

37. 苹果公司,《环境责任报告——2018 年进展报告,对 2017 财年的全面回顾》,https://www. apple. com/environment/pdf/Apple_Environmental_Responsibility_Report_2018. pdf(2019 年 8 月 16 日访问)。

38. reGAIN 应用程序,《把你不需要的衣服变成折扣券》,https://regain-app. com/(2019 年 8 月 16 日访问)。

39. 威立雅,《塞尔福里奇——商业废弃物》,https://www. veolia. co. uk/case-studies/selfridges(2019 年 8 月 9 日访问)。

40. 尼尔森(Nielsen),《致力于可持续发展的"消费者食品"品牌的表现优于那些没有承诺的品牌》,2019 年,https://www. nielsen. com/eu/en/press-releases/2015/consumer-goods-brands-that-demon-strate-commitment to sustainableability-outperform/(Accessed August

9, 2019）。

41. 摇篮到摇篮，《摇篮到摇篮认证产品注册》，https://www.c2ccertified.org/products/registry(2019 年 8 月 9 日访问)。

42. Moelven，《一个循环体系》https://www.moelven.com/news/news-ar-chive2/2018/a-circular-system/(2019 年 8 月 9 日访问)。

43. 劳拉·帕克(Laura Parker)，《关于塑料污染的快速事实》，《国家地理杂志》，2018 年 12 月 20 日，https://news.nationalgeographic.com/2018/05/plas-tics-facts-infographics-ocean-pollution/(2019 年 8 月 9 日访问)。

44. 索尼，《引领再生塑料的发展》，https://www.sony.co.uk/electronics/sorplas-recycled-plastic(2019 年 8 月 9 日访问)。

45. 卡伦·霍克斯(Karen Hawks)，《什么是逆向物流?》，《逆向物流杂志》，2006 年冬/春季，http://www.rlmagazine.com/edition01p12.php(2019 年 8 月 9 日访问)。

46. CE100 与克兰菲尔德大学(Cranfield University)和德国邮政敦豪集团合作，《逆向物流成熟度模型介绍》，2016 年 4 月，https://www.ellenmacarthurfoundation.org/assets/downloads/ce100/Reverse-Logistics.pdf(2019 年 8 月 9 日访问)。

47. Yerdle，《关于我们》，https://www.yerdlerecommerce.com/about-us(2019 年 8 月 16 日访问)。

48. Dirkzwager，《远程离岸资产监测》，http://www.dirkzwa-ger.com/?mod=content&section=Remote%20Offshore%20Asset%20Monitoring&id=296(2019 年 8 月 9 日访问)。

49. 克劳斯·施瓦布，《第四次工业革命：它意味着什么? 如何应对?》，世界经济论坛，2015 年 7 月 6 日，https://www.weforum.org/agenda/2016/01/the-fourth-industrial-revolution-what-it-means-and-how-to-respond/(2019 年 8 月 9 日访问)。

50. Unreasonable Group, "Cambrian Innovation"，https://unreasonablegroup.com/companies/cambrian-innovation?v=ln30J0CHbQc#overview(2019 年 8 月 30 日访问)。

51. 经合组织(OECD)，《生产者延伸责任：高效废弃物管理指南》，2016 年 9 月，https://www.oecd.org/environment/waste/Extended-producer-responsibility-Policy-Highlights-2016-web.pdf(2019 年 8 月 9 日访问)。

52. 理查德·奥林奇(Richard Orange)，《不浪费不贪婪：瑞典将为维修提供减税优惠》，《卫报》，2016 年 9 月 19 日，https://www.theguardian.com/world/2016/sep/19/waste-not-want-not-sweden-tax-breaks-repairs(2019 年 8 月 9 日访问)。

53. 耐克冒险俱乐部，《冒险儿童的运动鞋俱乐部》，https://www.nikeadventureclub.com/(2019 年 9 月 2 日访问)。

54. 戴尔公司，《闭环回收内容》，https://www.dell.com/learn/us/en/uscorp1/corp-comm/closed-loop-recycled-content(2019 年 8 月 9 日访问)。

3

颠覆性的技术

科技是每一次工业革命的基石。得益于前三次工业革命的技术创新,蒸汽机、内燃机、计算机和网络使商业取得了前所未有的突破。第四次工业革命也不例外,其特点是众多颠覆性的技术几乎遍布全球每个行业。"循环经济需要的大多数技术现在已经有了,并且这些技术还在不断进步。"艺康公司(Ecolab)总裁兼首席执行官道格·贝克(Doug Baker)①说道。今后几年,大数据、机器学习、生物工业产品,碳捕获的再利用等众多先进技术,还会呈现更多绝妙的创新。

我们已经在上一章讨论过五种主导的商业模式如何将线性经济转化为循环经济。本章乃至全书,我们探讨的是在循环经济商业模式的产生和从线性向循环加速转型的过程中,第四次工业革命的创新成果发挥着怎样的作用。

第四次工业革命

第四次工业革命不同于以往的任何一次工业革命。首先,之前的三次工业革命——机械化、大规模生产、自动化——每次都只有一个或几个颠覆性的技术突破,使得生产效率飞升。而到了第四次工业革命,不再是少数几个技术发明独领风骚,相反,一大批技术进步及其组合掀起了全球价值链的剧变。[1] 数字技术、物理、生物等领域的创新之多让人惊叹不已:从人工智能到纳米技术,再到细胞和组织工程的一切都在创新。除了创新的数量之多,第四次工业革命创新的速度之快、规模之大也远超前三次工业革命。正如世界经济论坛全球公共产品中心(World Economic Forum Centre for Global Public Goods)的董事总经理多米尼克·沃瑞(Dominic Waughray)所

---

① 克里斯托夫·贝克已于 2021 年 1 月 1 日起接替道格·贝克,担任艺康公司总裁兼首席执行官——译者注。

言:"第四次工业革命将促成向循环经济的积极转变。比如,从改变工具来源到提供产品护照和材料网络,许多技术和价值链创新将为电子、塑料、时尚等行业带来转变,这些潜力还有待充分挖掘。多边合作十分必要,有助于在全球范围释放第四次工业革命的创新潜力,进而加快向循环经济的转型。"

自第一次工业革命以来,经济增长和自然资源利用之间的关系一直维持在 1:1 左右。换句话说,随着我们的经济增长,对土地、水、材料和其他自然资源的消耗也在增长,这使得环境和地球资源承受了巨大的压力,而随着全球经济的持续增长,这种压力是不可持续的。

第四次工业革命中的技术在可持续发展革命中起到主导作用,因为这些技术首次使商业领域中的生产过程、经济增长不依赖于自然资源的使用。第四次工业革命的技术有四项重要功能,首先,这些技术**提高了效率**,从而减少了浪费。第二,这些技术有利于**创新**,有助于新进入者激活现有市场,同时迫使现有企业转向新的商业模式和新市场。第三,第四次工业革命的技术**提高了信息透明度**,使公司能够快速收集和分析数据。技术带来了更高的可见性(设备使用和产品、能源及材料流动)、连通性(机器、客户和决策者之间的连通性)和灵活性(修改或调整设备、功能或流程的能力),这些都是循环商业模式的关键,使企业拥有了更有价值的思想认识。最后,值得一提的是第四次工业革命的生物技术,让我们**从传统的有限材料或资源密集型材料中解放出来**。

27 项关键技术

2015 年,我们将 10 项关键技术列为循环经济的核心技术,之后,我们又将核心技术的数量增加至 27 项(见图 3.1 和表 3.1),这里面有些技术已经发展得相当成熟。例如,物联网(IoT)决定着设备连接、交互和交换数据的能力,这些能力对循环经济至关重要,比如产业链的延伸和共享平台的发展都离不开这些能力。从条形码到先进的射频识别(RFID)再到基于区块链的各种系统,这些技术衍生出了跟踪和追踪系统,使对物品和资产的定位成为可能,也使得资源回收变成现实。

在科学和工程不断取得进步与突破之际,上述 27 项技术可归为三个大类:数字技术、物理技术和生物技术(见图 3.1)。

这 27 项 4IR 技术今天都已投入应用,但它们的应用速率或规模却并不完全相同。通常,相比物理和生物领域的技术创新,公司用到更多的是数字技术领域的创新。我们对过去 5 年全球循环经济奖的分析表明,在 1 500 家采用循环模式的公司中,59%的公司用到的是数字技术(用到物理技术和生物技术创新的公司占比分别为

数字技术

基于计算机、电子和通信科学的技术，利用了不断增加的信息量和物质资源的连通性。

人工智能		物联网
机器学习	云/边缘计算	M2M通信
机器视觉	大数据分析	移动设备
区块链	数字锚定	数字孪生

物理技术

基于材料、能量、自然力及其相互作用的基本性能的技术。

3D打印	机器人技术	能量储存
能量收集	纳米技术	光谱学
物理标记	AR/VR	碳捕捉和存储
	材料科学	

生物技术

基于生物领域的技术，包括但不限于生物系统和活生物体（或其衍生物），用来制造特定用途的产品及其工艺。

生物能源	生物基材料	基因工程
DNA标记	细胞和组织工程	水培和气雾培

图 3.1　促进循环经济的技术

28%和13%)。[32]

　　不同技术在应用领域的巨大差距，与技术成熟度相关，并通过投资的显著差异体现。美国和欧洲对数字技术的投资是对生物技术投资的两倍。[33] 得益于这些投资，数字技术的成本不断降低，规模越来越大，比如，从2004年到2014年，物联网传感器的成本就下降了超过一半，且得益于成本下降，依托数字技术的电子产品(笔记本电脑、平板电脑、智能手机等其他消费性电子产品)在很多地区得到了普及。[34] 此外，由于这些设备依靠虚拟世界创造和维持价值，降低了对物质资源的依赖，所以企业认为，在既有流程和操作中引用或改进数字技术相对容易。

　　相比之下，物理和生物技术领域的许多技术还不成熟，尚未得到检验，也没有大规模应用，原因在于其所需资金巨大或投入大众市场的研发周期很长。此外，这些技术大多有专利权，广泛应用前需要更改很多操作，或者必须考虑伦理和法规，比如基因工程可能会引发伦理问题，或关于基因污染对自然环境的负面影响等话题。

表 3.1 循环经济的 27 项技术

数字技术	描述	举例
人工智能	使机器大规模地模拟人类智能，并在无明确指令的情况下行动	Noodle. ai 应用程序通过人工智能来利用大数据，把握趋势和关键的关联点，帮助客户减少浪费并优化运营。比如，Noodle. ai 的一个应用程序已帮助客户减少了 7% 的直接人工成本和 7% 的维护及运输成本[2]
机器学习	机器可在经过历史数据集的训练后执行新任务	数据聚合和分析公司 Topolytics 通过其"废弃物追踪"平台，从二次原材料生产商以及回收或再加工部门获取数据。这将生成最精确的、可查证的数据集，用于在本地和全球范围内追踪这些材料的流动，之后通过机器学习和材料处理器为用户和材料处理器生成观点和报告[3]
云（和边缘）计算	在中心位置管理基于网络的内容和应用，使其可以在许多设备上同时被使用。设备通过网络相连接并且用户可以实时访问同内容和应用（边缘计算管理基于网络的内容而不是中心位置的内容）	Rubicon Global 是基于云的大数据平台，将位于美国、加拿大和其他 18 个国家的拥有独立之废弃物网络的废弃物生产商相连接，使他们的陆地转移率更高，废弃物材料得以创造性再利用，卡车路线优化，废弃物的数据分析更加详细[4]
机器视觉	获取、处理、分析和理解数字模拟图像，从现实世界中自动提取数据	康耐视（Cognex）公司生产的机器视觉系统，能够提供基于图像的检查，有利于确保为冲压供应商发货，提升效率、减少退货产品的损耗[5]
大数据分析	分析极大量的数据集以发现模式、趋势和数据依赖关系	综合运输系统公司阿尔斯通（Alstom）使用大数据来运行对预测性维护工具的分析，监控火车和运输基础设施的状况。这有助于最大限度地减少必要的停机时间，提高利用率[6]
物联网（IoT）	部署带有嵌入式传感器的无线设备进行互动并触发行动	斯凯孚（SKF）洞悉技术（部署在铁路和风力发电工业领域）使旋转机械能够将运行状况的数据传输到云端，客户可通过远程诊断服务从中提取信息，接收报告和警告。这能够使机器的使用寿命最大化，降低总生命周期的成本[7]
机器对机器（M2M）通信	将数据、分析和算法及执行器的机器相连，允许不同的设备或控制中心自动交换信息，无需人为干涉	Hello Tractor 拥有"智能拖拉机"共享平台，将拖拉机所有者和农民相连。该系统将短信与软件相连，识别附近的拖拉机，并汇报可用性和性能。智能拖拉机也提供拖拉机部件状况的实时信息，增加了产品的可用生命周期[8]

（续表）

数字技术	描　　述	举　　例
移动设备	连接硬件、操作系统、网络和软件，打通用户接触实时内容的渠道	建筑和房地产开发公司NCC利用移动设备作为其"Loop Rock"平台，实现了建筑垃圾的智能处理。建筑工地经理使用应用程序上传多条材料的详细信息，使得运输者和其他人可以物尽其用，以此更有效地处理建筑垃圾[9]
区块链	各参与者在搭建好的分布式计算机网络中共享数字交易分类账。这增强了信息透明度并保证了信息的共享，因为数据是可审核的、不可更改的，开放的	Provenance公司允许用户为任何有价值的物品和材料创建和存储数字记录，从而使这些物品和材料在整个供应链中的踪迹得以记录[10]
数字锚定	利用微型计算机来监控、分析、通信，甚至对数据进行操作。计算机可直接连接或嵌入产品中，以对其进行身份验证，并在产品及其附带的数据识别标识符之间建立连接。这项技术可以安装射频识别标签，近场通信(NFC)标签、快速响应(QR)矩阵图码或条形码	荷兰初创公司Circularise正在打造附着在产品上的加密锁，使这些项目得以追踪并与区块链相连，进而增加了这些产品的可靠性和真实性。该平台使产品相关的问题能够直接溯源[11]
数字孪生	通过将虚拟世界和物质世界配对，形成虚拟的工序、产品或服务。这允许分析数据和监控系统，以生成创新的解决方案并进行预测性维护	跨国企业集团通用电气公司(GE)使用数字孪生来模拟不同条件，不同使用情景的资产情况，从而使GE能够更有效地开发并更好地维护其解决方案[12]
物理技术	描　　述	举　　例
3D打印	在计算机控制下，通过形成连续的材料层来创建三维对象	商用汽车生产商戴姆勒卡车北美公司(Daimler Trucks North America)正在试销按需3D打印塑料零件。这使得传统上因需求量小或需求不连贯而难以提供的零件得以交付，并且减少了维修时间，生产和运输成本以及材料浪费[13]
机器人技术	通过编程使机器人自动执行一系列复杂行动。该技术特别适用于重复的、基于规则则使用结构化数据的过程。当其与机器学习相结合，机器可以自我训练	Zenrobotics公司制造的垃圾分类机器人能够对不同重量和形状的物体进行分类和挑选，并学习新的分类规则。这提升了回收工厂的效率，增加了可用于循环使用的材料数量[14]

物理技术	描 述	举 例
能量储存和利用	延长电池寿命，增加其储存能力，或者用有机物质替代现有的化学材料	西班牙伊维尔德罗拉公司(Iberdrola)，一家几乎零排放的清洁能源公司，建造了欧洲最大的抽水蓄能电站。海拔高度差超过500米的两座水库可在用电高峰期发电，在温室气体零排放的基础上产生了大量能源[15]
能量收集	捕捉少量能源，否则这些能源将以热、光、声音、振动或运动的形式消失	德国初创企业易能森(EnOcean)开发了能收集的无线开关，依赖动能或太阳能而非传统形式的能源实现应用转化[16]
纳米技术	在原子、分子或超分子尺度操纵物质，比如富勒烯、碳纳米管和量子点	希腊纳米技术公司GloNaTech生产碳含纳米管的海洋涂层，有助于释放降解生物污染的微生物(即藻类、藤壶等生物对地下水表面的污染)。该技术降低了船体和水之间的流动阻力，降低了燃料消耗(也减少了二氧化碳排放)[17]
光谱学	使用不同的电磁辐射光谱来对材料进行基于分子构成的分析	回收技术公司陶朗分选资源回收(TOMRA Sorting Recycling)，开发了使用近红外传感器的设备对垃圾进行分类，提高了回收再利用效率[18]
物理标记	通过直接连接到数据库以验证正品。物理标记需要附在产品本身上，使客户可以验证关于此产品的更多信息	物理标记的例子包括水印、全息图、光学特征和化学标记，它们提升了产品的可追溯性，使其真实性得以证实。比如，几家公司在开发可食用二维码，从奶牛到再奶牛到农产品，以提高信息透明度和商品可追溯性[19,20]
虚拟现实/增强现实	在计算机生成或支持视频的环境中提供交互式、完全沉浸式的数字现实(VR)，或通过使用增强现实(AR)的可穿戴设备将文本、声音和图形叠加在真实的物理世界之上	德国工业工程和钢铁公司蒂森克虏伯(ThyssenKrupp)开发了一种全息房伯镜，可以显示产品的虚拟模型，先前服务的信息和维修指南，有助于现场的工程师更换电梯。这减少了浪费，提高了工程师的效率，也增强了安全性[21]
碳捕获和利用	从大型点源(如化石燃料发电厂)捕获废弃的二氧化碳，将其运输到储存地点，并在确保其不会逸散到大气中后存放于此。捕获的碳可用于驱动新产品和工艺	Graviky，麻省理工学院的一家衍生公司，回收二氧化碳排放物以生产油墨。该公司已经利用这项技术清洁了超过1.6万亿升空气[22]

（续表）

物理技术	描述	举例
材料科学	将化学工程和其他领域的知识应用于材料创新。材料科学有利于设计产品和工艺并最大限度减少有害物质的产生和使用	帝斯曼-尼亚加（DSM-Niaga），一家工业设计和工程公司，重新设计日常产品，使其可以再次再次回收为同一产品。通过使用成分最简的清洁材料使产品可以一次次重新制作，形成材料的闭合"循环"。比如，完全可回收的地毯可以用来重复制造新的地毯[23]

生物技术	描述	举例
生物能源	从生物质中获取能量，包括生物材料如动植物、木材、废（氢）气和酒精燃料	商业公司 Cambrian Innovation 提供分布式废水和资源回收解决方案，利用电活性微生物处理污水来生产清洁的水和清洁能源沼气[24]
生物基材料	使用来自生活生物体的物质生产新材料。这些物质包括生物聚合物和其他部分或全部从植物原料中产生的天然纤维	尿布制造公司 gCycle，提供 100% 可降解尿布；它在尿布中用非转基因玉米生物膜代替石油基塑料[25]
基因工程	通过生物技术直接控制生物体的基因组	一项基于对转基因大豆、玉米或棉花的 147 项基因改造影响的研究显示，基因工程使作物增产 22%，杀虫剂的使用减少了 37%。[26] 一种于 2015 年获批的转基因桉树，能够生产高于普通桉树 20% 的木材产量，且其成熟时间缩短了 20%[27]
DNA 标记	以无法察觉的方式标记物品，使人们在产品和材料中辨别真伪	像半导体微芯片这样的产品可以使用植物 DNA 作墨水标签。这有助于追踪产品或材料，通过确保与特定材料或产品的相关信息可以验证，如出处或来源，有助于防止假冒冒用产品，实现循环性[28]
细胞和组织工程	应用细胞和组织生长原理生产功能性替代材料或者修复现有的细胞和组织	细胞生产使生产新食物成为可能，比如马克·波斯特博士（Dr. Mark Post）培育的全世界第一个人造汉堡。[29] 人造牛肉汉堡能给消费者带来同样的味道，但环境成本却很低
水培和气雾培	部署有机的，符合生态要求的，可持续的园艺方式	例如，与传统农业方法相比，气雾法用水减少了 90%，且肥料的使用大大减少。[30] Robbe's Vertical Farming 为当地批发商和连锁超市发展提供园艺即服务的方案，在公司的帮助和监督下种植他们自己的绿色果蔬。[31] 地客户可以享受当地用可持续方式培育的蔬菜

循环经济价值链中的应用

这 27 项 4IR 技术已经广泛应用于循环经济价值链。我们评估了世界领先的循环经济创新技术,发现领先企业通常会将多种技术结合起来,在价值链的全过程充分应用技术创新,进而实现预期的经济和环境效益,展现公司价值。图 3.2 呈现了更多 4IR 技术在循环经济价值链中应用的例子。

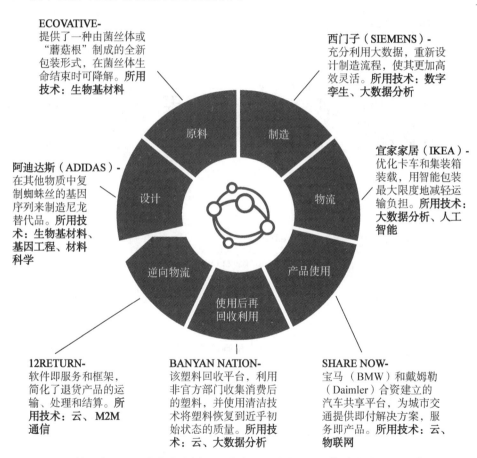

ECOVATIVE-
提供了一种由菌丝体或"蘑菇根"制成的全新包装形式,在菌丝体生命结束时可降解。**所用技术:生物基材料**

西门子(SIEMENS)-
充分利用大数据,重新设计制造流程,使其更加高效灵活。**所用技术:数字孪生、大数据分析**

阿迪达斯(ADIDAS)-
在其他物质中复制蜘蛛丝的基因序列来制造尼龙替代品。**所用技术:生物基材料、基因工程、材料科学**

宜家家居(IKEA)-
优化卡车和集装箱装载,用智能包装最大限度地减轻运输负担。**所用技术:大数据分析、人工智能**

原料　制造　物流　产品使用　使用后再回收利用　逆向物流　设计

12RETURN-
软件即服务和框架,简化了退货产品的运输、处理和结算。**所用技术:云、M2M 通信**

BANYAN NATION-
该塑料回收平台,利用非官方部门收集消费后的塑料,并使用清洁技术将塑料恢复到近乎初始状态的质量。**所用技术:云、大数据分析**

SHARE NOW-
宝马(BMW)和戴姆勒(Daimler)合资建立的汽车共享平台,为城市交通提供即付解决方案,服务即产品。**所用技术:云、物联网**

图 3.2　第四次工业革命技术在循环经济价值链的应用例证[35]**(资料来源见本章注释)**

技术亮点

在 27 项技术中,我们将在三大类(数字、物理、生物)的每一类里深入研究两项技术(见图 3.3)。这六项技术是过去五年我们所研究的机构最常使用的技术,除了分析这些技术在循环经济中的应用,我们还会探讨应用过程中需要考虑的重要问题。

数字技术

59%

物联网
事物和设备间的智能连接构成了安全的基础设施,使信息能够在整个商业生态系统中共享

机器学习
算法可以独立学习并执行日益复杂的功能,这些能力使人工智能呈指数级成长

物理技术

28%

机器人技术
通常与数字技术如人工智能和机器学习相结合,使流程自动化且更加高效

能量收集
该过程有时称为能量清除,该过程强调捕获能量,否则这些能量会以热、光、声音或动能的形式损失

生物技术

13%

生物基材料
越来越多的植物基可降解和/或可回收材料,用来替代不够环保的材料

生物能源
源自生物质的可再生能源,包括植物、木材、废物、氢气和酒精燃料等生物材料

图 3.3　采用率和在循环经济中产生最大影响的六项第四次工业革命技术(资料来源:彭莱、杰西卡·朗、韦斯利·斯平德勒等,《循环优势:从洞见到行动——循环经济之道》http://thecirculars.org/content/resources/The_Circular_Advantage.pdf[访问日期:2019 年 8 月 9 日])

数字技术：物联网（IoT）

物联网技术中的无线设备带有嵌入式传感器,可以使资产或物品得以连接,传感器网络产生的数据也能相互交换。这些无线设备包括从车辆到家用电器再到工业设备的所有设备,并全都能远程监测和控制。正如飞利浦医疗科技(Philips Healthcare)一套产品组合中的医院资产,包括了磁共振成像(MRIs)、正电子断层扫描(PET)和计算机断层成像(CT)设备。物联网技术使飞利浦公司能够远程监测这些产品,进而有

助于预测性维护和产品寿命延长。这也使得飞利浦公司能够部署"产品即服务"的模式,即飞利浦公司卖出了医疗设备产品,却还拥有这些产品的所有权,在客户停止使用设备后,此设备会回到飞利浦公司进行维修、翻新、再利用或回收。2018 年初,针对客户准备返还的所有大型医疗设备(如 MRI、CT、扫描仪等),飞利浦公司承诺收回并重新利用这些设备;飞利浦公司还承诺到 2025 年,这一做法将继续扩展至其他专业产品组合中。2018 年,飞利浦公司在意大利和希腊进行试点后,成功推出了一项全球计划,这一计划服务于飞利浦公司大踏步实现循环经济的目标,此外,飞利浦公司还公布了监测计划进程的各项指标。[36]

埃森哲估算,到 2030 年,工业物联网(IIoT)将带动全球经济增长约 14.2 万亿美元。[37]。但在各公司持续推进物联网技术之时,还应想办法处理网络安全风险、互操作性和数据隐私等事项,包括配备多层次的安全保护设置及使用客户信息前征求同意等操作。[38]

数字技术: 机器学习

机器学习是一种人工智能的应用,其算法可以自我学习并改进和执行新功能,而无须编程。这项技术通常依赖于类神经网络,甚至可以为改进人类专家的决策提供强大支持。这主要是由于该技术能够以强大的速度和准确性分析大量(且呈指数级增长)数据。机器学习可以通过反复的自我学习算法进行快速的原型设计和测试,帮助企业设计循环产品、部件和材料。它还可以通过部署预测性分析来实现更精准的需求规划或分析使用模式以优化资产管理,从而最大限度地减少浪费、资源使用和排放。

西门子(Siemens)作为工业自动化领导者,利用机器学习优化了其燃气涡轮机的燃烧过程。西门子的目标是尽量减少排放,这可能是一项艰巨的任务,需要仔细考虑各种因素,包括气体成分、当地天气条件和涡轮机年龄等。得益于成熟的神经网络,西门子已取得了令人赞叹的成果,甚至超过了人类专家的表现。在一系列测试中,当人类专家手动设置涡轮机控制后,机器学习系统能够进一步减少 20% 的氮氧化物排放。[39]

机器学习具有巨大潜力,预计到 2023 年其市场规模将超过 230 亿美元。[40] 不过,为了释放这一价值,企业必须克服各种技术挑战。像西门子涡轮机控制系统这样的应用需要大量的数据,机器学习才能产生有用的结果。虽然大公司可能拥有虚拟的数据宝库,但并不是所有的信息都可以轻易使用。大部分数据可能需要先被"清洗",它们中的许多可能还以不同的格式锁在业务单位的独立存储和处理系统中。因此,对于希望将机器学习应用于自身流程的公司来说,基础性的汇总和整合数据可能会是一项非常困难的工作。[41,42] 此外，企业还应认真应对道德挑战，确保避免算法偏见，并适当和透明地使用数据。

物理技术：机器人技术

机器人技术特别适合重复且基于规则的自动化流程。与机器学习相结合，机器人技术可以通过训练完成一系列复杂动作。到 2024 年，预计全球机器人技术市场将达到 620 亿美元，其中许多技术都会应用于循环经济领域，如废弃物收集、分类和粉碎。[43]

有个很好的例子可以说明机器人技术在资源回收中的强大能力，即由跨国科技公司苹果开发的可快速拆卸该公司 iPhone 6s 的机器人利亚姆(Liam)。两条先进的机器人生产线每年可拆卸 240 万部手机，使得高质量的组件和材料被回收利用，免于在传统回收技术条件下被浪费的命运。每 10 万部 iPhone 6s，利亚姆可以从中回收大量的铝(1 900 千克)、铜(800 千克)、锡(55 千克)、稀土元素(24 千克)、钨(3.5 千克)、钽(2.5 千克)和金(0.3 千克)。[44] 苹果公司已经开始用其中的一些材料来实现循环经济的闭环，具体来说，旧手机中回收的铝会被重新熔化，并在公司的总装生产线中发挥作用制造迷你麦金塔(Macintosh)。[45] 苹果公司称，黛西(Daisy)(利亚姆的后继者)工作时会分离零件并移除某些组件，每小时可以拆卸多达 200 部苹果手机(相当于每年拆卸约 180 万部)。[46]

部署机器人时，公司需要考虑几个因素，其中包括资本支出和回报以及机器人取代劳动力所造成的社会影响。公司应仔细评估机器人技术带来的效率增益，对比增益和初始投资成本。在这项分析中，公司还应该评估重新培训和安置潜在失业员工所需的投资。

物理技术：能量收集

能量收集是指用专门的材料或设备来捕获、储存和供应能量，否则这些能量会以热、光、声音、振动或运动的形式损失。目前，能量收集受到了一定限制(由于转换效率、电源稳定性和储电容量的问题)，但能量收集技术在不断进步，预计到 2025 年，全球能量收集市场规模将超过 10 亿美元。[47] 能量收集应用范围很广，且不乏独创性：有采集阳光为自己供电的物联网传感器，有收集射频能量然后转换为直流电的天线，有自行循环回收自产热量的新型白炽灯泡，等等。美国和中国有两个领先的技术研究所已创造出一种"纳米发电机"，能同时利用风能和太阳能，可安装在屋顶上，为室内的节能发光二极管(LED)灯和温度传感器供电。[48]

能量收集在未来会变得更加重要，尤其是对更小和低能耗的设备。物联网应用和消费电子产品将推动能量收集的创新,曾经某些应用由于供电方面的高成本而难以推进,今后传感器和其他电子设备将解决这一难题。[49,50] 消耗全球近 30% 能源的建筑物蕴含着巨大商机,[51] 企业可以收集建筑内浪费的多余能源,用这些能源为设备供电,进而大幅降低整体能耗,并为建筑所有者带来可观的经济价值。

生物技术: 生物基材料

生物基技术包括以植物为基础的可堆肥和可回收材料,这项技术可用于替代可持续性低的资源,因此使用范围日益扩大。生物基材料可由生物聚合物制成,也可由部分或全部来自植物原料的天然纤维制成。如上所述,日本汽车制造商马自达(Mazda)就是个很好的例子。做汽车内饰时,马自达公司没有使用传统塑料和其他可能破坏环境的材料,而是使用了生物基塑料。[52] 马自达与三菱公司的工业产品子公司三菱化学合作,开发了一种新的塑料。这种塑料由植物衍生材料制成,可以染色,因而不仅减少了油漆的使用,还减少了有机化合物的挥发。马自达公司还使用完全由植物纤维制成的生物织物装饰汽车座椅,并已开始使用高强度耐用生物塑料制造汽车外部零件。[52] 未来 20 年,全球塑料产量预计将翻一番,而其中大部分将来自生物基新材料和由可再生生物资源生产的材料和化学品。[53]

计划开发和推广生物基技术的公司需要考虑几个因素,其中包括生物基对环境的全面影响和产品的可回收性。首先,这些公司必须了解所用材料的出处,比如,制造生物基材料的原料是废弃物还是肥沃土地种植的作物? 其次,只有合适的废弃物管理系统将生物基材料回收到价值链或将其重新吸收到环境中,生物基材料才有循环的价值。反复权衡这些和其他因素,公司可能会发现,某种特定的生物基材料不一定比从石油中提取的替代品更环保。[54,55]

生物技术: 生物能源

生物能源技术将天然和有机的物质如植物、废弃物和酒精燃料转化为能源。一种方法是通过电产甲烷(一种电燃料生产形式,通过电流和二氧化碳的直接生物转换产生甲烷)、厌氧消化或其他生物或生化过程从废水中提取能量。另一种方法侧重于工厂废气,比如,将碳排放转化为汽车的乙醇燃料。通过这样的应用,生物能源技术为有效的资源回收奠定基础,从 2018 年到 2022 年,全球生物能源市场预计增长 540 亿美元。[56]

以蒙特利尔一家初创企业 Enerkem 为例,Enerkem 开发了一种技术,将城市不可回收的垃圾转化为运输燃料和其他可再生化学品,并在不同行业使用。在鹿特丹的一家工厂,Enerkem 计划每年气化 30 万吨废弃物,生产 20 多万吨甲醇,如果没有这个处理厂,这些废弃物将被送往其他地方焚烧,或将排放超过 30 万吨二氧化碳。[57]

尽管 Enerkem 这样的技术提供了双赢的解决方案——不仅从废弃物中提取生物燃料,还避免温室气体的释放,但扩大规模并将技术应用至成熟还需要更多的激励措施和基础设施投资。需要注意的是,在理想的循环系统中,只有当其他所有选项(如重复使用和回收)都穷尽时,才会将资源转化为能源,这是最后的手段。此外,必须考虑燃烧物质以及温室气体排放对健康的影响,这可能因所用原料和技术而异。生物能源生产的另一个关键风险有关原始资源的提取,比如农田的生物燃料作物和不宜产粮边际土地上的生物燃料作物是不同的,这引发了一场争议,即将作物或农田用于能源生产是否明智。由于这些问题,成功且负责地使用生物能源技术很大程度上取决于地理位置、当地政策和可用的原料。[58,59]

技术的组合力量

虽然 4IR 技术功能强大,但创造循环经济的价值并没有一刀切的办法。根据行业、规模、废弃物流和困难程度的差异,可以以各种方式部署和使用技术。但是,我们分析得出了一条共性的规律:最具竞争力的企业倾向于用技术组合来实现最佳性能。这 27 项技术中有几种组合看起来很有潜力打破线性经济并加速循环经济。

我们发现企业大多在同一个领域取得了协同效应,比如一项数字技术与其他数字技术的结合。例如,一家公司可使用物联网来监控、追踪并跟进产品的使用,然后应用大数据分析来探索发挥循环优势的想法。这一分析可能会有助于公司决定,应翻新所有退回的产品以便转售,还是仅回收其部件以获得最高价值。此外,酒店业的技术公司 Winnow 开发了人工智能工具,该工具可将食物浪费减半,进而使厨房更具经济价值、更可持续,该系统用计算机视觉采集了大量餐厨垃圾的图像来训练预测模型。精确的分析识别了厨房的浪费,有利于厨师减少食物开销,将食物成本降低 3%～8%(一年的投资回报率高达 10 倍),使厨师受益匪浅。宜家家居和洲际酒店集团(IHG)等客户也已开始大规模推广这项技术。[60]

然而,一些最有趣和最强大的组合来自超越数字、物理和生物领域界限的解决方案。具体来说,数字技术常常是扩展应用程序和加速其影响的倍增器,比如,使用机器视觉和人工智能来提高物理技术(如机器人)的性能。我们的数据表明,这种数字技术和物理技术相结合的应用是最常见的跨领域组合。相比之下,数字技术与生物技术的组合目前仅占循环领域的 8%。但这同时表明,数字技术和生物技术的组合潜力巨大。例如,室内农业的领先企业 AeroFarms 充分利用气雾培养和预测分析技术,使农业生产率遥遥领先并稳居前列,消耗的资源和产生的废弃物都少了,但产品质量却提高了。类似的情况还有,朗泽科技公司(LanzaTech)有由生物学家、化学家、工程师和计算生物学家组成的团队,该团队将各学科优势融会贯通,显著提升了效果。该公司全球范围内的设备生成了海量数据,需要数字建模以改进下一代产品。"正是得益于生物技术和人工智能的结合,我们才能够预测设计流程,加快生产新的可纳入循环供应链的可持续化学品。"朗泽科技公司的首席执行官珍妮弗·霍姆格伦(Jennifer Holmgren)解释道。

　　未来,我们相信最大的力量将来自融合所有三种技术(数字技术、物理技术和生物技术)的方案。固特异轮胎公司(Goodyear)的新概念轮胎 Oxygene 就是典型。在这一创新产品中,苔藓会通过吸收道路上的水分在轮胎侧壁内生长,这提高了牵引力,同时苔藓还有助于清除空气中的二氧化碳。[61] 对拥有 250 万辆汽车、巴黎大小的城市来说,这些轮胎每年可吸收 4 万吨二氧化碳。[61] 此外,苔藓光合作用获得的能量可以为轮胎中的电子传感器供电,借助物联网,可与其他车辆以及交通基础设施交换数据,从而实现智能移动。[61] 虽然这些技术组合解决商业和环境问题的能力(经济和规模方面)仍处于测试阶段,但展示了 4IR 技术组合从根本上改变当前价值链的潜在能力。

管理意外后果

　　类似 Oxygene 这样的应用,代表了 4IR 技术在循环商业模式中令人振奋的前景。与此同时,企业需要认识到,这些颠覆性的创新转变了核心业务,可能会带来想不到的潜在后果。与其他 4IR 线性应用一样,企业应采取保护措施,保护消费者数据,防范网络威胁,同时,关注对员工的再培训,避免因自动化造成的混乱甚至失业。[62,63]

　　此外,管理人员还必须考虑扩展循环技术带来的潜在系统级影响和道德问题。例如,研究表明,生物质的供应面临挑战,因为要用可持续的方式才能满足未来的需求。[64] 因此,若公司有意将生物基材料、生物化学品和生物燃料作为原材料纳入供应链,则应知道这些资源的生产和环境足迹,并尽可能寻找更可持续的替代品。全球食品加工和包装公司利乐(Tetra Pak)选择使用甘蔗纤维等多种作物,并依靠可持续管理的森林来获得其生物基包装材料。如今,利乐公司 100％的纸板来源于全球森林管理委员会认证的森林,公司与供应商、非政府组织和其他利益相关者合作,对森林管理负责,并通过认证和标签提升产品的可追溯性。[65,66]

　　在我们的研究中,企业最常与我们提到的潜在意外后果,涉及循环创新的全部环境足迹,即越新颖的创新可能产生越大的负面环境影响。所以做决定之前,企业需要展开可比较的生命周期评估,确定在哪个点进行扩展等问题,以确保新产品是可循环的并可减少对整体环境的影响。

前景展望

基于当前一些技术在循环商业模式中实施的进展,我们预计几项变革性技术有望带来新的机遇,这些技术包括但不限于:

智能数字孪生和 AR(增强现实)/VR(虚拟现实)。数字孪生技术是指借助物质资产、流程、人员、场所、系统和设备的数字副本,对数据进行分析和系统监控,以开发新的解决方案或进行预测性维护。例如,水技术公司赛莱默(Xylem)开发了美国印第安纳州南本德市下水道系统的数字孪生,利用人工智能进行分析,调节了风暴期的水量,避免了合流污水溢流、污染当地水系,这一技术每年可阻挡超过 10 亿加仑的暴雨和下水道污水汇入当地的圣约瑟夫河,每年为该市节约了 5 亿美元的建设预算,否则这笔钱需用来建设更多的地下隧道来容纳多余的雨水,节约能源并减少人类对环境的影响。该方案还有利于保护与河流相连的水道,如密歇根湖。密歇根湖是水处理厂的重要水源,为芝加哥、大急流城和当地提供饮用水。[67]

区块链和加密锚。区块链技术有助于确保产品的真实性,可以在一个安全的、不可变的分布式分类账上从产品的起点一直追踪到最终用户。加密锚是防篡改的"数字指纹",可以嵌入产品或产品部件中,使实物商品具有可追溯的数字身份,可存储于区块链,便于资产跟踪和使用结束时的价值回收。比如,基于区块链的通信公司 Circularise 结合加密锚定技术,为循环经济开发了一个开放的、分布式安全通信协议。客户可利用这项技术扫描产品的定位,询问有关该产品的问题(例如,它是否含汞),然后自动从价值链上游的来源获得是/否的答案。[68]

机器视觉、机器学习和机器人技术。机器学习和机器视觉系统可以获取、处理、分析和理解数字图像,从现实世界中快速提取有价值的数据,"学习"的图像数量增加,"学习"的能力也不断改进。机器人技术与机器视觉相结合,由机器学习提供动力,循环应用的能力和智力在提高。例如,AMP 机器人公司正使用机器视觉进行废弃物分类,随着时间的推移,该系统的准确性已提高到 99%。[69]

物理技术和生物技术的突破。投资和创业活动推动了物理和生物技术的稳步增长,物理和生物技术前景大好。食品技术是一个不断创新的领域,我们希望它能继续推动变革。具体来说,机器人、无人机和传感器等技术的进步将继续塑造下一代农场,劳动力会减少,能源和资源密度会降低,我们也即将迎来生物技术的革命。比如,食品技术初创公司 Apeel Sciences 使用从废弃农业副产品中的植物提取物来制造隐形的无味涂层,将新鲜产品的保质期延长了 2 到 5 倍。[70]该技术可以帮助杂货商减少浪费,同时提升果蔬外观和营养含量。实验室通过严格控制的输入条件,可以快速生产食物,进一步减少了对农场的依赖。以食品科技公司孟菲斯肉类公司(Memphis Meats)为例,该公司通过在实验室生产动物细胞来制造肉。这家初创公司已经获得了来自泰森(Tyson)和嘉吉(Cargill)等大型食品公司超2 000万美元的资金支持,待价格下落后,人造肉可在未来几年投入商用。[71] 农业流程也将在更多领域发展。比如,再生农业这一旨在增加生物多样性、提升土壤肥力并改进生态系统服务的农业技术,正在迅速普及。与此同时,加拿大废弃物处理技术公司 Lystek 等正着手从城市中提取有机废弃物,并将其转化为再生土壤增强剂。[72]

时装业正在迎接一系列新兴的、可能改变游戏规则的生物创新。每年,H&M 基金会都会为其创新加速者计划挑选五家领先的循环时尚技术初创公司。[73] 2018年和2019年,生物科技有所进步,这两年五项技术中的三项集中在这一领域。这些初创公司包括 Crop-A-Porter,该公司利用粮食作物收割后的残留物制造纺织品;也包括藻类服饰(Algae Apparel),该公司用藻类作染料;以及 Sane Membrane,该项目生产一种可降解的矿物基户外穿戴薄膜。[73] 其他创新集中在物理技术上,如能制造可溶解线的智能缝合(Smart Stitch);还有 The Regenerator 公司,分离棉和聚酯混合物进而用于循环利用;以及 Petit Pli 公司生产的随孩子身体发育而"长大"的衣服。[73,74]

虽然数字技术在扩大循环商业模式的规模、提升其有效性和高效性方面发挥着重要作用,但社会和行业的重点仍然是生产和消费实物商品。因此,我们在这里探索的生物和物理技术的加速发展将有助于从外部环境中创造循环输入,提高将"废弃物"转化回原始材料的能力,并最终有利于完成可持续的闭环。

生产率跨越

过去,技术突破使企业能够在各个行业实现生产率的跨越。今天,我们没有经历明显的技术革命,而是不断进步,创新浪潮层出不穷,现有技术不断被超越。这虽然迫使企业务必要紧跟时代,但也使企业在越来越短的时间内以指数级的速度创造了新的机遇。正如 Stufstr 的首席执行官约翰·阿特金森(John Atechson)所言,该再循环公司旨在加速向循环经济转型,"我们不断改进算法,以增加从数据中获得的洞察并提高准确性。我们利用数据的能力正以史诗般的规模增长,带来了更多的再循环机会,最终会改变消费者对线性系统的心态"。

毫无疑问,第四次科技革命为企业提供了丰富的平台,使其在部署五种循环商业模式时获得了相当大的竞争优势。然而,为了完全释放这些技术的潜力,企业必须在所有运营团队和职能领域全面实施这些技术。企业还必须有目的地引导这些技术,挖掘其新生的协同作用,并进行妥善管理以最大限度地减少意外后果,包括不利的环境影响、员工流失、网络威胁风险和道德问题。在下一章中,我们将讨论这些问题以及对特定行业的其他影响。

📖 本章小结

- 第四次工业革命不同于以往的工业革命,因为新技术的广度、速度和规模有可能将经济增长与资源使用脱钩。

- 企业在积极部署第四次工业革命技术,这些技术可分为三大类:数字、物理和生物,目前最受关注的是数字技术。

- 造福于商业和环境的技术中,最突出的是物联网和机器学习(数字技术领域)、机器人技术和能量收集(物理)和生物能源(生物)。

- 第四次工业革命的技术通过提高效率、加强创新、提高信息透明度和减少对资源密集型材料的依赖,已经成为循环商业模式的关键推动者。

- 技术组合将帮助企业获得最佳结果。站在新兴技术的最前沿也可以加速自然资源的再生和恢复过程。

- 为了实现这些效益,必须将技术整体融入组织结构中,有目的地进行部署,并妥善管理,以最大限度地减少意外后果。

注释

1. 克劳斯·施瓦布,《第四次工业革命:意味着什么,如何应对》,世界经济论坛,2016 年 1 月 14 日,https://www.weforum.org/agenda/2016/01/the-fourth-industrial-revolution-what-it-meansand-how-to-respond/(2019 年 8 月 9 日访问)。

2. Noodle.ai,《NFI 工业与 Noodle.ai 合作,将世界一流的人工智能用于运输和配送行业》,2019 年,(2019 年 8 月 9 日访问)。

3. Topolytics,《关于 Topolytics》,http://topolytics.com/about/(2019 年 8 月 17 日访问)。

4. Rubicon Global,《关于我们》,https://www.rubiconglobal.com/about/(2019 年 8 月 17 日访问)。

5. 康耐视公司,《康耐视——机器视觉的领导者》,https://www.cognex.com/en-gb/company(2019 年 8 月 17 日访问)。

6. 阿尔斯通,《阿尔斯通推出了健康中心,健康中心是一款用于预测性维护的创新工具》,

2014 年 9 月 23 日,https://www. alstom. com/press-releases-news/2014/9/innotrans2014-alstom-launches-healthhub-an-innovative-tool-for-predictive-maintenance-(2019 年 8 月 17 日访问)。

7. 斯凯孚,《斯凯孚洞悉》,https://www. skf. com/uk/products/condition-monitoring/skfinsight. html(2019 年 8 月 17 日访问)。

8. Hello Tractor,《关于 Hello Tractor》,https://www. hellotractor. com/about-us/(2019 年 8 月 17 日访问)。

9. NCC,《数字化建设》,https://www. ncc. group/our-ofer/customer-values/digital-construction/(2019 年 8 月 17 日访问)。

10. Provenance 公司,《关于》,https://www. provenance. org/about(2019 年 8 月 17 日访问)。

11. Circularise,《关于》,https://www. circularise. com/about-1(2019 年 8 月 17 日访问)。

12. 通用电气数字集团(GE Digital),《数字孪生》,https://www. ge. com/digital/applications/digital-twin(2019 年 8 月 17 日访问)。

13. 戴姆勒公司(Daimler),《新一代增材制造——自动化金属 3D 打印试点项目大获成功》,https://media. daimler. com/marsMediaSite/en/instance/ko/NextGenAM--pilot-project-for-automated-metallic-3D-printingproves-a-complete-success. xhtml? oid = 43205447(2019 年 8 月 17 日访问)。

14. Zenrobotics,《机器人废弃物回收解决方案》,https://zenrobotics. com/(2019 年 8 月 17 日访问)。

15. 西班牙伊尔维德罗拉公司,《你知道抽水蓄能电站是用来做什么的吗?》,https://www. iberdrola. com/environment/pumped-storage-hydro-power(2019 年 8 月 17 日访问)。

16. 德国易能森公司,《能量收集》,https://www. enocean. com/en/technology/energy-harvesting/(2019 年 8 月 17 日访问)。

17. GloNaTech,《海洋涂料》,https://www. glonatech. com/nanotechnology-applications/marine-coatings/(2019 年 8 月 17 日访问)。

18. 陶朗分选资源回收,《基于传感器的垃圾分类的下一大进展》,https://www. tomra. com/en-gb/about-us/tomra-innovation/sensor-based-waste-sorting(2019 年 8 月 17 日访问)。

19. 英国广播公司(BBC)新闻,《为奶牛喷涂二维码以促进奶牛养殖》,2012 年 6 月 26 日,https://www. bbc. co. uk/news/uk-england-leicester-shire-18594155(2019 年 8 月 17 日访问)。

20. 奈特·辛德曼(Nate Hindman)和乔·爱泼斯坦(Joe Epstein),《寿司厨师创建可食用二维码以终结加州餐馆的"鱼欺诈"》,2013 年 7 月 5 日,https://www. businessinsider. com/sushi-with-qr-codes-2013-7? r = US&IR = T(2019 年 8 月 17 日访问)。

21. 埃萨特·德德扎德(Esat Dedezade),《HoloLinc:蒂森克虏伯公司推出世界首个混合现实楼梯,客户可在自己家中将产品可视化并定制产品》,微软新闻,2018 年 10 月 22 日,

https://news. microsoft. com/europe/2018/10/22/hololinc-thyssenkrupp-rolls-out-worlds-frst-mixed-reality-stairlift-solution-allowing-customers-to-visualise-and-customise-products-in-their-own-homes/(2019 年 8 月 17 日访问)。

22. Graviky Labs,《迄今为止 1.6 万亿升空气已得到净化》,http://www. graviky. com/(2019 年 8 月 17 日访问)。

23. 荷兰皇家帝斯曼集团(DSM),《Niaga® 技术》,https://www. dsm. com/corporate/science-innovation/resources-circularity/niaga. html(2019 年 8 月 17 日访问)。

24. Unreasonable Group,《Cambrian Innovation 公司——遇见 Unreasonable Group》,https://unreasonablegroup. com/companies/cambrian-innovation? v = ln30J0CHbQc # overview(2019 年 8 月 17 日访问)。

25. 彭莱,《这五项颠覆性技术正在推动循环经济的发展》,世界经济论坛,2017 年 9 月 14 日,https://www. weforum. org/agenda/2017/09/new-tech-sustainable-circular-economy/(2019 年 8 月 17 日访问)。

26. 威廉海姆·克吕姆博(Wilhelm Klümper)和马丁·凯姆(Matin Qaim),《转基因作物影响的荟萃分析》,《公共科学图书馆：综合》(*PLoS One*),2014 年 9 月第 9 卷第 11 期,https://journals. plos. org/plosone/article/fle? id = 10. 1371/journal. pone. 0111629&-type = printable(2019 年 8 月 17 日访问)。

27. 丹尼尔·诺雷罗(Daniel Norero),《转基因作物 20 年来持续增产,未来还会有更多进步》,《科学联盟》(*Alliance For Science*),2018 年 2 月 23 日,https://allianceforscience. cornell. edu/blog/2018/02/gmo-crops-increasing-yield-20-years-progress-ahead/(2019 年 8 月 17 日访问)。

28. 詹姆斯·A. 海沃德(James A. Hayward)和贾尼丝·梅拉利亚(Janice Meraglia),《DNA 标记和认证：一个独特安全的电子工业防伪计划》,国际微电子研讨会,2011 年,https://adnas. com/wp-content/uploads/2016/07/dna_marking_and_authentication_oct_2011_5. pdf(2019 年 8 月 17 日访问)。

29. 伊沙·达塔尔(Isha Datar)和达恩·卢伊宁(Daan Luining),《马克·波斯特的养殖牛肉》,新丰收网站(New Harvest),2015 年 11 月 3 日,https://www. new-harvest. org/mark_post_cultured_beef(2019 年 8 月 17 日访问)。

30. 特莎·瑙斯(Tessa Naus),《垂直农业真的可持续吗?》,Eit 食品(Eit Food),2018 年 8 月 29 日,https://www. eitfood. eu/blog/post/is-vertical-farming-really-sustainable(2019 年 8 月 17 日访问)。

31. 生物经济,《智能科技温室促进 Robbe's Little Garden 的垂直种植业》,https://www. bio-economy. fi/robbes-little-gardens-vertical-farming-boosted-by-smart-technology-greenhouses/(2019 年 8 月 17 日访问)。

32. 彭莱、杰西卡·朗、韦斯利·斯平德勒等,《循环优势：从洞见到行动——循环优势手册预览》,https://thecirculars. org/content/resources/The_Circular_Advantage. pdf(2019 年 8 月 9 日访问)。

33. Labiotech 网站,《生物技术和数字技术的投资差距有多大？（比你想象中要小……）》,2018 年,https://labiotech. eu/features/gap-between-digital-biotech-investments/(2019 年 8 月 9 日访问)。

34. 西蒙·沙伍德(Simon Sharwood),《发展中国家手机普及率达到 98.7%》,The Register 网站,2017 年,https://www. theregister. co. uk/2017/08/03/itu_facts_and_fgures_2017/(2019 年 8 月 9 日访问)。

35. ①Ecovative：Ecovative 设计公司,《我们种植材料》,https://ecovativedesign. com/(2019 年 8 月 27 日访问)；②西门子：西门子,《高效率规划和沟通您的制造流程》,https://www. plm. automation. siemens. com/global/en/products/manufacturing-planning/manufacturing-process-planning. html(2019 年 8 月 17 日访问)；③宜家家居：宜家家居,《宜家家居集团的可持续发展方法》,https://www. ikea. com/ms/en_JP/pdf/sustainability_report/group_approach_sustainability_fy11. pdf(2019 年 8 月 27 日访问)；④SHARENOW：现在就是你的,《我们的共享汽车——现在就开始共享吧》,https://www. your-now. com/our-solutions/share-now(2019 年 8 月 27 日访问)；⑤榕树国(Banyan Nation)：榕树国,《我们的工作》,http://banyannation. com/#ourwork(2019 年 8 月 27 日访问)；⑥12Return,《退货管理软件》,https://www. 12return. com/returns-management-platform(2019 年 8 月 27 日访问)；⑦阿迪达斯：安东尼·金(Anthony King)：《蜘蛛结网研究》,英国皇家化学学会(Royal Society of Chemistry),2017 年 5 月,https://www. chemistryworld. com/features/spinning-out-spider-silk-research/3007091. article(2019 年 8 月 27 日访问)。

36. 德勤(Deloitte),《医疗技术和医疗互联网——互联医疗设备如何改变医疗保健》,2018 年 7 月,https://www2. deloitte. com/content/dam/Deloitte/tw/Documents/life-sciences-health-care/Medtech%20and%20the%20Internet%20of%20Medical%20Things. pdf(2019 年 8 月 17 日访问)。

37. 埃森哲,《借助物联网夺取胜利：如何加快生产力提高和经济增长的进程》,2015 年,https://www. accenture. com/t20160909T042713Z__w__/us-en/_acnmedia/Accenture/Conversion-Assets/DotCom/Documents/Global/PDF/Dualpub_11/Accenture-Industrial-Internet-of-Things-Positioning-Paper-Report-2015. pdfa=en(2019 年 8 月 9 日访问)。

38. 菲尔·比彻(Phil Beecher),《物联网实施面临的三项挑战及克服方法》,IT Pro Portal,2018 年,https://www. itproportal. com/features/three-iot-implementation-challenges-and-how-to-overcome-them/(2019 年 8 月 9 日访问)。

39. BootUP,《利用人工智能进行可持续能源管理》,https://www. bootupventures. com/downloads/AI_in_energy. pdf(2019 年 8 月 9 日访问)。

40. 美国商业资讯(Business Wire),《机器学习：全球超 230 亿美元的市场趋势和机遇(2018—

2023年)》，2018年，https://www.businesswire.com/news/home/20181212005361/en/Machine-Learning-Global-23-Billion-MarketTrends(2019年8月9日访问)。

41. 丹尼尔·古铁雷斯(Daniel Gutierrez)，《采用机器学习的三大障碍》，insideBIGDATA，2016年，https://insidebigdata.com/2016/09/20/three-barriers-to-machine-learning-adoption/(2019年8月9日访问)。

42. Lily Fu，《人工智能广泛应用面临的四大障碍》，《科学研究与发展杂志》(*R&D Magazine*)，2018年，https:www.rdmag.com/article/2018/05/four-key-barriers-widespread-adoption-ai(2019年8月13日访问)。

43. 锡安市场研究(Zion Market Research)，《全球工业机器人市场到2024年将达到621.9亿美元：锡安市场研究》，2018年，https://www.globenewswire.com/news-release/2018/10/25/1626970/0/en/GlobalIndustrial-Robotics-Market-Will-Reach-USD-62-19-Billion-By-2024-Zion-Market-Research.html(2019年8月9日访问)。

44. 苹果公司，《环境责任报告——2017年进展报告，对2016财年的全面回顾》，2017年，https://images.apple.com/environment/pdf/Apple_Environmental_Responsibility_Report_2017.pdf(2019年8月17日访问)。

45. 劳埃德·奥尔特(Lloyd Alter)，《新款MacBook Air采用再生铝制造：这算什么大事吗?》，抱树者网站(Treehugger)，2018年10月20日，https://www.treehugger.com/corporate-responsibility/new-macbook-air-made-recycled-aluminumbig-deal.html(2019年8月9日访问)。

46. 苹果公司，《苹果公司扩大全球回收计划》，2019年4月18日，https://www.apple.com/uk/newsroom/2019/04/apple-expands-global-recycling-programs/(2019年8月17日访问)。

47. 市场观察(Market Watch)，《2019年全球能源收集市场——行业分析、规模、份额、战略和2023年预测》，2019年，https://www.marketwatch.com/press-release/global-energy-harvesting-market-2019-industry-analysis-size-share-strategies-and-forecast-to-2023-2019-03-28(2019年8月9日访问)。

48. 王，等，《智能城市中太阳能和风能的高效利用》，美国化学学会出版物(ACS Publications)，2016年5月5日，https://pubs.acs.org/doi/abs/10.1021/acsnano.6b02575(2019年8月9日访问)。

49. 吉恩·弗朗茨(Gene Frantz)、大卫·弗里曼(Dave Freeman)和克里斯·林克(Chris Link)，《德州仪器公司技术为永久设备开辟新天地》，2018年，http://www.ti.com/lit/wp/sszy004/sszy004.pdf(2019年8月9日访问)。

50. 埃德·斯珀林(Ed Sperling)和凯文·福格蒂(Kevin Fogarty)，《能量收集的限制》，半导体工程网站(Semiconductor Engineering)，2019年，https://semiengineering.com/the-limits-of-energy-harvesting/(2019年8月9日访问)。

51. 英国石油公司(BP),《各部门的能源需求》,https://www. bp. com/en/global/corporate/energy-economics/energy-outlook/demand-by-sector. html(2019 年 8 月 9 日访问)。

52. 马自达,《生物基塑料》,https://www. mazda. com/en/innovation/technology/env/bioplastics/(2019 年 8 月 17 日访问)。

53. GRID-Arendal,《全球塑料生产》,2013 年,http://www. grida. no/resources/6923(2019 年 8 月 9 日访问)。

54. 凯瑟琳·马丁科(Katherine Martinko),《生物塑料的问题》,抱树者网站,2017 年,https://www. treehugger. com/clean-technology/problem-bioplastics. html(2019 年 8 月 9 日访问)。

55. 乌米·埃姆雷·埃尔多安(Umit Emre Erdogan),《采用生物包装的成功因素和失败因素》,瑞典皇家理工学院(KTH)工业工程与管理理学硕士论文,2013 年,www. diva-portal. org/smash/get/diva2：636875/FULLTEXT01. pdf(2019 年 8 月 9 日访问)。

56. Technavio,《2018—2022 年全球生物能源市场》,2018 年,https://www. technavio. com/report/global-bio-energy-market-analysis-share-2018(2019 年 8 月 9 日访问)。

57. 阿琳·卡里迪斯(Arlene Karidis),《Enerkem 公司在荷兰利用气化技术生产甲醇》,Waste360,2018 年,www. waste360. com/waste-energy/enerkem-make-methanol-through-gasifcation-netherlands(2019 年 8 月 9 日访问)。

58. 本瑟姆·保罗斯(Bentham Paulos),《关于生物能源的传说和事实(第一部分,共三部分)》,energypost. eu,2017 年,https://energypost. eu/myths-and-facts-about-biopower-part-1-of-3/(2019 年 8 月 9 日访问)。

59. 美国能源信息署(U. S. Energy Information Administration),《生物质和环境》,2019 年,https://www. eia. gov/energyexplained/index. php? page = biomass_environment(2019 年 8 月 9 日访问)。

60. Winnow Solutions,《更具经济效益、更可持续的厨房需要的技术》,2019 年,https://www. winnowsolutions. com/en/benefts(2019 年 8 月 9 日访问)。

61. 美通社,《固特异推出 Oxygene 概念轮胎,旨在支持更清洁、更便捷的城市交通》,2018 年,www. prnewswire. com/news-releases/goodyear-unveils-oxygene-a-concept-tire-designed-to-support-cleaner-and-more-convenient-urban-mobility-675956303. html(2019 年 8 月 9 日访问)。

62. 新经济与社会中心,《2018 年关于未来工作的报告》,世界经济论坛,2018 年,www3. weforum. org/docs/WEF_Future_of_Jobs_2018. pdf(2019 年 8 月 9 日访问)。

63. H·詹姆斯·威尔逊(H. James Wilson)、保罗·R. 多尔蒂(Paul R. Daugherty)和尼古拉·莫里尼·比安齐诺(Nicola Morini-Bianzino),《人工智能将创造的工作》,《麻省理工学院斯隆管理评论》,2017 年,https://sloanreview. mit. edu/article/will-ai-create-as-many-jobs-as-it-eliminates/(2019 年 8 月 9 日访问)。

64. 特蕾泽·本尼奇(Terese Bennich)和萨利姆·贝利亚齐德(Salim Belyazid),《可持续发展之路——生物经济的前景与挑战》，《可持续发展》杂志（*Sustainability*），2017 年，www. mdpi. com/2071-1050/9/6/887/pdf（2019 年 8 月 9 日访问）。

65. 全球森林管理委员会（FSC）是一个致力于促进对世界森林负责管理的国际非政府组织。全球森林管理委员会，《关于我们》，https://fsc. org/en/page/about-us（2019 年 8 月 27 日访问）。

66. 利乐公司，《马来西亚 70％的利乐包装都有 FSC® 标签》，2017 年 10 月 6 日，https://www. tetrapak. com/my/about/newsarchive/fsc-label-now-visible-on-malaysia-packaging（2019 年 8 月 9 日访问）。

67. 赛莱默公司，《印第安纳州南本德市（South Bend）》，2019 年，https://www. xylem. com/ siteassets/campaigns/stormwater-handbook/combined-sewer-overfow-volume-reduction. pdf（2019 年 8 月 9 日访问）。

68. Circularise，《针对循环经济公开的、分布式的、安全的通信协议》，https://www. circularise. com/（2019 年 8 月 9 日访问）。

69. 加速循环经济平台与埃森哲战略合作，《将第四次工业革命成果用于消费电子产品和塑料包装的循环经济》，世界经济论坛，2019 年 1 月，http://www3. weforum. org/docs/WEF_ Harnessing_4IR_Circular_Economy_report_2018. pdf（2019 年 8 月 17 日访问）。

70. 德里克·马克汉姆（Derek Markham），《这种看不见的基于植物的可食用涂层，将农产品保鲜时间延长两倍》，抱树者网站，2016 年 12 月 21 日，https://www. treehugger. com/green-food/produce-covered-invisible-plantbased-edible-coating-stay-fresh-twice-long. html（2019 年 8 月 9 日访问）。

71. 克洛伊·索尔维诺（Chloe Sorvino），《泰森食品公司加入比尔·盖茨（Bill Gates）和理查德·布兰森（Richard Branson）的队伍，投资初创公司孟菲斯肉类公司的实验室培蛋白质》，《福布斯》（*Forbes*），2018 年 1 月 29 日，https://www. forbes. com/sites/chloesorvino/ 2018/01/29/exclusive-interviewtyson-invests-in-lab-grown-protein-startup-memphis-meats-joining-billgates-and-richard-branson/♯23c1e3873351（2019 年 8 月 9 日访问）。

72. Lystek 公司，《LysteGro 生物肥料》，2019 年，https://lystek. com/solutions/lystegro-biofertilizer/（2019 年 8 月 9 日访问）。

73. 埃森哲和 H&M 基金会（H&M Foundation），《2018 年循环经济×时尚科技趋势报告》，2018 年，https://www. accenture. com/t20180327t110326z_w_/us-en/_acnmedia/pdf-74/ accenture-gca-circular-fashiontech-trend-report-2018. pdf（2019 年 8 月 17 日访问）。

74. H&M 基金会，《H&M 基金会向 5 项创新颁发 100 万欧元奖金，以表彰他们为时尚行业可持续发展所做的努力》，Cision 美通社（Cision PR Newswire），2019 年 4 月 4 日，https:// www. prnewswire. com/news-releases/hm-foundation-awards-5-innovations-a-total-1-mil-lion-grant-for-their-efforts-to-make-fashion-sustainable-300824787. html（2019 年 4 月 17 日访问）。

第二部分

目标是什么？

——扩大行业影响

4

循环经济： 十大行业的故事

我们已经概述了从线性经济过渡到循环经济的全球机遇，以及支撑这一转变的基本商业模式和技术。本章将探讨这种转变对具体行业的意义。我们将研究 10 个不同行业在循环转型中可以发挥的作用，以及它们如何通过大规模采用循环原则来实现重大价值。

划分行业的方法有无数种，而今天的数字经济对传统定义带来了挑战。出于这个原因，我们根据产品类型和特点以及受其生产和消费影响的原材料来划分行业。例如，忽略零售业，而是考虑消费者购买的各种类型的产品：消费品、衣服、家用电器、信息和通信技术(ICT)设备等。每种产品在使用的原材料、废弃物、使用寿命、典型价位和客户情感方面都有所不同。

推动行业向循环性转变的力量

行业层面的循环活动在类型和数量上千差万别。一般来说，面向消费者的行业已经实现了最大的循环活动量，通常是由消费者、政府和员工的需求所驱动。具体来说，快消品(FMCG)行业的龙头企业已经制定了一些远大的循环经济目标，重点通常是减少包装和原料浪费。面向消费者的时尚行业也提升了循环经济方面的行动和承诺，从使用替代材料到产品回收和再利用。对于这些行业来说，消费者需求和期望的上升是明显的驱动力。根据埃森哲 2019 年的一项调查，近 3/4 的消费者(72％)表示，与五年前相比，他们现在会购买更多的"环境友好型产品"。关于塑料和"一次性"时装等问题的公共讨论日益增多，刺激了这些领域品牌发出"行动号召"。然而最近，距离消费者更远的 B2B 行业，如化工、金属和采矿公司，也受到了来自客户(或客户的客户)的推动。事实上，大多数消费者(83％)认为公司设计的产品应该可以重复使用或回收，而大约一半(49％)的消费者认为，与其他八个行业相比，化学工业是最不关心对环境影响的。[1]

其他行业也感受到了监管驱动力的压力。例如,在家用电器行业,越来越多的关于处理报废产品责任的法规正在推动公司加大对于旧机器的回收。在美国,环境保护署的法规要求维修制冷和空调设备的技术人员遵循特定的要求,最大限度地回收和循环利用。[2] 监管的话题和对企业的影响将在关于政策的章节中深入阐述(见第三部分,"政策——决策者的作用")。

在某些情况下,循环经济原则自然与各行业长期以来管理业务的方式一致,例如,机械和工业设备(M&IE)以及汽车公司对多年产品使用周期的关注。这些行业的商业模式中往往拥有强大的售后维护和服务。因此,向循环性过渡只是现有业务的自然延伸。

循环商业模式的应用

在各行业中,一个强大的财务指标正在促使人们从线性生产和消费模式向循环模式转变。为了获取循环价值并转向新的增长领域,大多数行业采取了双重重点策略:将循环模式应用于其现有的价值链,同时也逐步改变目前的运营方式。比如在提高运营效率的同时,尝试"产品即服务"的商业模式。各行业典型的机会组合包括改变产品本身(例如,通过循环资源投入、可再生材料)、生产(例如,减少资源使用和减少资源或材料浪费)以及消费(例如,改变客户消费、再消费或在报废后控制产品的循环模式)。

当前,创造性和行业交叉的最大机会出现在资源回收和循环资源投入的交叉点上,因为每个行业都试图找出可以和应该带回价值链的东西,以及应该转移给其他行业再利用的东西。我们看到旧鞋被回收为运动地板或汽车内饰,不需要的塑料被转化为优质路面,废水成为公共汽车的燃料。尽管循环资源投入的交叉使用仍然受到技术可行性、基础设施不足和意外影响的限制,但其潜力是巨大的。我们将在后面的章节中进一步探讨这个问题。

循环机会也可能模糊行业界限。许多企业正通过帮助其他行业实现循环寻找机会。石油和天然气公司正在涉足电力和电动车领域,而化学公司正在发挥在纺织品和食品成分创新中的作用。例如,美国化学公司伊士曼(Eastman)的循环回收技术,可以将聚酯产品分解成"积木",而这些"积木"又可用于新产品,最终帮助解决纺织品回收的挑战。[3]

阻力和动力

在企业内部、整个行业和整个生态系统的闭环中，我们认识到共同的障碍和推动因素。所有行业的公司都需要加强创新，建立伙伴关系，关注更广泛的供应链循环，并支持有利的政策和法规。虽然循环机会一般会解决第 2 章中所涉及的四种类型的线性废弃物（即废弃资源、废弃产能、废弃产品寿命及废弃内含价值），但它们之间的平衡会有所不同。

资源密集型生产行业，如石油和天然气提炼、金属和采矿，或设备制造，需要减少资源浪费以及机器停机时间（废弃产能）。这意味着要关注循环和可再生的投入，关注效率、利用率以及自然资源，比如水资源的节约和再利用。在更注重消费的行业，如消费电子产品，浪费情况的很大一部分发生在产品使用期间（废弃产能）和过早报废（废弃产品寿命）。因此，除了减少制造过程中的浪费，这些公司还可以通过延长产品寿命的服务模式，或通过在使用结束时回收有用的材料（废弃内含价值）等模式来获取价值。

同样重要的是，客户对不同模式的需求会因行业而异。虽然现在人们普遍转向更简单、更少的消费，但消费者是否愿意转向商品或服务的租赁或共享模式，取决于对产品价值的感知。研究表明，这种模式通常更容易用于那些功能较多而情感较少的商品（割草机相比于婚纱），价值较低的商品（婴儿车相比于艺术品），或者那些在重复使用时缺乏卫生因素的商品（一本书相比于一把牙刷）。[4] 谈及支付意愿，消费者也最有可能为食品和饮料包装（容器或包装纸）、电子产品（电脑、电视、音响等）和儿童玩具的可重复利用设计支付溢价，且超过 55％ 的消费者愿意支付至少 10％ 的溢价。[5]

正如现有的行业动态有利于循环经济的实践（例如，M&IE 中对服务的关注），它们也可能使转型复杂化。在信息通信技术和时尚行业，消费者已经习惯于以最低的成本获得最新的产品，或者按需购买，或者在几天内交付。这促使之前寿命较长的设备和服装的寿命相对缩短了。即使是耐用、使用寿命长的产品，也会过早地过时或不受欢迎。例如，移动电话在技术上可能持续四到五年，但对这些产品快速更新的需求使人们更倾向于将其放在二级市场上转售而非通过拆卸和升级回收获得足够的价值。

最后，尽管各行各业都在发生各式各样的进步，如人工智能工具利用机器视觉减少厨房的食物浪费、加压二氧化碳帮助完全消除纺织品染色过程中的水和化学品，但与技术和基础设施相关的机会和障碍并不统一，即使在单一行业内也是如此。此外，各行业的技术和基础设施成熟度也不尽相同。例如,时装业正在为回收的纺织品的质量和性能而努力。在石油和天然气行业,更大的碳循环依赖于碳捕获技术,但这些技术尚未证明可以以合理的成本进行扩展。当涉及使用结束后的回收时,快速消费品行业鼓励客户退回产品包装,但由于目前包装的价值很低,企业往往专注于建立非常本地化的收集和回收系统。相比之下,信息和通信技术设备那些非常有价值的零件则由全球运输到集中地点。

了解价值

鉴于不同行业有一些特定差别,我们决定单独研究每个行业的价值机会,认识到许多企业可能在多个行业中运营,而且它们之间的界线有时比较模糊。对于每个行业,我们强调企业可以在中短期内找到能够实现循环价值的关键领域,确定一个关键的循环主题,以确定一组切实可行的机会,比如,快消品的包装。然后,这组机会就用来确定具体的价值驱动因素,并以案例研究为基础,阐明个别公司和整个行业的潜在机会规模。

然而,需要注意的是,这并不是行业在循环经济中创造价值的唯一途径。例如,我们认识到,快消品公司的潜在价值机会绝不仅限于包装的优化。这些价值计算不可能是全面的,仅仅是基于目前可获得的最佳信息的估计。但它们确实指出了现有机会的规模和采取行动的必要性。

图4.1总结了我们将涉及的行业和深入探讨的循环价值机会领域。

行业	描述	循环价值主题
金属和采矿	矿物和金属(M&M)被广泛用于从消费电子产品到工业用高强度钢、珠宝和可再生能源发电等各个方面。	循环资源投入
石油和天然气	石油和天然气(O&G)包括上游活动(勘探和生产)、中游活动(运输、储存和加工)和下游活动(净化、提炼、物流/运输和零售)。	能源转型
化工	化学工业生产中间及终端产品,几乎用于其他所有行业,包括基础化学工业及其产品、石化产品、化肥、油漆、气体、药品、染料等。	循环资源投入
电力	电力行业包括发电、输电、配电和对商业或住宅客户的零售。	可循环、高效分销及传送

（续表）

行业	描　述	循环价值主题
机械和工业设备	机械和工业设备（M&IE）包括用于抬升和移动货物和材料的重型和非道路设备。	报废潜力：再利用及回收
通信和信息技术	信息和通信技术（ICT）行业包括用于信息和通信的装置和设备，如智能手机、电脑、路由器等。	逆向基础设施：翻新及回收
个人出行	个人出行是指个人使用私人或公共车辆作为交通工具。	电气、循环行动转向
家居	家居行业产品，包括家具、白色家电和电器。	维修及再利用
快消品	快速消费（FMCG）产品主要包括包装食品、饮料、洗漱用品、个人和家庭护理产品，其特点是购买频率高、数量大。	循环包装
时装	时装行业生产、销售和推销服装和配件。	循环材料使用

图 4.1　行业及其循环价值

为了评估所有特定机会的潜在规模，我们计算了对营业利润的影响（见图 4.2）。[5] 很快发现，这些机会可以在三个方面产生价值。

不同种类的价值（跨行业），到2030年
单位：十亿美元
降低成本
500
价值迁移
400
增加收入来源
100

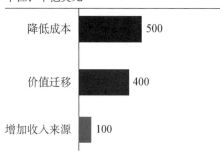

图 4.2　降低成本和价值迁移是跨行业价值增加的最大驱动因素（资料来源：埃森哲研究）

(1) 通过新的收入来源增加价值；

(2) 通过降低成本来增加价值；

(3) 通过价值迁移为特定的公司创造收入。

增值是指在以前不存在的地方创造出利润池。这在大多数案例中都很明显。**价值迁移**是指行业参与者之间或从一种产品/服务到另一种产品/服务的利润转移。这衡量的是价值的转移，而不是为行业价值链增加的新价值。例如，A 公司的循环产品比 B 公司的线性产品更能引起消费者的共鸣，因此人们从 B 公司转向 A 公司。随着行业的融合，价值迁移有时会发生在行业之间，但这种情况不太常见。

本研究的分析表明，降低成本方面提供了巨大的价值潜力：我们量化的八个行业总计约为 5 000 亿美元。对公司来说，降低成本应该是比较容易的，因为这涉及控制范围内的变化，不需要文化期望或消费者行为的转变。尽管如此，获取这种价值并不是一件简单的事情，可能需要在流程和技术方面进行大量投资。

在新领域实现净收入增长非常困难，比如，降低水和能源的运营成本就比开发全新的可再生能源产品更容易。我们估计，新创收带来的附加值约为 1 000 亿美元，约占总价值的 10%。创收困难可能有若干原因，比如：①循环本身可能不会对产品和服务产生额外需求；②大多数行业的消费者可能并不愿意为循环产品支付溢价；③邻近行业新加入者会分走盈利机会，例如，提供按需出行服务的汽车公司，必须与优步(Uber)等只提供按需出行服务的公司竞争。

然而，行业从业者迁移所涉及的价值可能会大得多，这一价值可高达 4 000 亿美元。此现象可归结为几个原因，消费者和监管领域的变化正推动汽车(转向电动汽车)和公用事业(转向可再生能源)等行业的转变。此外，消费者在其他领域也越发偏向可循环产品，这些变化虽不像汽车和公用事业领域那么极端，但也足够显著。在快速消费品领域，可循环的包装日益成为基本要求，也是快消公司参与竞争的入场券，而在时尚领域，利基市场越来越看重产品所体现的社会责任感。因此，市场份额的保持和增长，取决于正确的循环经济主张。

这三种基本的价值类型可以进一步细分，进而将盈利机会归为七个主要方面(见图 4.3)。

这些价值分类呈现了提升公司盈利潜能的不同方式，其中三项举措有助于增加公司收入：

- **提高定价**：利用循环经济原则，制造更高端的产品，向消费者或客户收取更高的费用。此举可称为高端化。

- **塑造品牌**：采用强有力的循环经济战略，使自己从竞争对手中脱颖而出，从而吸引新客户。此举可扩大市场份额。

增加收入的举措	降低成本的举措	
在循环经济原则的指导下生产更高端的产品 提高产品价格	**改进设计** 减少用料	**利用循环经济原则** 指导原料采购 精准采购
利用循环经济理念塑造品牌 扩大市场份额	**通过充分预测减少不必要的浪费** 降低物流开销	**优化操作流程** 高效生产
构建循环经济商业模式 转售、维修、充分挖掘价值		

图 4.3 价值创造的七个方面

- **改变模式：** 使用五种循环商业模式作为全新的收入来源。

其他四项举措有助于降低公司基本成本。

每一项都可使资源利用更加智慧且高效：

- **优化设计：** 重新思考产品的设计方式，降低生产所需的原材料成本，比如，精简包装。
- **精准采购：** 掌握公司资源流动，明确需求，精准采购，并尽可能从回收或再利用渠道获得资源。
- **充分预测：** 利用分析技术和物流技术的进步以减少浪费，要避免以下三方面的问题：产品滞销、库存积压、配送地址错误。
- **节约成本：** 降低能源、水和其他基本资源的生产成本，因为这些资源越来越昂贵。

如图 4.4 所示，上述七个价值类型的相对贡献因行业而异。

比如，在快消品领域，可循环的设计影响最大（占全部影响的 20％ 以上），所以能够优化设计、减少包装原材料的公司，盈利会显著增长，然而，快消品领域的公司很难提高定价，因为其大多数市场都对价格波动十分敏感。而在其他行业比如时尚领域，利润增长更多来自增加收入而非降低成本，因此品牌要有辨识度，要构建可循环的商业模式。行业的具体差别将在接下来的行业概述部分继续探讨。

在行业概述部分，各行业（大致）按照从最接近资源开采点到最接近最终消费者的顺序出现。我们探讨每个行业的循环经济面貌，强调其价值链中浪费的主要来源和尚未开发的价值，探索最具盈利潜力的机会。最后，我们反思了每种行业面临的困难，研究了大规模推广循环经济的关键动力。

不同举措对各行业的影响程度不同

循环经济举措	M&M	O&G	Chem.	Elec.	M&IE	ICT	P.Mob.	House.	FMCG	Fash.
收入 生产高端产品—提高产品价格	尚未量化		尚未量化							
塑造品牌—扩大市场份额										
改变模式—转售、维修、充分挖掘价值										
优化设计—减少用料										
成本 充分预测—降低物流开销										
精准采购—提升购买质量										
节约成本—高效生产										

微不足道　　低：在总影响中占比<10%

中：在总影响中占比10%~20%　　高：在总影响中占比>20%

含义：

M&M：金属和采矿	P.Mob.：个人出行
O&G：石油和天然气	House.：家居
Chem.：化工	FMCG：快速消费品
Elec.：电力	Fash.：时装
M&IE：机械和工业设备	
ICT：信息和通信技术	

图4.4　循环经济不同举措对各行业影响的不同热图

📖 本章小结

- 通常，快消和时尚等面向消费者的行业循环经济活动最多，但B2B公司也开始感受到来自客户（或客户的客户）的驱动。
- 在某些行业，如机械和工业设备以及出行行业，循环经济原则和该领域企业长期以来的业务存在天然的一致性（例如，强调售后和服务）。
- 循环经济带来的机遇会模糊行业界限——例如，石油和天然气公司正在向电力和电子移动业务转型。

- 不同的行业可能需要关注不同类型的废弃物。金属业和矿业公司应注重减少资源浪费和产能浪费（机器停产时间），而信息和通信技术行业则应关注浪费的生命周期（未成熟产品的处理）和废弃的嵌入价值。

- 公司可以通过三种方式产生循环经济价值：降低成本、收入转移和增加收入。目前，前两种方式创造价值的机会比第三种方式更多。

- 价值创造有七个主要方面：提高定价、塑造品牌、改变商业模式、优化设计、精准采购、充分预测、节约成本。前三个方面增加公司收入，后四个方面降低公司成本，不同行业的公司在这七个方面创造价值的机会不同。

注释

1. 澳大利亚零售商协会(Australia Retailers Association)，《调查显示一半以上的消费者愿意为可持续的产品支付更多》，2019 年 7 月 12 日，https://blog. retail. org. au/newsandinsights/survey-shows-more-than-half-of-consumers-would-pay-more-for-sustainable-products(2019 年 8 月 19 日访问)。

2. 美国环境保护署，《固定式制冷服务操作要求》，2017 年，https://www. epa. gov/section608/stationary-refrigeration-service-practice-requirements(2019 年 8 月 8 日访问)。

3. 伊士曼，《伊士曼提供创新的聚酯纤维回收技术》，2019 年 5 月 5 日，https://www. eastman. com/Company/News _ Center/2019/Pages/Eastman-offers-innovative-recycling-technology-for-polyesters. aspx(2019 年 8 月 8 日访问)。

4. 泰瑞环保(TerraCycle)的首席执行官和创始人汤姆·萨基(Tom Szaky)，接受来自杰西卡·朗、米凯拉·哈特(Mikayla Hart)和詹娜·特雷斯科特的电话采访，伦敦，2019 年 5 月 24 日。

5. 营业利润的定义是税息折旧及摊销前利润(EBITDA)。

5

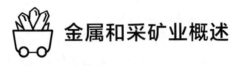 **金属和采矿业概述**

表 5.1　行业概况

 金属和采矿业现状： 一些组织针对废弃物提出了诸多倡议，使金属和采矿业在能源、碳和水方面取得了显著的进展。循环经济在整个价值链中越来越受重视，并开始催化创新。

转变	当今情况	未来展望
行业规模	约 2.3 万亿美元	约 3.6 万亿美元(预计到 2030 年)
废弃物的数量说明	<ul><li>2015 年，美国有 40 亿加仑水用于采矿作业，占美国总取水量的 1%[1]</li><li>金属和采矿业是世界上最大的废弃物产生行业之一，每年产生约 100 亿吨废弃物[2]</li><li>生产一吨铜会产生约 110 吨废矿和约 200 吨覆土[3,4]</li><li>-在一年内，全球的采矿业产生大约 650 万吨尾矿[4]</li></ul>	<ul><li>金属需求激增将推动开采和废弃物的增长</li><li>-预计到 2030 年，含贵金属的电子垃圾数量将增长到 2700 万吨[5]</li><li>-根据国际能源署(IEA)的数据，到 2030 年，全球风电装机量将增加近一倍。铜需求量将增加 200 万吨[6]</li><li>-根据国际能源署的数据[7]，到 2030 年，电动汽车(EV)数量预计将从 2017 年的 310 万辆增加到 1.25 亿辆。电动汽车需要更多的矿物和金属</li></ul>
相关价值	—	循环空间的渗透水平因金属而异，回收行业分散，缺乏大型采矿企业的渗透。因此，不能对该行业进行准确的价值预测

 行业现状

　　矿物和金属运用于各个方面，如消费电子和工业用高强度钢、珠宝和可再生能源发电等。在全球人口增长、快速城市化、数字技术传播和经济增长的推动下，对初级材料的需求将继续升级。国际金融机构世界银行(The World Bank)称,向低碳经济转型将导致对铝、钴、锂、银、镍、铅、锌和其他金属初级需求的增加。跨英国和瑞士的商品贸易和采矿公司嘉能可(Glencore)发现,要实现清洁能源部长级会议提出的2030 年 3 000 万辆电动车的销售目标,需要 31.4 万吨的钴,是 2017 年需求量的 3 倍多。[8] 然而,据预测,目前的钴储量只能维持 23 年,因此需要创新替代品来满足需求。[9] 虽然钴等一些资源很稀缺,但其他资源仍然丰富,比如铁,5.6％的地壳由铁构成。[10] 在供应方风险较低的情况下,需求驱动的商品价格波动往往会影响二次金属和一次金属使用之间的平衡。当初级原料的价格因需求强劲而上升时,[11] 行业回收率、循环率、二级原料的供应和使用率、回收再利用的投入都将提高,净化技术也将更复杂。

到目前为止,循环经济的创新主要集中在运营方面。采矿业的领导者已经开始更明确地将效率举措和循环经济联系起来,特别是在能源、用水和碳中和领域。在价值链供应风险和可见性这两个主要因素的推动下,下游循环性也在不断提高。客户需求使制造商在产品中嵌入了越来越多的可持续材料。例如,原始设备制造商(OEM)领导的汽车行业在设计和使用二级材料方面向更大的循环性转变,已经对采矿公司产生了影响。汽车制造商雷诺(Renault)正在与金属回收价值链中的大型企业(如苏伊士环境集团)合作,提高回收能力,并开发互惠互利的项目。雷诺利用其作为制造商的经验,提供了关于汽车最终资源使用的宝贵见解。[12]

❓ 变废为宝的挑战

采矿业必须解决三个主要的浪费问题(见图 5.1)。首先是投入的资源浪费。仅在美国,2015 年就有超过 1 500 万立方米的水用于采矿作业,占美国总取水量的 1％(或约 6 000 个奥运会规格游泳池的水量)。[1] 它对能源的消耗也是巨大的。采矿和金属生产作业消耗了全球能源供应的约 7.5％(国际能源署 2016 年数据),约占当今全球能源消耗的 1/10。[13,14]

第二是浪费的嵌入价值。这里最相关的废弃物类别是作业产生的废弃物,包括矿物(尾矿)和非矿物废弃物(覆盖层或废石)。例如,生产一吨铜约产生 110 吨尾矿和 200 吨覆土。[4] 矿石的平均品位在 10 年间下降了约 25％,[15] 导致了更高的覆土水平。无害矿物和非矿物废弃物以及冶炼产生的矿渣是宝贵的资源,有多种用途,如园林绿化材料、建筑骨料,或水泥和混凝土的原料。[16]

浪费的第三个主要来源是设备的次优管理和采购。根据最近的研究,矿山运营者的设备利用率约为 30％～50％,表明采矿组织可以从更灵活的机械所有权模式中

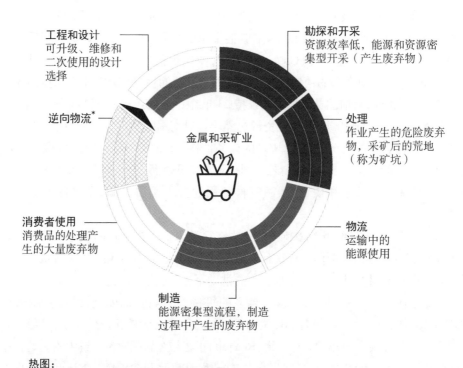

工程和设计
可升级、维修和
二次使用的设计
选择

勘探和开采
资源效率低，能源和资源密
集型开采（产生废弃物）

逆向物流*

金属和采矿业

处理
作业产生的危险废弃
物，采矿后的荒地
（称为矿坑）

消费者使用
消费品的处理产
生的大量废弃物

物流
运输中的
能源使用

制造
能源密集型流程，制造
过程中产生的废弃物

热图：

| 非常高 | 高 | 中 | 低 | 不适用 |

*虽然"逆向物流"阶段本身并不产生特定的废弃物流，但由于它是循环
价值链的一个关键部分，所以被列入图中。

图 5.1 废弃物分析图

受益,包括即服务协议。[17]

💡 变废为宝的机会

采矿业有三大机会(见表 5.2)。

第一是关于可再生能源的投入。一般来说,采矿业对可再生能源的吸收相对缓慢。但是太阳能和风能经济性的提高,以及碳价格的潜在威胁,正促使各组织积极与当地公用事业公司达成可再生能源供应的协议。[18] 由于地形复杂,智利对能源的要求通常较高,因此一直走在全球前列,至今已有多达 9 家不同的矿业公司安装了可再生能源设备。[19]

表 5.2　变废为宝机会小结

循环经济机会	扩大可再生能源使用	利用上游的循环机会	在市场中实施创新商业模式
机会类型	扩大可再生能源使用	操作/上游循环	下游循环模式
相关价值		未量化[20]	
价值杠杆	● 降低能源成本	● 新收入来源 ● 降低货物成本	● 新收入来源 ● 市场份额增加
预期废弃物和浪费	● 能源消耗 ● 碳排放量	● 操作性废弃物 ● 废水	● 使用结束的浪费
价值链焦点	● 开采、勘探和加工	● 开采、勘探和加工	● 制造业和工业用途
技术加持	● 可再生能源技术突破	● 物联网、高级分析、预测算法、传感器和将副产品变成商品的技术	● 平台、物联网，用于追踪的区块链、机器人、机器学习、人工智能、高级分析和高级材料技术
案例研究	为遏制柴油消耗并降低燃料价格风险，钢铁回收公司（Cronimet）在南非津比（Zimbi）矿建立了一个1兆瓦的太阳能光伏电站（太阳能和柴油混合系统的一部分）。该公司灵活地将负荷从晚高峰期转移到太阳能资源丰富的白天，使每年柴油消耗减少约 24%[21]	美国矿业企业组蒙特黄金公司（Newmont Goldcorp）的变废为宝示范工厂使用传感器技术，确定岩石的成矿率，并用气刀将其分离出来，有助于消除 20%～30% 源自磨矿的废弃物，同时也减少了能源的消耗。该公司还增加了油和研磨球的再利用，并回收废弃金属，纸张，托盘，玻璃和铝。此外，一些工厂已经实施了有机废弃物的堆肥计划[22]	2018 年，电池制造商 VRB 能源公司与全球最大的氧化钒生产商攀钢集团钒钛资源公司签署战略合作框架协议。协议包括长期供应和租赁钒电解液，以及联合发展全球钒流电池产业。攀钢 V&T 将与 VRB 能源公司合作，建立电解钒的商业租赁[23]

第二涉及上游废弃物。行业领导者已经推出了零废弃物填埋计划和创新解决方案，例如，从铁矿石开采废料中回收石英，以生产用于厨房和浴室台面的合成石英。[24]最佳实践表明，成功的废弃物战略始于对所有废弃物流的详细测绘和量化，其次是废弃物管理伙伴确定或开发最佳废弃物解决方案和副产品应用。随着公司开始延长矿山的生命周期，矿山关闭和土地复垦为循环性提供了一个新的前沿阵地。这可能是基于表层土壤的恢复或场地的重新利用和再利用，如澳大利亚昆士兰北部的基德斯顿矿山项目(Kidston Mine Project)。[25]

第三关于系列下游业务，通常侧重于材料管理和回收。研究估计，从废弃的电子产品中回收金、铜和其他金属，比开采原生的等价物便宜13倍。[26]企业还可以开发和维护市场平台，用于交易二次金属、废弃副产品、闲置设备或报废资产。优美科(Umicore)倡导循环商业模式，其产品主要是为客户实现材料流动的闭环。优美科购买可持续开采的钴原料，以制造为电动汽车提供动力的可充电电池材料。当电池废弃时，从中提取钴用来制造新的电池材料。[27]同样的，镍也可以成为制造新电池的材料。另一个新选择是利用产品即服务的商业模式——跨国钢铁和矿业公司安赛乐米塔尔已经为其钢板桩引入了租赁商业模式。[28]

⚙ 技术促进

物联网、数据科学、矿石开采和加工技术、机器人技术、传感器等其他技术日益进步，公司希望能够借此抓住上文中提到的机遇。比如：
- 英美资源集团的未来智能采矿计划正在探索使用模块化群组机器人——由低成本、模块化的采矿机器人组成的车队——直接进入矿体而不接触周围的覆盖层。[29]
- 钢铁制造商塔塔钢铁公司(Tata Steel)正在利用一种低碳冶炼技术，该技术能够利用低质量的原材料，生产高浓度二氧化碳，非常适于碳捕获和利用技术。[30]
- 废弃物、水和能源管理公司威立雅正率先从各种医疗资源中提取贵重材料，包括癌症治疗药物(铂)、心脏起搏器和胰岛素泵(金)和烧伤敷料(银)。[31]
- 日本水泥和金属制造商三菱材料公司已经投资了1亿多美元于城市采矿，包括测试运输和拆卸锂离子电池的方法，以便从中开采稀有金属。[32]
- 钻石公司戴比尔斯集团(De Beers Group)在金伯利岩中测试了一种碳封存技术，在提取钻石的岩石中捕获碳，以抵消温室气体排放。该技术有望应用于其他领域。[33]

⚠ 有待克服的障碍

金属和采矿业面临的最重大挑战是对矿物和金属的初级需求将在短期内继续上升。因为根本没有足够可获取的废料或旧材料,所以二次供应无法满足总资源需求。此外,复杂的合金和工程金属需要较高的纯度和质量,目前二级市场系统无法完全提供符合这些标准的产品。

有一些因素对克服循环转型的障碍至关重要。例如,技术创新对提高回收金属的可及性和纯度至关重要。此外,传统矿业公司必须探索新的商业模式和能力,支持上游业务循环,并在下游提供尖端的客户产品。正如英美资源集团首席执行官马克·库蒂法尼(Mark Cutifani)所强调的:"向循环经济转变为矿业公司提供了重要的机会。愿意接受这种转变的矿业公司,将通过重新认识自身业务,并与基本金属和矿物的中间和终端用户合作。对于英美资源集团来说,作为领先材料生产商,我们的产品对更清洁、更电气化和消费驱动的市场至关重要,这涉及我们的目标,也是我们正在应对的挑战:通过'未来智能采矿'方法——将技术和可持续发展变革创新结合起来,改变整个价值链中采矿业的未来发展。"

📖 本章小结

上游和下游企业采用循环商业模式可以解决主要废弃物池的问题,同时为行业释放巨大价值。增加采用率需要法规的支持,并与利益相关者合作。

机会

- 扩大可再生资源的使用,如太阳能或风能,零取水作业或封闭式水循环
- 抓住上游循环机会,例如,零废弃物填埋、操作性废弃物和废弃物副产品,设备和消耗品,化学品和土地复垦
- 实施创新商业模式,"交易"有价值的废弃物

技术促进

- 再生能源技术的突破
- 平台、物联网、区块链追踪、高级分析和预测算法、机器人技术、机器学习和人工智能

- 先进的材料技术

有待克服的障碍

- 初级产品需求正在上升，短期到中期不可能放缓
- 需要新政策工具，不限于现有的废弃物立法
- 去碳化"强加"给企业循环模式的风险

注释

1. Fluence 公司，《矿业用水》，2018 年 8 月 1 日，https://www. fluencecorp. com/mining-industry-water-use/(2019 年 8 月 12 日访问)。

2. 布莱恩·D. 科尔威尔(Brian D. Colwell)，《可持续发展和循环经济终于进入采矿业》，2017 年 11 月 2 日，https://briandcolwell. com/sustainability-the-circular-economy-finally-break-into-the-mining-industry/(2019 年 8 月 12 日访问)。

3. 覆盖物是指覆盖在可用地质材料或基岩沉积上的材料或基岩。

4. 拉杰迪普·达斯(Rajdeep Das)和伊普塞特·乔杜里(Ipseet Choudhury)，《采矿业的废弃物管理》，《印度科学研究杂志》，2013 年，https://www. ijsr. in/upload/1080184324CHAPTER_24. pdf(2019 年 8 月 12 日访问)。

5. C. P. 巴尔德(C. P. Baldé)等，《2017 年全球电子垃圾监测》，联合国大学，2017 年，https://www. itu. int/en/ITU-D/Climate-Change/Documents/GEM% 202017/Global-E-waste% 20Monitor%202017%20. pdf(2019 年 8 月 9 日访问)。

6. 内尔松·本内特(Nelson Bennett)，《全球能源转型推动了金属需求的激增》，Mining. com，2019 年，http://www. mining. com/global-energy-transition-powers-surge-demand-metals/(2019 年 8 月 9 日访问)。

7. 汤姆·迪克里斯托弗(Tom DiChristopher)，《国际能源署预测，到 2030 年电动汽车将从 300 万辆增长到 1. 25 亿辆》，CNBC 市场，2018 年，https://www. cnbc. com/2018/05/30/electric-vehicles-will-grow-from-3-million-to-12500-million-by-2030-iea. html(2019 年 8 月 9 日访问)。

8. 乔斯林·廷珀利(Jocelyn Timperley)，《解释者：这六种金属是低碳未来的关键》，Renew Economy，2018 年 4 月 26 日，https://reneweconomy. com. au/explainer-six-metals-key-low-carbon-future-95544/(2019 年 8 月 9 日访问)。

9. 埃森哲，《从循环经济中挖掘新价值》，2019 年，https://www. accenture. com/_acnmedia/PDF-98/Accenture-Circular-Economy-inMining. pdf♯zoom＝50(2019 年 8 月 9 日访问)。

10. 安妮·玛丽·黑尔门施泰因(Anne Marie Helmenstine),《关于铁的有趣和有用的事情》,ThoughtCo, 2019 年, https://www. thoughtco. com/interesting-iron-facts-606469(2019 年 8 月 9 日访问)。

11. 因为全球产量非立即反应。例如,矿场需要增加产量,新矿场需要得到批准等。

12. 美国环境保护署,《美国主办的关于在供应链管理中使用生命周期概念以实现资源效率的研讨会》,2016 年 3 月 22—23 日, https://www. epa. gov/sites/production/files/201609/documents/g7_us_workshop_summary_proceedings_final. pdf(2019 年 8 月 12 日访问)。

13. 经济合作与发展组织(Organization for Economic Co-operation and Development),《资源生产力和废弃物问题工作组》,2017 年 11 月 9 日, http://www. oecd. org/officialdocuments/publicdisplaydocumentpdf/? cote = ENV/EPOC/WPRPW(2016)2/FINAL&docLanguage = En(2019 年 8 月 12 日)。

14. 玛丽亚·迈施(Marija Maisch),《报告显示,采矿业将越来越多地依赖可再生能源》,《光伏杂志》,2018 年, https://www. pv-magazine. com/2018/09/11/(2019 年 8 月 12 日访问)。

15. 吉奥马尔·卡尔沃(Guiomar Calvo)、加文·马德(Gavin Mudd)、阿莉西亚·巴莱罗(Alicia Valero)和安东尼奥·巴莱罗(Antonio Valero),《采矿业矿石品位下降:是理论问题还是全球现实?》,《资源》第 5 卷第 4 期,第 36 页, https://www. mdpi. com/2079-9276/5/4/36/htm(2019 年 8 月 12 日访问)。

16. 贝恩德·洛特莫瑟(Bernd G. Lottermoser),《矿山废弃物的回收、再利用和恢复》,《元素》,2011 年, https://www. researchgate. net/publication/277387306_Recycling_Reuse_and_Rehabilitation_of_Mine_Wastes(2019 年 8 月 12 日访问)。

17. Purple Window 网站,《资产管理和采矿业的未来》,2017 年, http://purple-window. com/asset-management-future-mining-industry/(2019 年 8 月 12 日访问)。

18. 亨利·桑德森(Henry Sanderson),《矿工转向绿色电力选择》,《金融时报》,2018 年, https://www. ft. com/content/b3b7fe4a-a5fc-11e8-a1b6-f368d365bf0e(2019 年 8 月 12 日访问)。

19. 美国能源经济与金融分析研究所,《能源密集型矿业公司寻求可再生资源以节约成本》,2018 年 9 月 11 日, http://ieefa. org/energy-intensive-mining-companies-look-to-renewables-for-cost-savings/(2019 年 8 月 12 日访问)。

20. 循环空间的渗透水平因金属而异,且回收行业分散,缺乏大型采矿企业渗透。因此,不能预测该行业的准确价值。

21. 德勤,《重新审视采矿业可再生能源》,2017 年, https://www2. deloitte. com/content/dam/Deloitte/global/Documents/Energy-and-Resources/gx-renewables-in-mining-final-report-for-web. pdf(2019 年 8 月 12 日访问)。

22. 加拿大黄金公司,《2017 年可持续发展报告》,2017 年, http://csr. goldcorp. com/2017/_img/docs/2017-Sustainability-Report. pdf(2019 年 8 月 12 日)。

23. 环球电讯社(Global News Wire)，《VRB 能源公司与全球最大氧化钒生产商攀钢集团钒钛资源公司签署战略合作框架协议》，2018 年 6 月 7 日，https://www.globenewswire.com/news-release/2018/06/27/1530483/0/en/VRB-Energy-signs-Strategic-Cooperation-Framework-Agreement-withPangang-Group-Vanadium-and-Titanium-Resources-the-world-s-largestvanadium-oxide-producer-Agreement-includes-long-te.html(2019 年 8 月 12 日访问)。

24. 纳萨莉·乔莲(Nathalie Jollien)，《从采矿废料中回收石英》，世界科技研究新闻信息网，2018 年，https://phys.org/news/2018-06-recycling-quartz.html(2019 年 8 月 12 日访问)。

25. 《卫报》，《重新利用旧金矿的抽水机项目预计将获得联邦资金》，2017 年，https://www.theguardian.com/australia-news/2017/sep/21/pumped-hydro-project-that-reuses-old-gold-min-expected-to-win-federal-funding(2019 年 8 月 12 日访问)。

26. 希尔斯廷·林嫩科珀(Kirstin Linnenkoper)，《忘掉金属矿石吧，"城市采矿"便宜 13 倍》，《国际回收》，2018 年，https://recyclinginternational.com/business/forget-about-metal-ores-urban-mining-is-13-timescheaper/(2019 年 8 月 12 日访问)。

27. 优美科公司，《钴的可持续采购框》，https://www.umicore.com/storage/main/sustainablecobaltsupplybrochurefinal.pdf(2019 年 8 月 9 日访问)。

28. 安赛乐·米塔尔，《安赛乐米塔尔的钢板桩租赁业务模式》，2017 年，https://europe.arcelormittal.com/newsandmedia/europenews/3170/Rental-business-model-for-steel-sheet-piles(2019 年 8 月 16 日访问)。

29. 保罗·摩尔(Paul Moore)，《安格鲁看到了深井作业地下模块化采矿机器人的未来》，《国际矿业》，2018 年 1 月 4 日，https://im-mining.com/2018/01/04/anglo-sees-future-swarms-underground-modular-mining-robots-operating-deep-mines/(2019 年 8 月 12 日访问)。

30. 塔塔钢铁公司，《低碳和循环经济》，https://www.tatasteeleurope.com/en/innovation/hisarna/circular-economy(2019 年 8 月 16 日访问)。

31. 埃森哲，《采矿业的可持续性：与索尼娅·西米亚(Sonia Thimmiah)的问答》，https://www.accenture.com/in-en/insight-perspectives-natural-resources-sustainability-sonia(2019 年 8 月 12 日访问)。

32. 《日经亚洲评论》，《日本公司在城市垃圾中掘金》，2017 年 10 月 3 日，https://asia.nikkei.com/Business/Japanese-companiesdigging-for-gold-in-urban-waste(2019 年 8 月 12 日访问)。

33. 戴比尔斯集团，《气候变化》，https://www.debeersgroup.com/building-forever/our-impact/environment/climate-change(2019 年 8 月 12 日访问)。

6

石油和天然气（油气）行业概述

表 6.1　行业概况

 油气行业现状： 油气行业是能源和排放最密集的工业之一。而投资者和消费者与日俱增的去碳化压力、技术学习的速度加快、监管的力度加大，使得很多公司都需要改善其能源足迹，提升资源的循环性，追求新形式的绿色能源。

转变	当今情况	未来展望
行业规模	约 5 万亿美元	约 7.7 万亿美元（预计到 2030 年）
废弃物的数量说明	<ul><li>能源生产是全球第二大淡水消耗领域，且油气公司每年产生约 9 000 亿加仑的废水[1]</li><li>近 3/4（72%）的甲烷泄漏发生在生产过程中，其余则发生在加工、传送、存储和配送过程中[2]</li><li>2010 年到 2018 年共有 59 起大型漏油事件（漏油量达 7 吨或以上），造成了巨大的环境破坏，损失了 163 千吨石油[3]</li></ul>	各种世界能源描述的平均年增长率如下：<ul><li>从 2020 年到 2040 年，石油作为一次能源，全球范围内其需求的下降幅度为 -24%～19%[4]</li><li>从 2020 年到 2040 年，天然气作为一次能源，全球范围内其需求的下降幅度为 25%～4%[4]</li><li>从 2020 年到 2040 年，二氧化碳排放的下降幅度为 -27%～6%[4]</li></ul>
相关价值	—	到 2030 年 200 亿～1 600 亿美元（占税息折旧及摊销前利润的 0.3%～2%）

行业现状

　　油气是世界上最重要的行业之一，包括上游（勘探、生产）、中游（运输、储存、加工）和下游（净化、精炼、物流/运输，零售）行业。地缘政治、市场和技术的不断变化影响着供需平衡，价格波动已是各公司面临的常态。目前，油气企业已开始从石油领域抽身,转向碳密集度更低的天然气行业,而人们之所以把天然气当作"过渡燃料",很大程度上是因为水平钻井技术催生了页岩气/石油革命。

来自监管和投资方的压力与日俱增,推动着油气企业向低碳业务组合转型。油气行业的领导者现已"多条腿走路",既投资了替代能源及其相应的技术基础设施(太阳能、风能、氢能、电池储能),又投资能源价值链上的新部门(电动汽车充电、零售能源、公共事业)。此外,领军企业在合伙企业和收购事务上投资,以提高效率并减少当前碳氢化合物价值链的环境足迹。这一举措至关重要,因为化学燃料在一次能源中的总供应量在过去30年都稳定在81%左右。[5]事实上,石油化学产品将是油气行业最大的需求增长点。国际能源署称,到2030年,石化产品将占世界石油需求增长的1/3以上,而到2050年,这一数字将达到近50%。[6]

❓ 变废为宝的挑战

超50%的全球温室气体排放来自油气资源的生产和使用,因而油气公司有着全世界最大的能源足迹和碳足迹[7]。油气公司可以着手从三个关键的废弃物领域解决这一问题(见图6.1)。

第一个是价值链上游和中游的能源密集型活动产生的废弃物。油田的成熟使开采变得越来越耗能,这意味着二次开采和强化开采的使用范围扩大,而这些方法需要注入水和气体,以及化学或热(蒸汽)驱油来提高产量。再往下游走,因为精炼需要大量的水进行冷却和加工,所以精炼是能源和排放最密集的生产阶段,鉴于多个精炼阶段需要大量热量,精炼耗能约占整个油气行业的一半。

第二个领域是作业产生的废弃物(仅甲烷泄漏这一项每年就使油气行业损失约300亿美元)和价值链潜在副产品未实现的价值。[8]例如,捕获碳用于二氧化碳强化采油(EOR),二氧化碳降低了石油的黏度并增加了石油进入油井的流量。

第三个主要领域是设备利用不足造成浪费。可再生能源的推广和电气化的覆盖可能使油气设备的利用率下降,进而提前退役,所以各公司一直在探索如何从这些资产中获得最大的使用价值,比如建立碳捕获的海上管道等。

💡 变废为宝的机会

我们的研究发现了三个机会领域(见表6.2)。第一个机会事关提高目前的资产和运营中工厂的利用率、效率和绩效。比如,马来西亚国家石油公司马石油(Petronas)甚至搭建平台供其他公司使用其闲置油轮。[9]

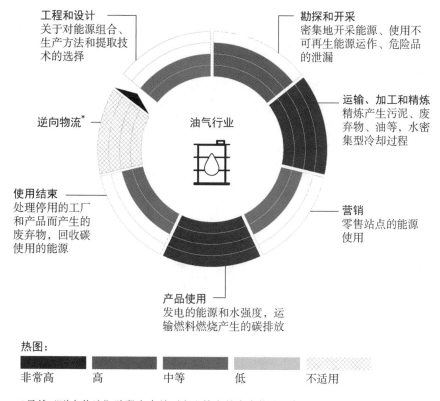

工程和设计
关于对能源组合、
生产方法和提取技
术的选择

勘探和开采
密集地开采能源、使用不
可再生能源运作、危险品
的泄漏

运输、加工和精炼
精炼产生污泥、废
弃物、油等，水密
集型冷却过程

逆向物流*

油气行业

使用结束
处理停用的工厂
和产品而产生的
废弃物，回收碳
使用的能源

营销
零售站点的能源
使用

产品使用
发电的能源和水强度，运
输燃料燃烧产生的碳排放

热图：

| 非常高 | 高 | 中等 | 低 | 不适用 |

*虽然"逆向物流"阶段本身并不产生特定的废弃物流，但由于它是
循环价值链的一个关键部分，所以被列入图中。

图 6.1 废弃物分析图

第二个机会在于减少运营浪费和油气泄漏。一些能源公司正抓住机会，在运营和其他方面回收再利用能源、固体废弃物和水。例如，壳牌（Shell）在卡塔尔基于天然气制油的工厂，使用的就是再生水。[13] 在油田服务行业，哈利伯顿公司（Halliburton）正与 Nuverra 环境解决方案公司合作，处理钻井固体，处理和回收压裂水。[14] 意大利石油和天然气公司埃尼集团（Eni）将废气重新用于发电以造福刚果和尼日利亚的居民。[15] 此外，下游的关键机会是最大化终端使用（例如，提高石化塑料质量和耐用性）并增加分子循环回路的使用来实现循环。[16]

第三个机会侧重于可持续的能源和燃料。2018 年，油气行业顶级公司在清洁能源上的支出占其预算 1% 左右，其中许多投资用于商业收购。[17] 这一比例虽然不高，但却表明油气行业的领导者在改变策略。以炼油公司道达尔公司（Total S. A.）为例，该公司在过去 5 年通过多次收购，实现了向电力领域的扩张，其中包括在 2018 年以超过 17 亿美元的价格收购了法国电力公司 Direct Energie。道达尔还通过与 ChargePoint、

表 6.2　变废为宝机会小结

循环经济机会	如今资金到位，更加有效和高效	浪费减少，将循环引入碳氢价值链	多元发展成为新能量
机会类型	智能操作——生产高效	循环作业——从输入端开始	循环成为品牌价值——扩大市场份额
相关价值（到 2030 年）	100 亿~350 亿美元	25 亿~50 亿美元	200 亿~1250 亿美元
价值杠杆	● 降低停运成本 ● 减少作业开销 ● 提高资产利用率	● 降低销售商品的成本 ● 降低采购成本 ● 寻求新的增收来源	● 扩大市场份额 ● 寻求新的增收来源
预期废弃物和浪费	资产使用效率不高 终端用户的浪费 使用结束时的浪费	操作过程中的浪费 泄漏	非可再生原料 能源足迹和碳足迹大
价值链焦点	● 上游,中游,下游产业和零售 ● 使用结束	● 上游,中游和下游 ● 使用结束	● 上游,下游和零售
技术加持	人工智能,平台,大数据分析,可穿戴科技,移动性,机器人技术	人工智能,云系统,数据分析,机器人系统,无人机,先进的技术,物联网	可再生能源技术的突破和进步,燃料空间和平台
案例研究	机器人钻井系统公司（Robotic Drilling Systems）开发了一种全电动全电动机器人钻机,全自动地操作管道和工具。研究表明,每个钻井日的工作日多达 40 个钻井日的工作量。钻井系统也能减少废物量,降低能源消耗和二氧化碳排放。此外,更少的停机时间,更低的噪音和更快的安装也意味着运营成本的降低[10]	英国石油公司正利用旧金山凯尔文公司的传感器和人工智能解决方案来监控并远程管理该公司在怀俄明州（Wyoming）的生产运营。英国石油公司估计,该系统成本减少了 74%（总成本下降了 22%）,但产量却增加了 20%[8]	为探索低碳技术,全球能源和石化公司集团壳牌公司创建了"新能源"业务,包括氢站,电动汽车的快速充电站,生物燃料（与 Raizen 公司合资）以及风能和太阳能项目。[11] 据报道,壳牌公司每年向新能源部门投资 20 亿美元,预计壳牌公司向清洁发电领域的探索将产生 8%和 12%的回报[12]

G2mobility 等公司的交易，不断扩大在电动汽车充电业务中的股份。[18] 雪佛龙公司（Chevron）、英国石油公司和壳牌等其他主要公司也开始进入或扩大在这些领域的业务（例如，荷兰皇家壳牌集团已经收购了英国的 First Utility 公司，并且壳牌是收购荷兰能源公司 Eneco 的主要候选公司）。[19,20,21,22]

⚙ 技术促进

我们能够在创新技术的帮助下把握住这些机遇。

- 碳捕获、利用和储存（CCUS）是一项新兴技术，碳排放量大的公司可通过此技术，将废弃物流（捕获的一氧化碳和二氧化碳）变成新的收入来源。因为这些废弃物流可以重新进入工业，从材料生产（水泥、塑料和聚合物）和可持续航空燃料，到碳酸化饮料、藻类种植和提高石油采收率，捕获的碳都能发挥作用。大规模使用碳捕获、利用和储存技术的朗泽科技公司发明了一种生物催化剂（一种细菌），可以将各种废弃的碳污染物（如工业排放物和未经分类、不可回收的塑料废弃物）转化为燃料和其他产品。朗泽科技首席可持续发展官和首席人才官弗雷亚·伯顿（Freya Burton）说道："我们将碳锁定在物质循环中，进而赋予碳新的生命。"
- 全球最大的油田服务公司之一的斯伦贝谢（Schlumberger）正试点使用定制的智能眼镜。这款眼镜可以提供实时信息，包括实时仪表读数、监督和安全清单、库存检查和每个步骤的视频，这款眼镜还能帮助工人节约平常的工作时间，改善设备维护情况。[23]
- 油气勘探和生产公司阿帕奇公司（Apache Corporation）更进一步，使用预测分析来预判关键泵送设备的故障。[24]
- 宾夕法尼亚州立大学的研究人员发现，工业和生活垃圾可用于水力压裂，成为高性能陶瓷支撑剂的可行替代来源。[25]

⚠ 有待克服的障碍

在投资问题上，油气行业一方面有继续优化碳氢化合物价值链的需求，另一方面还要顾及低碳转型以实现更可持续的循环未来，因此需要在这两方面找寻平衡。正如沙特阿拉伯石油公司（Saudi Aramco）技术服务高级副总裁艾哈迈德·阿尔萨阿迪（Ahmad A. Al Sa'adi）所言："气候变化使石油和天然气行业实现 2015 年《巴黎协定》设定的宏伟目标困难重重，因为油气行业既需要提供能源促进全球经济增长，又需要减少温室气体排放并减轻气候变化的影响。"[26] 制定决策将取决于包括某些技术的成熟度在内的许多因素。就碳捕获而言,全球二氧化碳捕获能力目前相当于让 800 多万辆机动车停止行驶,但国际能源署的数据显示,碳捕获、利用和储存项目需要近 4 万亿美元才能在 2050 年前达到世界温度降低 2℃的目标。[27]

外部的关键因素还包括市场对二氧化碳日益增长的需求、鼓励低碳和碳回收方案的政策,以及与加速创新的行业合作。西班牙能源公司雷普索尔(Repsol)的首席执行官乔苏·乔恩·伊马兹(J. Jon Imaz)认为跨领域的行业协作将至关重要:"合作是个关键问题,我们需要共同努力,才能产生倍增效应。"

最后,油气行业领导者还必须证明,相对于本行业的利润,这些更广阔的战略具备商业可行性。伊马兹在谈及其公司向低碳能源和电气化领域多元化发展时表示:"我们在努力获得低碳转型投资的回报,因为我们想成为这个行业的参与者和推动者。"

 本章小结

新兴技术使公司在整个价值链部署循环计划,进而转向碳回收和可再生能源组合多样化的新模式。

机会

- 降低资源密度,提高流动资产的效率和效益
- 减少浪费,将循环引入碳氢化合物价值链
- 多样化发展低碳能源

技术促进

- 移动性、增强现实、无人机、自主机器人、人工智能、平台、大数据和分析、物联网
- 可再生能源、存储和可再生能源的持续发展
- 能量收集的突破,碳捕获、利用和储存技术的突破

有待克服的障碍

- 扩大低碳技术和基础设施规模所需的资本投资
- 下游行业对低碳能源和碳基(循环)产品的需求
- 政策和合作

注释

1. 妮科尔・桑德斯（Nichole Saunders），《利用油气废水进行冒险的创新》，美国环保协会（Environmental Defense Fund），2017 年 10 月 12 日，http://blogs. edf. org/energyexchange/2017/10/12/getting-dangerously-creative-with-oil-and-gas-wastewater/（2019 年 8 月 12 日访问）。

2. 美国环境保护署（EPA），《美国按行业分列的甲烷排放量估计》，2019 年 5 月 22 日，https://www. epa. gov/natural-gas-star-program/estimates-methaneemissions-sector-united-states（2019 年 8 月 9 日访问）。

3. 国际油轮船东防污联盟（ITOPF），《2018 年油轮泄漏统计》，2018 年，https://www. itopf. org/fileadmin/data/Documents/Company_Lit/Oil_Spill_Stats_2019. pdf.

4. 世界能源理事会与埃森哲战略和瑞士保罗・谢勒研究所（Paul Scherrer Institute）合作，《世界能源情景，2019 年》。

5. 国际能源署，《2017 年全球能源需求增长 2. 1％，碳排放自 2014 年以来首次上升》，2018 年 3 月 22 日，https://www. iea. org/newsroom/news/2018/march/global-energy-demand-grew-by-21-in-2017-and-carbon-emissions-rose-for-the-firs. html（2019 年 8 月 9 日访问）。

6. 国际能源署，《国际能源署最新分析发现，石化产品将成为世界石油需求最大的驱动力》，2018 年 10 月 5 日，https://www. iea. org/newsroom/news/2018/october/petrochemicals-set-to-be-the-largest-driver-ofworld-oil-demand-latest-iea-analy. html（2019 年 8 月 9 日访问）。

7. 碳信息披露项目（CDP），《执行摘要：为低碳转型做准备》，2018 年 11 月，https://www. cdp. net/en/investor/sector-research/oil-and-gas-report（2019 年 8 月 9 日访问）。

8. 美国环保协会和埃森哲战略的合作，《推动数字甲烷成为未来》，2019 年，https://www. edf. org/sites/default/files/documents/Fueling％20a％20Digital％20Methane％20Future_FINAL. pdf（2019 年 8 月 9 日访问）。

9. 石油和天然气门户，《创新研发》，http://www. oil-gasportal. com/innovation-rd/robotic-drilling-system/？（2019 年 8 月 9 日访问）。

10. 荷兰皇家壳牌集团，《新能源》，https://www. shell. com/energy-and-innovation/newenergies. html（2019 年 8 月 9 日访问）。

11. 凯利・吉尔布洛姆（Kelly Gilblom），《大型石油公司能重塑自我吗？一位行业巨头将很快给出答案》，彭博有限合伙企业（Bloomberg），2019 年 2 月 26 日，https://www. bloomberg. com/news/articles/2019-02-26/can-oil-reinvent-itself-shell-s-power-push-divides-investors（2019 年 9 月 2 日访问）。

12. 伊莱恩·马斯林(Elaine Maslin)，《石油在马来西亚变得少而紧迫》，Hart Energy 网站，2018 年 6 月 26 日，https://www. hartenergy. com/exclusives/getting-lean-and-mean-malaysia-31177(2019 年 8 月 30 日访问)。

13. 荷兰皇家壳牌集团，《在沙漠中生产水》，https://www. shell. com/about-us/major-projects/pearl-gtl/producing-water-in-the-desert. html(2019 年 8 月 16 日访问)。

14. 哈里伯顿公司，《克林威孚(CleanWave) ® 的压裂返排和采出水处理》https://www. halliburton. com/en-US/ps/stimulation/stimulation/water-solutions/cleanwave. html? pageid = 4975&navid = 2427? node-id = h8cyv98a(2019 年 8 月 16 日访问)。

15. 埃尼集团，《埃尼促发展》https://www. eni. com/docs/en_IT/enicom/publications-archive/sustainability/ENI-FOR-DEVELOPMENT-eng. pdf(2019 年 8 月 16 日访问)。

16. 埃森哲，《将欧洲的化学工业纳入循环经济——执行摘要》，2017 年，https://www. accenture. com/_acnmedia/pdf-45/accenture-cefic-report-exec-summary. pdf (2019 年 8 月 9 日访问)。

17. 罗恩·布索(Ron Bousso)，《2018 年石油巨头在绿色能源的花费为 1%》，路透社，2018 年 11 月 12 日，https://in. reuters. com/article/us-oil-renewables/bigoil-spent-1-percent-on-green-energy-in-2018-idINKCN1NH004(2019 年 8 月 9 日访问)。

18. 贝特·费利克斯(Bate Felix)，《法国道达尔公司(Total)完成并购 Direct Energie 公司的交易，并收购电动汽车充电公司》，2018 年 9 月 20 日，https://uk. reuters. com/article/us-total-deals/frances-total-completes-direct-energie-deal-and-buys-electricvehicles-charging-firm-idUKKCN1M016W(2019 年 8 月 16 日访问)。

19. 雪佛龙公司，《可再生能源》，https://www. chevron. com/corporate-responsibility/climate-change/renewable-energy(2019 年 8 月 16 日访问)。

20. 英国石油公司，《替代能源》，https://www. bp. com/en/global/corporate/whatwe-do/alternative-energy. html(2019 年 8 月 16 日访问)。

21. 罗恩·布索和苏珊娜·特威代尔(Susanna Twidale)，《壳牌公司重塑了英国家用电源供应商品牌，实现了绿色发展》，路透社，2019 年 3 月 24 日，https://uk. reuters. com/article/uk-shell-power/shell-goes-green-as-it-rebrands-uk-householdpower-supplier-idUKKCN1R50OL(2019 年 8 月 16 日访问)。

22. 克拉拉·德尼纳(Clara Denina)、斯蒂芬·朱克斯(Stephen Jewkes)和托比·斯特林(Toby Sterling)，《知情人士称：意大利国家电力公司(Enel)的全面退出，使得壳牌在荷兰 Eneco 公司投标中的领先优势增加》，路透社，2019 年 6 月 24 日，https://www. reuters. com/article/us-eneco-m-a-bidders/shells-leadin-bidding-for-dutch-eneco-increases-as-enel-total-drop-out-sources-idUSKCN1TP20Q(2019 年 8 月 16 日访问)。

23. Tractica 公司，《企业可穿戴技术案例研究》，2015 年，https://www. tractica. com/wp-content/uploads/2015/08/WP-EWCS-15-Tractica. pdf(2019 年 8 月 9 日访问)。

24. 世界经济论坛与埃森哲合作,《石油和天然气行业数字化转型倡议》, 2017 年, http://reports. weforum. org/digital-transformation/wp-content/blogs. dir/94/mp/files/pages/files/dti-oil-and-gas-industry-white-paper. pdf(2019 年 8 月 9 日访问)。

25. 帕特里夏·L. 克雷格(Patricia L. Craig),《工业废料可加工为页岩气和石油采收的支撑剂》, 宾夕法尼亚州新闻, 2014 年 2 月 12 日, https://news. psu. edu/story/303833/2014/02/12/research/industrial-waste-can-beengineered-proppants-shale-gas-and-oil(2019 年 8 月 16 日访问)。

26. 阿尔·科巴尔(Al Khobar),《2019 年的石油产业:平衡能源可持续发展和环境保护》, WebWire, 2019 年 3 月 14 日, https://www. webwire. com/ViewPressRel. asp? aId = 237408(2019 年 9 月 2 日访问)。

27. 全球碳捕获与储存研究院(Global CCS Institute),《全球碳捕获与储存现状:2017 年》, 2017 年, https://www. globalccsinstitute. com/wp-content/uploads/2018/12/2017-Global-Status-Report. pdf(2019 年 8 月 9 日访问)。

7

 化工行业概述

表 7.1　行业概况

化工行业现状：由于不可再生资源减少以及环境监管收紧，循环经济在该行业的受重视程度不断提高，企业都在寻求消除有毒产品和副产品的方法。

转变	当今情况	未来展望
行业规模	约 4 万亿美元	约 6.9 万亿美元(预计到 2030 年)
废弃物的数量说明	• 过去 70 年生产了 83 亿吨塑料，其中 63 亿吨被丢弃[1] • 现在，一辆普通汽车含有约 250 千克的化学成分[2] • 由于使用一次便被丢掉，每年会流失约 95% 的塑料包装材料价值(或 800 亿～1 200 亿美元的经济价值)[3] • 美国仅回收了 9% 的塑料垃圾[4]	• 预计到 2050 年，塑料将占世界石油产量的 20%[4] • 如果不采取行动，到 2030 年海洋中的塑料量将翻一番[5] • 每年将产生 4 亿多吨危险废弃物[6]
相关价值	—	关于成本效率的研究特别针对某一化学/废弃物流，因此不能概括整个行业

行业现状

　　化学工业是规模最大、最多样化的制造业之一，其生产的中间产品和最终产品几乎可用于所有行业。随着不可再生资源不断减少和环境法规日益严苛，该行业已开始向循环性发展。例如，可再生/可持续的产品生产投入，从单一用途转变到多种用途(从而减少聚合物总需求)，以及最大限度减少泄漏到环境中的危险成分。"在业务增长方面,过去十年的重点是产量,但这十年将更着重于价值、资源效率和效益。"德国化学公司巴斯夫(BASF)执行董事会成员董善励(Saori Dubourg)说,"在整个投资组合中,循环经济模式可以通过改变商业模式,最大限度地利用机会并减少风险。"

❓ 变废为宝的挑战

化学企业必须解决三个主要的废弃物流(见图 7.1)。

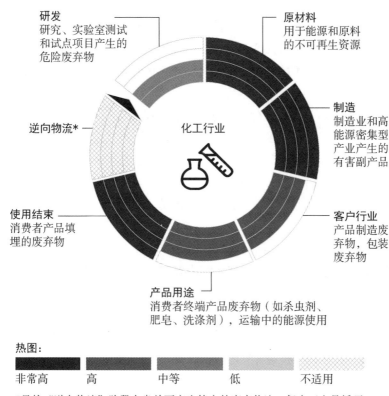

热图:

| 非常高 | 高 | 中等 | 低 | 不适用 |

*虽然"逆向物流"阶段本身并不产生特定的废弃物流,但由于它是循环价值链的一个关键部分,所以被列入图中。

7.1　废弃物分析图

第一是使用不可再生资源作为原料和能源。目前,世界约8%的石油用于制造塑料,预计到 2050 年这一数字将上升到 20％左右。[7]此外,化学工业是世界上最大的能源消耗工业。[8]

第二是主要废弃物流涉及化学品制造产生的废弃物,包括工艺残留物、废催化剂或溶剂、溢出的石油、污泥和受污染的化学品容器。化学工业造成世界近 200 个地区严重污染,约 300 万人暴露在潜在危险中。[9]

第三个废弃物流是消费品产生的废弃物。化学物质是许多消费品的基本组成部分——今天一辆普通汽车含有约 250 千克的化学物质聚合物[2],主要用于制造塑料制品,占化学工业产量的 80%。[10] 根据世界经济论坛 2016 年的一份报告显示,每年会流失约 95% 的塑料包装材料价值(经济价值为 800 亿美元至 1 200 亿美元)。[11]

💡 变废为宝的机会

循环经济的兴起为化学工业创造了诸多发展良机(见表 7.2),其中"循环分子"起到了推动作用。正如其字面意思,循环分子是重新利用现有分子,包括生物质包含的碳氢化合物、消费品包含的化学材料等。[2] 我们的研究指出可以应用以下潜在方法完成这一目标。

企业可以开发相关技术以在供应链中增加分子循环回路的使用。目前许多技术已经应用可再生或多样化的原料生产化学品,仅可再生化学品市场预计到 2020 年将达约 843 亿美元。[16] 帝斯曼所生产的一种植物生态友好型树脂 Decovery ®,就是这一领域最新的创新成果。帝斯曼首席执行官谢白曼说:"我们正通过吸引供应商、客户等其他价值链伙伴扩大创新规模,以加快向生物/植物基油漆和涂料转型。"

另一个重要机会是再利用与回收。在再利用方面,已有针对聚对苯二甲酸乙二醇酯(PET)瓶和塑料购物袋成熟的技术解决方案。这些方案可以应用到其他产品,如汽车零部件、电子产品部件和白色家电。就回收而言,该过程可以依靠机械(收集和处理使用过的最终产品,并在不修改其化学键的前提下将其完整分子重新插入价值链的更上游)或依靠化学(将长链碳氢化合物分解成前体)。由比利时化学品公司索尔维集团开发的机械回收专利工艺 VinyLoop,可以通过溶解过滤和分离污染物,将 PVC 与其他材料分离。[17]

最后,企业可以在下游行业实现循环经济和数字化——例如,更省油的汽车需要更轻的材料,而更节能的房屋则需要更好的绝缘性。对于化工企业来说,机会在于创造新方式以保留分子价值,从而获得巨大潜在回报。若成功实现下游循环,预计将增加对可持续化学品的额外需求和新需求,潜在增长达 26%(从 2015 年到 2030 年)[18]。

表 7.2 变废为宝机会小结

循环经济机会	开发通过可再生原料循环分子技术，减少供应链中的环境足迹	开发技术和商业模式，重复并循环利用分子	推动下游产业发展，循环经济和数字化
机会类型	循环采购——购买更好的产品	循环商业模式——重复使用与回收	循环品牌价值——市场份额
相关价值		未量化[12]	
价值杠杆	● 能源成本降低 ● 价格溢价 ● 商品成本降低	● 能源成本降低 ● 价格溢价 ● 商品成本降低	● 市场份额降低 ● 商品成本降低
预期废弃物和浪费	● 非可再生资源废弃物 ● 制造化学品产生的废物（生命周期废物）	● 制造化学品产生的废弃物（生命周期废弃物）	● 终端消费产品产生的废弃物（嵌入价值废弃物）
价值链焦点	● 原材料 ● 化学品制造	● 原材料 ● 化学品制造	● 客户行业 ● 最终用途
技术加持	● 生物基材料技术和材料科学创新的突破	● 规模化机械和化学产品回收的进步	● 先进材料技术、智能产品、数字连接、物联网、大数据和预测算法
案例研究	在巴斯夫的 Verbund 系统中，一家工厂的副产品是另一家工厂的原材料。总的来说，化学过程消耗能量更少、浪费更少，从而节约资源。基于"生物量平衡方法"（BMB），巴斯夫将 Verbund 中部分有限化石原料替换为经过认证的可再生资源。作为包装解决方案使用的生物塑料 Ultramid® 是 BMB 产品之一[13]	世界最大的化工公司之一—埃克森美孚化工（Exxon Mobil Chemical）发明了威达美高性能聚合物，不再必须分离不相容塑料，减少了成本。这些新型聚合物是经过验证、具有成本效益的解决方案，可以实现低成本回收，针对高价值应用[14]	荷兰油漆和高性能涂料公司阿克苏诺贝尔公司（AkzoNobel）开发了一种利用数据分析技术准确预测船东在存货轮上使用不同涂料节省费用的工具。专有算法分析数十亿数据点，在不同涂层方案之前，生成完整成本效益分析，详细说明不同涂层方案的影响（预计油耗、燃料成本和二氧化碳排放量）[15]

⚙ 技术促进

材料科学、数字技术和其他领域的一系列进步为企业开启了诸多机会：

- 大数据技术和机器学习技术正帮助分子制造技术初创公司 Zymergen 快速设计用于生产塑料和其他基本工业材料的定制微生物。该平台使该公司的净利润率提高了 50％以上，并将新产品上市的时间缩短了一半。[19]
- 巴斯夫正在部署物联网和区块链技术，通过监测位置、温度和装载状态的"智能托盘"，更好地管理供应链。[20]
- 石化制造公司沙特基础工业公司(SABIC)可再生聚乙烯(PE)和聚丙烯(PP)制造过程所需化石燃料减少了 84％(与基于化石的同类产品相比)，并可以做到完全回收。[21]
- 特种化学品生产商科思创(Covestro)使用创新制造工艺，在 2005 年至 2016 年间，在产量增加的前提下，减少了 43.8％的二氧化碳排放。[22]

🔺 有待克服的障碍

化学工业转型从根本上说极其复杂，需要投入大量的时间和精力，特别是修改分子键具有高度技术性。这种修改本质上改变了产品本身的性质，挑战较大并会消耗大量能源。而一些循环分子技术，如化学回收和碳利用循环，还无法形成工业级规模的应用。

必要的资本支出不能由私营部门独自承担。即使 20％的欧洲化学工业投资用于循环经济项目，仍需要 35～60 年才能建立起必要的基础设施。[2] 政府需要支持这一领域的研究和投资，并实施必要的监管和政策框架，重点关注消费者安全等关键问题(见第三部分："政策——决策者的作用")。

📖 本章小结

化学工业为许多消费品生产基础材料。因此通过创新、生物技术进步和跨价值链的数字干预，化学工业拥有巨大的循环潜力。

机会

- 开发技术，通过可再生原料进行分子循环，减少供应链对环境的负面影响

- 开发技术和商业模式,通过重复使用和回收实现分子循环
- 推动循环经济和下游行业的数字化

技术促进

- 在生物基材料和可降解材料技术、化学回收、机械回收和先进材料科学创新方面取得突破
- 数字连接、物联网、大数据和预测算法
- 智能产品

有待克服的障碍

- 尽管循环经济具有巨大潜力,但转型从根本上说比较复杂,需要时间
- 基础设施和创新需要大量的长期投资
- 必须实施支持性监管和政策框架,推动循环经济转型,应对消费者安全风险

注释

1. 佐治亚大学,《超过 83 亿吨的塑料制造:大部分现已丢弃》,2017 年 7 月 19 日,https://www. sciencedaily. com/releases/2017/07/170719140939. htm(2019 年 8 月 9 日访问)。

2. 埃森哲,《让欧洲化工行业发展循环经济》,2017 年,https://cefic. org/app/uploads/2019/02/Accenture-Ceficcircular-economy-brochure. pdf(2019 年 8 月 9 日访问)。

3. 艾伦·麦克阿瑟基金会,《新塑料经济重新思考塑料的未来》,2016 年,https://www. ellen-macarthurfoundation. org/assets/downloads/EllenMacArthurFoundation _ TheNewPlasticsEconomy_Pages. pdf(2019 年 8 月 9 日访问)。

4. 劳拉·帕克,《塑料污染快报》,《国家地理》,2018 年,https://news. nationalgeographic. com/2018/05/plastics-facts-infographicsocean-pollution/(2019 年 8 月 9 日访问)。

5. 海事执行局,《国际能源署:到 2030 年海洋塑料垃圾可能翻倍》,2018 年 10 月 5 日,https://www. maritime-executive. com/article/iea-oceanplastic-waste-may-double-by-2030(2019 年 8 月 12 日访问)。

6. The World Counts,《危险废弃物统计》,https://www. theworldcounts. com/counters/waste_pollution_facts/hazardous_waste_statistics(2019 年 8 月 12 日访问)。

7. 劳拉·帕克,《塑料污染快报》,《国家地理杂志》,2018 年,https://news. nationalgeographic. com/2018/05/plastics-facts-infographics-ocean-pollution/(2019 年 8 月 9 日访问)。

8. 彼得·G. 列维(Peter G. Levi)和乔纳森·M. 卡伦(Jonathan M. Cullen),《从化石燃料原料到化学产品》,*Environ. Sci. Technol* 杂志,2018 年第 52 期,第 1725 - 1734 页,https://pubs. acs. org/doi/pdf/10. 1021/acs. est. 7b04573(2019 年 8 月 9 日访问)。

9. Pure Earth 组织，《2016 年世界最糟糕的污染问题》，2016 年，https://www. worstpolluted. org/docs/WorldsWorst2016Spreads. pdf(2019 年 8 月 9 日访问)。

10. Techo Func 网站，《化工行业的商业模式和价值链》，2012 年，http://www. technofunc. com/index. php/domain-knowledge/chemicals-industry/item/business-model-value-chain-of-chemicals-industry(2019 年 8 月 9 日访问)。

11. 世界经济论坛，《新塑料经济重新思考塑料的未来》，2016 年，http://www3. weforum. org/docs/WEF_The_New_Plastics_Economy. pdf(2019 年 8 月 9 日访问)。

12. 关于成本效率的研究特别针对某一化学/废弃物流，因此不能概括整个行业。

13. 巴斯夫，《K 2019——塑料废料新产品：巴斯夫客户展示由化学回收材料制成的产品原型》，2019 年 7 月 9 日，https://www. basf. com/global/en/media/news-releases/2019/07/p-19-254. html(2019 年 8 月 16 日访问)。

14. 埃克森美孚，《威达美™ 高性能聚合物对回收问题带来的反思》，https://www. exxonmobilchemical. com/en/products/polymer-modifiers/vistamaxx-performance-polymers/rethink-recycle(2019 年 8 月 16 日访问)。

15. 泰瑟拉，《泰瑟拉帮助阿克苏诺贝尔公司推出航运业第一个使用大数据分析预测性涂料效率的应用程序》，https://www. tessella. com/news/tessella-helps-akzonobel(2019 年 8 月 16 日访问)。

16. MarketsandMarkets 网站，《到 2020 年，可再生化学品市场价值将达 843 亿美元》，2015 年，https://www. marketsandmarkets. com/PressReleases/renewable-chemical. asp（2019 年 8 月 9 日访问)。

17. VinylPlus 网站，《PVC 回收技术》，2015 年 4 月，https://vinylplus. eu/uploads/Modules/Documents/2015-04-20-pvc-recycling-brochure--english. pdf(2019 年 11 月 26 日访问)。

18. 埃森哲专有研究。

19. 世界经济论坛与埃森哲合作，《数字化转型倡议：化学和先进材料行业》，2017 年 1 月，http://reports. weforum. org/digital-transformation/wp-content/blogs. dir/94/mp/files/pages/files/dti-chemistry-and-advanced-materials-industry-white-paper. pdf（2019 年 8 月 9 日访问)。

20. 巴斯夫，《巴斯夫投资智能供应链初创企业 Ahrma》，2017 年，https://www. basf. com/global/en/media/news-releases/2017/12/p-17-374. html(2019 年 8 月 9 日访问)。

21. 沙特基础工业公司，《沙特基础工业公司在减少食品浪费、减轻重量和降低包装材料碳足迹的创新》，2016 年 6 月 21 日，https://www. sabic. com/en/news/4327-innovations-by-sabic-to-minimize-food-wastage-reduce-weight-and-lower-carbon-footprint-of-packaging-materials(2019 年 8 月 16 日访问)。

22. 科思创，《使用智能工艺提高可持续性》，2019 年，https://www. covestro. com/en/sustainability/how-we-operate/modernprocesses(2019 年 8 月 9 日访问)。

8

 电力行业概述

表 8.1　行业概况

📷 **电力行业现状**：发电仍主要依靠化石燃料，但由于去碳化、各方权力下放和数字化趋势，电力行业受到冲击，但这也同时意味着电力行业有机会减少能源损耗并最大限度地提高工厂和设备的利用率。

转变	当今情况	未来展望
行业规模	2.7 万亿美元	3.5 万亿美元(预计到 2030 年)
废弃物的数量说明	• 美国燃煤废料(CCW)是仅次于家庭垃圾的第二大废弃物[1] • 2018 年,全球电力需求增长了 4%,几乎是全部能源需求的两倍,增速为 2010 年以来最快[2] • 燃煤和燃气发电厂的发电量大幅增加,使得该领域二氧化碳排放量提高了 2.5%[2]	• 预计从 2010 年到 2030 年,世界各地的核电站将产生约 40 万吨废料[3] • 预计到 2040 年,电能使用将增长 70%[4] • 预计到 2040 年,发电量预计将占世界能源使用总量的 40%[4]
相关价值	—	到 2030 年,约 1 600 亿～5 100 亿美元(占税息折旧及摊销前利润的 0.3%～2%)

🔋 **行业现状**

　　电力行业包括发电、输电和配电,客户范围覆盖零售、商业和住宅。电力行业严重依赖化石燃料,因此价值链上清洁燃料的出现,使电力行业受到了严重的干扰。2017 年,全球可再生能源市场的估值约为 9 280 亿美元,预计到 2025 年,这一数字将达到 1.5 万亿美元以上。[5] 促成这一现象的原因包括清洁发电技术成本的快速下降、电网全面的数字化进程和分散管理以及相关政策出台促进了私营部门投资。

2017年,全球能源相关的排放达到历史最高水平,此后许多欧洲国家的排放开始下降。这一现象由多种因素驱动,其中包括开发越来越具成本效益的碳捕捉与封存方法。[6]一项估计显示,全球二氧化碳捕获与储存市场规模预计将从2016年的22亿美元增长到2022年的约42亿美元。[7]

❓ 变废为宝的挑战

电力行业有四个主要的废弃物领域(见图8.1)。首先是碳足迹大的不可再生资源发电所产生的废弃物。尽管工业部门试图去碳化,但发电消耗的煤炭几乎与用电消耗的煤炭增速相同:2000年至2017年间每年增长约3%。[8]

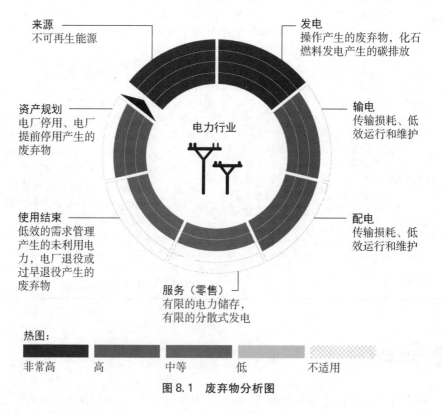

图8.1 废弃物分析图

废弃物的第二个领域是工厂运营产生的废弃物。所有的化石燃料发电厂都会产生运行废弃物以及大量温室气体(GHG)和空气污染物。美国电力部门的温室气体排放量约占总排放量的27.5%,煤炭燃烧残渣是仅次于家庭垃圾的第二大废弃物。[9,10]

第三个主要领域是能源损失。蒸汽轮机发电过程中,65%的能量以热量的形式浪费。[11] 由于技术效率低下和技术剽窃,还有约 8%的损失发生在输电和配电过程中。[12]

第四个主要领域是设备和部件的过早报废。通常来说,工厂寿命从天然气厂的 30 至 45 年到煤电厂和核电厂的 30 至 60 年不等。[10]

此外,由于使用不同的能源类别,发电厂停用会产生大量的建筑垃圾、废弃设备、金属废料、化学或放射性废弃物。

💀 变废为宝的机会

对电力企业来说,废弃物带来的变废为宝机会有三个主要领域(见表 8.2)。

第一个领域是再生资源或循环资源,包括太阳能、风能、废弃物转制能源、生物质能和地热能。日趋成熟的技术、不断降低的成本、优惠的政策和不断增长的客户需求能够促成从化石燃料向可再生能源过渡。目前,可再生能源的全球产能超过 2 100 千兆瓦,相当于 1 900 万辆日产聆风(Nissan Leafs)的电力,且 2018 年全球 26%的电力来自可再生能源。[17,18]

第二个机会是提高价值链中的资源利用率。比如企业可与工业设备伙伴合作,卸载终端设备和基础设施改作他用、重复使用或者回收。某些时候,旧设备金属废料的价值可能高到足以完全抵消拆除成本。[10] 法国跨国企业施耐德电气董事长兼首席执行官赵国华(Jean-Pascal Tricore)表示:"我们正本着生态设计原则与供应商合作,以此促进我们对易回收材料的使用。"

第三个机会是发电、输电、配电和消费的智能运营,其中包括供需预测、智能电网、智能电表、分散式能源生产以及智能网络管理和消费。比如,随着大数据分析的广泛使用,企业可以更准确地预测需求和供应,以最大限度地减少浪费并提高资产利用率。此外,电网可以为"产消者"提供双向的电力流动,因为消费者还可以出售屋顶的太阳能或小型风力系统的多余能源。总体而言,此类智能系统在整个供应链中可增加约 5%的税息折旧及摊销前利润销售额。[19]

⚙ 技术促进

未来,很多新兴的创新将帮助企业完成循环经济的闭环:

● 芬兰赫尔辛基市属的 Helen 能源公司为各类房屋配置太阳能技术,这些房屋随后能向电网输送过剩的太阳能。该公司还在研究从房屋中回收废热的方法,以及

表 8.2 变废为宝机会小结

循环经济机会	利用再生资源或循环资源发电、风电、废弃物制能源，生物质能源和地热能	提高电力价值链的资源利用率	发电、输电、配电和消费的智能运营
机会类型	能源循环——使用可再生能转制能源和废物	智能操作——高效生产	智能网络——管理网络
相关价值(到2030年)	700亿~1650亿美元	并入其他个机会的一部分计算	850亿~2900亿美元
价值杠杆	• 扩大市场份额 • 降低商品成本	• 新的增收来源 • 降低运营成本和最终使用成本	• 新的增收来源 • 降低配电和输电的成本
预期废弃物和浪费	• 废弃材料(不可再生资源)	• 浪费的材料(操作过程) • 浪费的嵌入价值(使用结束) • 浪费的容量(利用不足)	• 浪费的生命周期(损失货穿供应链) • 浪费的容量(能源和使用)
价值链焦点	• 发电	• 发电 • 电力传输和配送 • 使用后回收利用	• 发电、输电、配电和消费
技术加持	• 可再生能源技术的改进	• 先进的设备/基础设施技术提高效率 • 再循环和升级再造技术的突破	• 智能网络 • 智能计量和消费 • 物联网和大数据分析使资产利用率最大化，还可提供实时维护、准确预测等信息
案例研究	从天然气转向可持续产生的蒸汽后，经营油漆和涂料的诺力昂公司(Nouryon)(原阿克苏诺贝尔公司)高兰业务中可再生能源的份额增加了10%，相当于每年减少约10万吨二氧化碳。此外，诺力昂公司正与合唱、飞利浦和帝斯曼合作，从而将新的一个风力发电场获取电力，该电场一旦在2019年投入运营，每年就能产生3.5亿千瓦时的发电量[13,14]	加拿大最大的清洁能源公司横贯亚博联公司(TransAlta)把该国最古老的风电场运时，回收了风电场90%的涡轮停运时，还从叶片、塔台和线和装有衬垫的容器回收共1252吨金属，44600升石油[15]	CIRCUSOL(欧盟委员会"地平线2020"计划资助)设想的产品即服务模式中，供应商将提供给用户太阳能发电和储存的服务，即光伏系统和电池将安装在所有户端，但供应商仍是产品的最佳使用者，并负责保证该产品的最佳性能。设备结束使用后，供应商将收回该产品或将产品二次利用[16]

开发新的地热能技术。[20]

● 2018 年,新时代能源公司(NextEra)的总发电量几乎全部来自太阳能、风能、天然气和核能等多种清洁能源的组合,该公司宣布计划投资 400 亿美元,进一步扩大其可再生能源组合,其中包括一项"30×30"战略,到 2030 年将安装超 3 000 万块太阳能电池板。[21,22]

● 意大利国家电力公司已经在意大利技术研究院(Italian Institute of Technology)的热那亚总部和公共研究机构 RSE(Ricercasul Sistema Elettrico)的米兰总部安装了两个汽车对电网(V2G)的电动汽车充电站。[23] 零排放解决方案支持双向充电:电动汽车静止时,汽车电池将电力输送到电网中,进而帮助平衡和稳定网络以换取报酬。"开辟循环思维是我们最大的成功因素之一。"意大利国家电力公司循环经济主管卢卡·梅尼(Luca Meini)说。

🔺 有待克服的障碍

电力企业面临几个重大障碍。首先,企业必须解决缺乏政策支持和政府激励不足的问题,这些问题阻碍了企业向循环经济转型。即使在电力生产和供应完全私有化的国家,政府对可再生能源的承诺保证、税收结构、财政刺激和贸易政策也将有力地决定向可再生能源转变的速度和消费者参与的程度,而在消费者对清洁替代能源的意识(以及因此产生的需求)较低的新兴市场就更是如此。

另一个主要挑战是融资。发电和配电属于资本最密集的行业,任何重大举措都需要大量资金。例如,配备有智能电表和传感器的智能电网潜力巨大,并且可以大范围覆盖,但不幸的是,很多地区缺乏最后一公里连接、数据安全协议和必要的运营能力,而建设相应的基础设施需要大量投资。

📖 本章小结

电力行业在向可再生能源、智能基础设施和新的循环商业模式转型和扩大整个价值链的资源使用方面潜力巨大。

机会

● 利用可再生或循环资源发电,如太阳能、风能、废弃物转化为能源、地热等

- 提高整个电力价值链的资源利用率（金属废料、建筑废弃物的回收利用、水的循环利用、将灰渣重新投入建筑行业等）
- 智能发电、输电、配电和消费（需求-供应预测、智能电网、智能电表、分散式发电、智能网络管理和智能消费）

技术促进

- 成熟的可再生能源技术；支持物联网的智能传感器和仪表的数字基础设施；预测分析，提供对维护、寿命和需求的准确预测；动态灵活的网格基础设施

有待克服的障碍

- 可再生能源、灵活的电力供应和消费模式需要政策支持和激励
- 新项目需要融资，如电网和生产设施的数字化升级
- 需要跨区域的通信基础设施，这些基础设施可为智能电网提供服务

注释

1. 琳达·卢瑟(Linda Luther)，《国会研究服务中心：燃煤废料(CCW)的管理——处理和使用的问题》，国会研究服务中心，2010 年 1 月 12 日，https://fas. org/sgp/crs/misc/R40544. pdf(2019 年 8 月 16 日访问)。

2. 国际能源署，《全球能源与二氧化碳现况报告》，https://www. iea. org/geco/electricity/ (2019 年 8 月 9 日访问)。

3. 世界核能协会官网(World-nuclear. org)，《对已使用的核燃料的加工》，https://www. world-nuclear. org/information-library/nuclear-fuel-cycle/fuel-recycling/processing-of-used-nuclear-fuel. aspx(2019 年 8 月 16 日访问)。

4. 埃克森美孚，《在 2018 年展望能源未来：展望 2040 年》，https://corporate. exxonmobil. com/en/~/media/Global/Files/outlook-for-energy/2018-Outlook-for-Energy. pdf(2019 年 8 月 16 日访问)。

5. 阿米特·纳鲁内(Amit Narune)和埃斯瓦尔·普拉萨德(Eswara Prasad)，《全球可再生能源市场的机遇与预测 2018—2025》，美国联合市场研究公司(Allied Market Research)，2019 年，https://www. alliedmarketresearch. com/renewable-energy-market(2019 年 8 月 9 日访问)。

6. 国际能源署，《2018 年全球能源与二氧化碳现况报告》，2019 年，https://www. iea. org/geco/emissions/(2019 年 8 月 9 日访问)。

7. Stratistics Market Research Consulting 公司,《碳捕获与储存——全球市场展望(2016—2022 年)》,2017 年, https://www. strategymrc. com/report/carbon-capture-and-storage-ccs-market(2019 年 8 月 9 日访问)。

8. 卡里纳·塞比(Carine Sebi),《对全球煤炭消费增长的解释》,美国物理学家组织网(phys. org),2019 年,https://phys. org/news/2019-02-coal-consumption-worldwide. html(2019 年 8 月 9 日访问)。

9. 美国环境保护署,《温室气体排放源》,2019 年, https://www. epa. gov/ghgemissions/ sources-greenhouse-gas-emissions(2019 年 8 月 9 日访问)。

10. 玛丽莲·A. 布朗(Marilyn A. Brown)等,《发电厂运行和停用排放的固体废弃物》,美国能源部(US Department of Energy),2017 年, https://www. energy. gov/sites/prod/files/ 2017/01/f34/Environment%20Baseline%20vol. %203-Solid%20Waste%20from%20the% 20Operation%20and%20Decommissioning%20of%20Power%20Plants. pdf(2019 年 8 月 9 日访问)。

11. 国际电工词汇(Electropaedia),《电池和能源技术》,2005 年,https://www. mpoweruk. com/energy_efficiency. htm(2019 年 8 月 9 日访问)。

12. 世界银行,《电力传输和分配损失》,2018 年,https://data. worldbank. org/indicator/EG. ELC. LOSS. ZS? end = 2014&start = 1960(2019 年 8 月 9 日访问)。

13. 荷兰皇家飞利浦电子公司,《荷兰开通新的风电场使飞利浦公司有望在 2020 年实现碳中和》,2019 年 5 月 16 日,https://www. philips. com/a-w/about/news/archive/standard/ news/press/2019/20190516-opening-of-new-dutch-wind-farm-puts-philips-on-course-to-be-coming-carbonneutral-by-2020. html(2019 年 8 月 21 日访问)。

14. 阿克苏诺贝尔公司,《可持续性简报》,2019 年,https://www. akzonobel. com/en/for-media/media-releases-and-features/sustainability-fact-sheet(2019 年 8 月 9 日访问)。

15. 米歇尔·弗勒泽(Michelle Froese),《加拿大最古老的风电场停用》,2017 年,https:// www. windpowerengineering. com/business-news-projects/decommissioning-canadas-ol-dest-wind-farm/(2019 年 8 月 9 日访问)。

16. Circusol 公司,《太阳能行业基于服务的循环经济商业模式》,https://www. circusol. eu/ files/brand%20resources/CircusolBrochure-21x21cm. pdf(2019 年 8 月 16 日访问)。

17. 国际可再生能源机构(IRENA),《2018 年可再生能源数据》,2018 年,https://irena. org/-/ media/Files/IRENA/Agency/Publication/2018/Jul/IRENA_Renewable_Energy_Statistics_ 2018. pdf(2019 年 8 月 9 日访问)。

18. 国际能源署,《跟踪清洁能源进展》,https://www. iea. org/tcep/power/renewables/(2019 年 8 月 9 日访问)。

19. 埃森哲分析。

20. Helen 能源公司,《Helen 公司 Katri Vala 加热和冷却装置》,2018 年,https://www. helen.

fi/en/company/energy/energy-production/power-plants/katri-vala-heating-and-cooling-plant/(2019 年 8 月 9 日访问)。

21. 新时代能源公司,《可再生能源》,2019 年,http://www. nexteraenergy. com/sustainability/environment/renewable-energy. html(2019 年 8 月 9 日访问)。

22. 马修·迪拉洛(Mathew DiLallo),《为什么新时代能源公司继续对可再生能源下大赌注》,The Motley Fool, 2019 年, https://www. fool. com/investing/2019/02/02/why-nextera-energy-continues-to-bet-big-on-renewab. aspx(2019 年 8 月 9 日访问)。

23. 意大利国家电力公司,《移动电力：Enel X、日产和 RSE 首次在意大利启动应用于创新服务的汽车-电网技术测试》,2019 年 5 月 24 日,https://www. enel. com/media/press/d/2019/05/electric-mobility-enel-x-nissan-and-rse-launch-italys-first-test-of-vehicle-to-grid-technol-ogy-applied-toinnovative-services(2019 年 8 月 30 日访问)。

9

机械与工业设备行业概述

表 9.1 行业概况

 机械与工业设备行业现状：产品制造传统上是为了经久耐用，但在通过延长产品使用寿命并重复使用有价值部件的循环模式获取价值方面，机械与工业设备行业才刚触皮毛。

转变	当今情况	未来展望
行业规模	0.7 万亿美元	1.5 万亿美元（预计到 2030 年）
废弃物的数量说明	• 17 亿吨铁矿石市场几乎全部用于炼钢[1] • 机器有 40%～60% 的运行时间处于闲置状态[2,3]	• 到 2030 年，大约需要 30 亿吨铁矿石（＋75%）[1] • 关键原始资源的可用性是该行业的风险之一
相关价值	—	到 2030 年达到 700 亿～2 200 亿美元（占税息折旧及摊销前利润的 5%～14%）

行业现状

机械与工业设备行业包括用于提升和移动货物和材料的重型设置以及和越野设备。因此，产品和解决方案通常不是个性化的，而是基于已有技术（电机、液压驱动等），生命周期可长达 30 年。[4]

机械与工业设备行业在许多方面已有很好的综合循环原则。大多数机器在使用期间需要长期维护。因此，售后服务往往占用很大一部分收入，而通过消除所有权的商业模式可以增强机会。此外，使用回收材料也很普遍。[5] 像美国建筑设备制造商卡特彼勒（Caterpillar）和日本企业集团日立（Hitachi）等公司一直在提供回购计划，让客户可以归还旧设备，这意味着反向基础设施已经到位。[6,7] 然而，到目前为止，在保存和维持产品价值方面,只有少数人注意到终端使用结束后的潜力。机械与工业设备行业非常适合循环商业模式,企业需要在现有模式的基础上增加循环。

❓ 变废为宝的挑战

机械与工业设备行业有三个主要的浪费领域(见图9.1)。

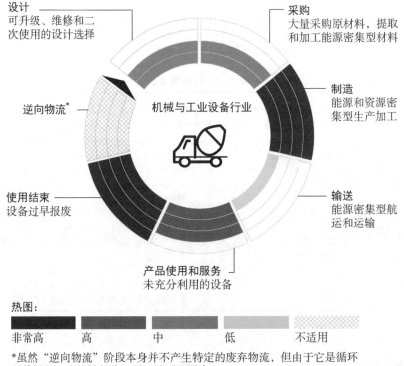

设计
可升级、维修和二次使用的设计选择

采购
大量采购原材料,提取和加工能源密集型材料

制造
能源和资源密集型生产加工

逆向物流*

机械与工业设备行业

输送
能源密集型航运和运输

使用结束
设备过早报废

产品使用和服务
未充分利用的设备

热图:

| 非常高 | 高 | 中 | 低 | 不适用 |

*虽然"逆向物流"阶段本身并不产生特定的废弃物流,但由于它是循环价值链的一个关键部分,所以被列入图中。

图9.1 废弃物分析图

第一是制造业在铸造、锻造、机械加工和焊接等过程造成了大量污染。

第二是在产能方面。据估计,建筑机械的闲置时间为总运行时间的40%～60%。[2]

第三是有价金属的浪费。虽然与其他材料相比,金属回收已实现,但仍有很多提升的空间。尽管有价金属是世界上回收最多的材料,但全球只有40%的钢铁被回收并投入生产。[8]此外,煤炭等原始材料与金属矿石仍广泛用于整个行业。

💡 变废为宝的机会

机械与工业设备行业是最有机会实现循环经济的行业之一(见表 9.2)。该行业的客户发现,购买能源和材料效率高、使用寿命长的产品很有价值,他们愿意为长期节约支付前期溢价。像卡特彼勒、丰田和大隈等主要制造商目前提供高级型号,可以通过纳入循环价值主张增加这些型号。总的来说,预计从其他产品转移到高端循环品牌的销售额将达 5%。

另一个巨大机会是利用漫长而昂贵的产品开发时间,结合使用材料价值和相对较长生命周期的循环型商业模式。如表 9.2 所示,有三种方法捕捉机会。第一,企业可以延长设备的生命周期,通过以服务为导向(非所有权)的模式提高设备利用率。这种模式侧重维修、保养和升级。为此,设计可维修性/模块化和在设备中嵌入传感器可以使维护、维修和升级具有成本效益。各种附加服务和替代循环模式,如租赁按使用量付费,每台设备收益更多,也可以延长产品的使用时间。第二,企业可以转售给二手市场,利用多个生命周期。预计注重成本的部门这一市场将有所增长,大众市场和低价设备需求将有所减弱。第三,当维修和转售不再可行时,企业还可以回收和再利用有价值的零部件和金属。

⚙️ 技术促进

随着全球竞争日益激烈,商品化程度日益加强,价值池正在从机械产品转移到软件和服务。由于硬件驱动的增长有限,机械与工业设备企业开始转向数字解决方案。这些技术使企业能够利用新机会并开发实施平台,例如:

• AMP 机器人公司正在利用人工智能和机器人技术从根本上改变回收利用的成本。AMP 已经成功开发了一种用于回收设施的新分类技术:Cortex 机器人,它能够实现自动化商品分离,几乎不需要改变现有操作。[13]Cortex 机器人由神经元人工智能(Neuron-AI)提供动力,能够在设施中肮脏、混杂环境下感知物质。[13]

• 轮胎公司米其林专注于为客户提供数字解决方案。如 EFFIFUEL™,使用传感器的生态系统,在车辆内部收集油耗、轮胎压力、温度、速度和位置等数据。这一产品体现了米其林强烈的循环愿景和雄心,客户可以在提高业绩的同时减少碳排放。[14]

• 瑞典查尔姆斯工业大学(Swedish Chalmers University of Technology)的研究人员为工业设备开发了一种新的优化算法。通过调整工业机器人运动的加速度,在

表 9.2 变废为宝机会小结

循环经济机会	通过服务模型提高设备利用率，延长生命周期	通过转售到二手市场，实现多个生命周期	回收有价值的零件和金属进行循环制造
机会类型	基于服务的循环业务模型	循环业务模型——转售和重用	循环采购——更好采买
相关价值(到2030年)	通过循环消费模式实现50亿~400亿美元		500亿~1100亿美元
价值杠杆	• 每台设备收益增加 • 价格溢价	• 市场份额(避免损失)收入增加，因为市场削减了对低价设备的需求	• 销售成本降低
预期废弃物和浪费	• 设备未充分利用使用寿命而浪费的生产力	• 由于缺乏二次使用的选择而浪费的生命周期	• 废弃物流中未回收部件和金属的嵌入价值
价值链焦点	• 设计(例如，更长的生命周期和可修复性) • 产品使用和服务(新消费模式)	• 设计更长的生命周期 • 使用后回收转售	• 设计使用后增加回收的便利性 • 使用后回收 • 逆向物流 • 采购 • 制造
技术加持	• 将物联网技术嵌入设备可实现低成本服务模式	• 数字技术可以跟踪设备回收、评估和价值预测，以便将其导向价值最高的市场	• 数字化技术可以跟踪设备进行回收和评估，机器人技术可用于拆卸
案例研究	• 沃尔沃建筑设备公司(Volvo CE)是建筑和工业设备制造商，允许客户将设备退回翻新，以确保最佳工作条件。有三个单独技术包可用。一是将技术恢复到最佳性能，并增加正常运行时间。二是恢复设备液压系统，确保更高生产力、耐久性、可靠性，正常运行时间和整体性能。三是将设备完全重建到近乎全新的状态。重建和改造旧设备以适应新设备的工作条件的费用约是新机器成本的一半，且客户可以选择延长资金并延长保修[9]	• 小松公司(Komatsu)对采矿和建筑机械的二手设备进行翻新和转售。通过该计划，经销商对使用过的设备进行100点检查，然后进行必要翻新部件标准，然后维修，以达到最佳性能。该设备随后获得认证，按新部件的部分价格出售[10]	• 卡特彼勒专注于整个产品生命周期，将产品设计和开发到维修、翻新和再制造"的核心，直到最终达到"与新产品相同"的使用状态。为增加报废设备的回收率，产品返回被纳入该公司的更换业务模式，客户缴纳一笔押金。当归还使用过的部件时，押金将被退还。该公司还使用同一个专有系统，在全球范围内管理退货，并确定退款额度。卡特彼勒可以收回和维修70%新设计的机械。该公司目前每年回收废铁超过1.5亿磅[11,12]

保持既定生产时间的情况下,可以减少40％能耗。[15]

⚠ 有待克服的障碍

机械与工业设备行业在走向循环过程中面临着诸多挑战。虽然企业的设计和制造职能大多是以全球视角规划和执行,但销售和售后活动具有本地自主权(为了接近客户和应对当地竞争对手)。销售和售后重要性的日益增长要求战略变革,以更好地整合职能。此外,新的销售策略和运营变化将有助于加强客户对新商业模式的兴趣并参与其中,如改善处理再制造产品的基础设施,将回收纳入销售模式中,同时扩大再制造的逆向物流。不过鉴于配送网络具有全球性,这可能是一个重大障碍。

政策和法规变化对推动再制造产品的市场接受度和价格平价也至关重要(见第三部分,"政策——决策者的作用")。目前,再制造零部件为"二手"产品,尽管原始设备制造商保证"像新的一样好",但依旧无法在部分国家销售或使用。[16]通过适当改变,重复使用/再制造零部件和产品将等同于原始产品,使之被普遍接受。

📖 本章小结

循环商业模式可以显著解决废弃物池问题并释放价值,但需要更改当前的运营模式。

机会

- 租赁、共享、维修和其他模式增加设备利用率,延长生命周期
- 转售二手市场实现多个产品生命周期模型
- 有价零件和金属重复使用的回收模式

技术促进

- 现有技术,如GPS和机器人系统,可以更好地监测和维护设备,并实现机器使用和零件回收的循环模式

有待克服的障碍

- 销售和服务(售后)团队分离制约了客户使用新模式的兴趣、参与度以及回收率
- 制造业全球性特征需要本地化模式实现反向流动
- 政策和法规阻碍再生产品的市场接受度和价格平价

注释

1. 力拓公司(Rio Tinto)，《铁矿石研讨会》，2015 年，https://www.riotinto.com/documents/150903_Presentation_Iron_Ore_Seminar_Sydney.pdf(2019 年 8 月 9 日访问)。

2. 卡特彼勒公司，《发动机怠速降低系统(Eirs)：更少空转，更多利润》，2019 年，https://www.cat.com/en_US/by-industry/oil-and-gas/well-service-technology/engine-idle-reduction-system/less-idle-more-profit-witheirs.html(2019 年 8 月 9 日访问)。

3. 克里斯·凯法拉斯(Chrys Kefalas)，《40％制造机器没有得到充分利用，所以这家公司想出了一个办法》，(美国)全国制造商协会，2017 年，https://www.shopfloor.org/2017/10/40-manufacturing-machines-utilized-company-came-wayshare/(2019 年 8 月 9 日访问)。

4. 《联合国气候变化框架公约》(UNFCCC)，《确定设备剩余寿命的工具》，2009 年，https://cdm.unfccc.int/methodologies/PAmethodologies/tools/am-tool-10-v1.pdf(2019 年 8 月 9 日访问)。

5. 全球市场观察，《回收设备和机械市场规模，按机器、加工材料、行业分析报告、区域前景、增长潜力，价格趋势、竞争性市场份额及预测，2018—2025》，2018 年，https://www.gminsights.com/industry-analysis/recycling-equipment-and-machinery-market (2019 年 8 月 9 日访问)。

6. Cat Financial，《二手设备》，https://www.catfinancial.com/en_US/solutions/used-quipment.html(2019 年 8 月 30 日访问)。

7. 日立建机，《买回日立轮式装载机》，https://www.hitachicm.eu/buy-back-hitachi-wheel-loader/(accessed 2019 年 8 月 30 日)。

8. 里克·勒布朗(Rick LeBlanc)，《金属回收简介》，Small Business，2019 年，https://www.thebalancesmb.com/an-introduction-to-metal-recycling-4057470(2019 年 8 月 9 日访问)。

9. 库尔特·本尼克(Curt Bennick)，《重建装载机削减了生产成本》，Construction PROS.com，2019 年，https://www.forconstructionpros.com/equipment/earthmoving/article/10819127/use-remanufacturing-to-cut-wheel-loader-costs(2019 年 8 月 9 日访问)。

10. 二手小松(Komatsu Used)，《欢迎来到卓越新标准》，https://www.komatsuused.com/construction(2019 年 8 月 16 日访问)。

11. 卡特彼勒，《中国的可持续发展》，卡特彼勒，2015 年，http://s7d2.scene7.com/is/content/Caterpillar/CM20161026-85160-30817(2019 年 8 月 9 日访问)。

12. 卡特彼勒，《再制造的好处》，2019 年，https://www.caterpillar.com/en/company/sustainability/remanufacturing/benefits.html(2019 年 8 月 16 日访问)。

13. AMP 机器人公司，《AMP 机器人公司为回收行业推出新 AI 导航双机器人系统》，2019 年

5 月 9 日,https://www.amprobotics.com/newsroom(2019 年 8 月 30 日访问)。

14. 米其林解决方案(Michelin Solutions),《EFFIFUEL™ 来自米其林 ® 解决方案进展报告和展望》, 2014 年, https://www.michelin.com/en/press-releases/effifuel-from-michelin-solutions-delivers-fuel-savings/(2019 年 8 月 19 日访问)。

15. 埃文·阿克曼(Evan Ackerman),《动作流畅的机器人效率高达 40%》,IEEE Spectrum, 2015 年 8 月 27 日, https://spectrum.ieee.org/automaton/robotics/industrial-robots/robots-with-smooth-moves-are-moreefficient(2019 年 8 月 9 日访问)。

16. 卡特彼勒,《卡特彼勒对报废部件的再制造》,欧洲商业联合会(Business Europe),2017 年, http://www.circulary.eu/project/caterpillar-remanufacturing/(2019 年 8 月 9 日访问)。

10

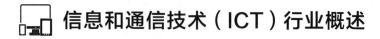 信息和通信技术（ICT）行业概述

表 10.1　行业概况

信息和通信技术行业现状：信息和通信设备创新速度快、更新换代快，设备遍及市场。虽然企业已开始扩展产品用途并回收使用结束的设备，但这些行动尚未形成足够庞大的规模，信息和通信行业的循环潜力还未得到充分发掘。		

转变	当今情况	未来展望
行业规模	0.6 万亿美元	1.3 万亿美元（预计到 2030 年）
废弃物的数量说明	• 全球每年产生约 5 000 万吨电子垃圾[1] • 70％危险废弃物填埋来源于电子垃圾[2] • 只有 20％的电子垃圾得以回收并得到充分的循环利用[1]	• 2030 年：信息和通信技术行业生产了 12.5 亿吨二氧化碳排放量（占全球排放的 1.97％）[3] • 2025 年：6 400 万吨电子垃圾[4]
相关价值	—	到 2030 年约 200 亿～500 亿美元（占税息折旧及摊销前利润的 1％～3％）

🔋 行业现状

　　过去十年市场上充斥着的各种设备，占据了人们的工作和生活，而这极易导致市场出现价格下跌和创新周期短的现象。云和大数据的出现扩展了技术基础设施，大规模数据中心成为可能。人工智能等技术的进步对计算能力、存储和网速的要求越来越高，进而提高了对基础设施的要求。此外，下一代 5G 无线网络要求全球网络基础设施硬件和软件的升级。同时，向低碳经济转型的趋势和提升用户体验的追求，都将增加对智能电器、汽车、风力和太阳能发电系统等电子产品数量的要求，而这将导

致钴、铜和稀土金属等关键原材料的需求和价格上升。

信息和通信技术行业的价值链往往延展至全球，因此从循环经济的角度看，这一行业牵一发而动全身。但由于生产地点和资源回收地点的不同，产品寿命结束时回收利用困难重重。地缘政治的变化性和不确定性进一步增加了问题的复杂性，如中国颁布了"国门利剑"行动，将电子废弃物拦截在国门之外。[5] 而战略性资本投资，则旨在充分利用循环模式带来的全球利好，最近建于迪拜的全球最大的电子废弃物处理设施就体现了这一点。[6]

❓ 变废为宝的挑战

因为消费者希望轻轻松松地以最低的成本获得最新的技术，所以信息和通信技术行业设备的寿命较短，而企业为提升技术也需要平均每三到五年更换一次服务器，[7] 但过早地更新会导致两大主要浪费（见图 10.1）。

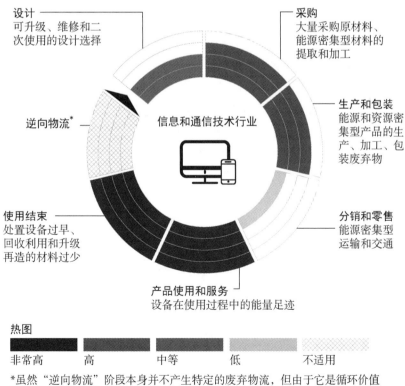

图 10.1 废弃物分析图

设计
可升级、维修和二次使用的设计选择

采购
大量采购原材料、能源密集型材料的提取和加工

逆向物流*

信息和通信技术行业

生产和包装
能源和资源密集型产品的生产、加工、包装废弃物

使用结束
处置设备过早、回收利用和升级再造的材料过少

分销和零售
能源密集型运输和交通

产品使用和服务
设备在使用过程中的能量足迹

热图

非常高　高　中等　低　不适用

*虽然"逆向物流"阶段本身并不产生特定的废弃物流，但由于它是循环价值链的一个关键部分，所以被列入图中。

首当其冲的浪费是产品的生命周期。对最新技术需求的激增，使得本就功能完善的设备和硬件经常被替换。平均而言，人们使用每部智能手机的时间只有 22 个月，而这些设备的使用时间本应长得多（截至 2015 年，大约为 4.7 年）。[8]

第二大浪费是产品的内含价值。目前大多数信息和通信技术设备、企业技术设备和网络基础设施硬件都含待回收利用的宝贵材料。2016 年，全球产生了 4470 万吨电子废弃物（目前却只有约 20% 的电子废弃物得到记录以供回收和再利用），[9] 估计2016 年仅原材料在全球电子废弃物流中的价值就可达到 550 亿欧元。[9]

💡 变废为宝的机会

对信息和通信技术行业来说，废弃物带来了很多变废为宝的机会（见表 10.2）。第一个机会是现有信息和通信技术设备的翻新和再利用。多年来，已有企业开始收集或回购从前的设备以供转售（或重新租赁），如亚马逊翻新（Amazon Renewed）、Inrego 和 Laptop Direct 等，新的软件和驱动程序使翻新后的电子设备焕然一新，使用寿命翻了一番（甚至三倍），[13] 2017 年，翻新的智能手机销量增长了 13%，而全新的智能手机销量仅增长了 3%。[14] 新的消费模式如各种形式的租赁让退货变得更加方便，进而有利于产品的翻新和再利用。

对来自德国电信服务商网络路由器的案例研究表明，新商业模式对其他类型的硬件也有好处。埃森哲分析后得出结论，得益于出色的回收和收集率，与线性模式相比，路由器租赁模式减少了 80% 的材料损失和 45% 的二氧化碳排放，此外，重复利用回收后的路由器可节省 35% 的成本，这些数据彰显出新商业模式多层次的价值。[15]

第二个机会是从不再使用信息和通信技术设备中回收有价值的材料。通常一部iPhone 手机大约含有 25 克铝、15 克铜以及金、银、铂等少得多但数量可观的贵金属。[16] 回收终端消费设备并转售玻璃、塑料和金属等嵌入材料，估计可带来 25 亿至 50亿美元的收入增量。[17]

第三个机会是重新设计以减少材料使用。更智能的设计可减少产品外壳和包装等部件的材料，此举可节约大概 100 亿至 200 亿美元。循环设计原则也可在降低成本的同时，有效扩展产品使用。前述埃森哲对路由器的分析发现，某些设计（比如使用耐刮擦材料）可降低约 50% 的翻新成本。此外，思科公司（Cisco）鼓励产品设计者思考不同的方法以扩展产品用途、简化拆卸过程并践行其他循环经济原则，思科供应链运营高级副总裁约翰·克恩（John Kern）表示："在成本和性能相同的条件下，我们希望循环设计成为默认的决策，这是我们想要达到的境界。"

表 10.2 变废为宝机会小结

循环经济机会	信息和通信技术设备的翻新和再利用	使用结束后回收信息和通信技术设备中有价值的材料	重新设计产品和包装以节省材料
机会类型	循环商业模式——翻新和再利用	循环商业模式——废弃物转售	循环设计——用得更少
相关价值（到 2030 年）	100 亿~200 亿美元	25 亿~50 亿美元	100 亿~200 亿美元
价值杠杆	• 额外的收入	• 额外的收入 • 节省的材料成本	• 节省的材料成本
预期废弃物和浪费	• 缺乏二次利用场而浪费产品生命周期	• 浪费未回收材料的嵌入价值 • 浪费资源	• 减少材料使用
价值链焦点	• 设计（延长生命周期，模组化设计） • 产品用途 • 产品寿命结束 • 逆向物流	• 产品寿命结束 • 逆向物流 • 来源	• 设计（最大化减少材料投入） • 生产和包装
技术加持	• 买/卖产品的数字平台	• 用于拆卸产品和智能组装的机器人	• 云、人工智能/机器学习、虚拟现实、物联网
案例研究	从事翻新的 Inrego 公司从其他组织购买二手的专业信息技术（IT）设备，约 90% 的设备可以再利用，剩余设备则循环至下游。Inrego 使市政府、公司和消费者以循环方式一手的价格就购买到专业的信息技术设备。2014 年，Inrego 修复了 26 万台设备，减少了 2 800 吨二氧化碳当量排放[10]	科技公司苹果最新的拆卸机器人黛西每小时内可以拆卸多达 200 个 iPhone 设备，黛西对产品组件的拆卸和分类，使苹果公司能够回收有价值的材料[11]	2014 年末，技术公司戴尔实践了业内首个得到认证的计算机制造闭环流程，即从回收的电子垃圾中提取塑料，然后把塑料熔化，混合并塑型为新产品的新零件，据估计，这样的生产节省了 200 万美元的新材料[12]

⚙ 技术促进

信息和通信技术行业的企业正致力于通过技术创新，降低整个信息和通信技术价值链的成本，实现循环经济：

● 资产生命周期管理公司 Apto Solutions 从资产中回收价值，通过集成流程不但保护客户免受数据泄露的高昂代价，还延长了技术的使用时间，最终技术还会回到经济市场，再次循环利用。2014 年，Apto Solutions 公司节约了超过 1.48 万吨化石燃料和 1 900 万加仑水，阻止了 1 315 吨危险废弃物进入垃圾填埋场。[18]

● 可持续的智能手机初创公司——公平手机（Fairphone）公司，通过模块化架构使第二代公平手机（Fairphone 2）更易于维修、定制和升级，相较于普通智能手机拥有更长的使用周期。据研究估计，第二代公平手机整个生命周期的二氧化碳排放量减少了 30%。[19]

● 数字解决方案还可以提高整个信息和通信技术价值链的可追溯性和透明度。荷兰初创公司 Circularise 正在开发"智慧提问技术"，一种基于区块链的通信协议，旨在无须公开透露数据集或供应链合作伙伴的前提下提升价值链的透明度。这种预先验证在不透露敏感的公司信息或产品信息的同时保证了数据的准确性。[20]

🚧 有待克服的障碍

在信息和通信技术行业，对设备的需求只增不减，这将进一步压榨资源并产生更大的电子废弃物流。因此，企业必须克服两个关键障碍。

第一个障碍是对不再使用的电子设备的收集，当消费者升级新设备后，往往不会退回旧设备。对此，一种解决方案是开发新的商业模式，允许公司保留设备的所有权，跟踪产品使用，进而便于后期回收。另一种解决方案是向客户提供产品回收激励，埃森哲一项消费者调查显示，产品回收激励计划最能打动消费者，比如简单易得的降价或奖励，类似折扣或奖励积分。[21] 举例来说，苹果公司的以旧换新计划，若回收设备符合条件，无论任何型号或产品状态，消费者都可以享受客户信用带来的方便退货服务，比如苹果公司预付退货运费，或者可以前往任何一家苹果商店进行退货。[22]

另一个障碍是电子垃圾。发达国家回收电子废弃物的合规成本相对较高，而欠发达国家在产品寿命结束后却很少或完全没有处理，因此信息和通信技术设备最终流入欠发达国家的可能性很高。技术可以为回收行业带来有利的经济效益。特别是用机器人来拆卸产品，不仅提升了效率，还提高了回收后的材料质量。"甚至每个品牌都能利用机器视觉来识别废弃物，"人工智能和机器人公司 AMP 的创始人马坦亚·霍罗维兹(Matanya Horowitz)说，而这只是一个开始，"人工智能能为分拣行业创造新的指标，我们有足够的远见让回收计划更加有效。"

在欠发达国家，填埋或非正规部门仅用基本方法回收的电子废弃物对周围社区极为有害。因此，生产者责任延伸法等全球政策标准将提高整个价值链的可见性和可追溯性，并促进世界各地推广、为使用寿命结束的产品负责(见第三部分，"政策——决策者的作用")。

📖 本章小结

　　高效的逆向物流基础设施实现对产品的再利用、翻新和回收，可以使企业从信息和通信技术行业的循环举措中获得巨大的价值。

机会
- 信息和通信技术设备的翻新和再利用
- 回收利用回头有价值的材料
- 重新设计产品和包装，减少材料使用

技术促进
- 数字平台促进信息和通信技术设备转售
- 智能分类系统既节约又高效地识别和分离电子垃圾
- 拆卸机器人促进推动产品的翻新、再造和回收

有待克服的障碍
- 产品回收后缺乏有效的逆向流动
- 缺乏规章制度保障电子废弃物安全妥当地使用

注释

1. 联合国环境规划署，《联合国报告：抓住机遇，处理电子废弃物》，2019 年，http://www.unenvironment. org/news-andstories/press-release/un-report-time-seize-opportunity-tackle-challenge-ewaste(2019 年 8 月 9 日访问)。

2. 凯文·N. 珀金斯(Kevin N. Perkins)、玛丽-诺埃尔·布吕内·德里斯(Marie-Noel Brune Drisse)、塔皮瓦·恩塞勒(Tapiwa Nxele)、彼得·D. 斯莱(Peter D. Sly)，《电子垃圾：危害

全球》，全球卫生年鉴（Annals of Global Health），2014 年，https://www. sciencedirect. com/science/article/pii/S2214999614003208(2019 年 8 月 9 日访问)。

3. 国际能源署研究机构(GeSI)和埃森哲战略，《智能 2030：应对 21 世纪挑战的信通技术解决方案》，2015 年，https://unfccc. int/sites/default/files/smarter2030_ executive_ summary. pdf(2019 年 8 月 9 日访问)。

4. 市场研究公司(Research and Markets)，《2018—2025 年电子废弃物管理市场规模、份额和趋势分析报告（按加工材料、来源、应用和细分市场预测)》，2018 年，https://www. researchandmarkets.   com/reports/4613411/e-waste-management-market-size-share-and-trends(2019 年 8 月 9 日访问)。

5. 谢丽尔·卡茨(Cheryl Katz)，《废弃物堆积如山：中国禁止进口废弃物如何阻碍全球回收》，耶鲁环境 360（Yale Environment 360)，2019 年 3 月 7 日，https://e360. yale. edu/features/piling-up-how-chinas-ban-on-importing-waste-has-stalledglobal-recycling（2019 年 8 月 27 日访问)。

6. 海湾新闻(Gulf News)之阿拉伯联合大公国(UAE)，《全球最大的电子垃圾回收设施在迪拜开始营业》，2019 年，https://gulfnews. com/uae/worlds-largest-e-waste-recycling-facility-opens-in-dubai-1. 62884040(2019 年 8 月 9 日访问)。

7. SherWeb 公司，《服务器所有权的成本：就地部署 vs. 基础设施及服务》，2019 年 4 月 21 日，https://www. sherweb. com/blog/cloud-server/total-cost-of-ownershipof-servers-iaas-vs-on-premise/(2019 年 8 月 30 日访问)。

8. 托罗·卡塞斯(Torro Cases)，《如何延长你手中智能手机的使用寿命》，《今日 CEO》杂志，2018 年，https://www. ceotodaymagazine. com/2018/02/how-to-extendthe-lifespan-of-your-smartphone/(2019 年 8 月 9 日访问)。

9. 联合国大学，《2017 年全球电子废弃物监测报告》，2017 年，https://collections. unu. edu/eserv/UNU：6341/Global-E-waste_Monitor_2017__electronic_single_pages_. pdf(2019 年 8 月 9 日访问)。

10. Inrego，《电脑和智能手机》，https://www. remanufacturing. eu/studies/f6a18b15473d6fa84 00e. pdf(2019 年 8 月 9 日访问)。

11. 苹果公司，《苹果将地球日(Earth Day)捐赠纳入以旧换新和回收利用计划》，2018 年，https://www. apple. com/newsroom/2018/04/apple-adds-earth-day-donations-to-trade-in-and-recycling-program(2019 年 8 月 9 日访问)。

12. 布莱尼·科林斯(Bryony Collins)，《戴尔公司发现价值 630 亿美元的电子废弃物回收盈利空间：提问与回答》，彭博新能源财经(BloombergNEF)，2019 年 7 月 29 日，https://about. bnef. com/blog/dell-eyes-63-billion-e-waste-recycling-opportunity-qa/（2019 年 8 月 30 日访问)。

13. 帕蒂·奥斯特伯格(Patty Osterberg)，《电子产品以及蓬勃发展的再利用和循环经济趋势》,国际可持续电子回收组织(SERI),2017 年,https://sustainableelectronics. org/news/2017/06/22/electronics-and-growing-trend-towards-reuse-and-circular-economy（2019 年 8 月 9 日访问）。

14. TAdviser 公司,《智能手机(世界市场)》,2019 年,http://tadviser. com/index. php/Article: Smartphones_(world_market)(2019 年 8 月 9 日访问)。

15. 可持续发展理事会(Rat Fur Nachhaltige Entwicklung)与埃森哲战略合作,《德国发展循环经济的机会》,2017 年, https://www. nachhaltigkeitsrat. de/wp-content/uploads/migration/documents/RNEAccenture_Studie_Chancen_der_Kreislaufwirtschaft_04-07-2017. pdf (2019 年 8 月 9 日访问)。

16. 比安卡·诺格拉迪(Bianca Nogrady),《你的旧手机里全是有待开发的贵金属》,英国广播公司,http://www. bbc. com/future/story/20161017-your-old-phone-is-fullof-precious-metals (2019 年 8 月 9 日访问)。

17. 埃森哲分析。

18. 全球青年领袖论坛(The Forum of Young Global Leaders)与埃森哲战略合作,《全球循环经济奖 2016 年年鉴》,2016 年, https://thecirculars. org/content/resources/The_Circulars_Yearbook_2016_Final. pdf(2019 年 8 月 9 日访问)。

19. 公平手机公司,《影响报告第一卷》,https://www. fairphone. com/wp-content/uploads/2018/11/Fairphone_Report_DEF_WEB. pdf(2019 年 8 月 9 日访问)。

20. 世界经济论坛与埃森哲战略合作,《利用第四次工业革命发展循环经济的消费电子产品和塑料包装》,2019 年, http://www3. weforum. org/docs/WEF_Harnessing_4IR_Circular_Economy_report_2018. pdf(2019 年 8 月 9 日访问)。

21. 埃森哲消费者调查 2019。

22. 苹果公司,《苹果公司以旧换新：用你有、换你要》,2019 年,https://www. apple. com/uk/shop/trade-in(2019 年 8 月 9 日访问)。

11

 个人出行行业概述

表 11.1　行业概况

个人出行行业现状：尽管向电动汽车和汽车共享经济模式转型极大改变了汽车行业，但汽车制造过程仍是典型的资源密集型环节，而报废汽车每年会产生数百万吨的废弃物。

转变	当今情况	未来展望
行业规模	2万亿美元	5万亿美元(预计到 2030 年)
废弃物的数量说明	• 汽车平均利用率很低，只有 5%~10%[1] • 美国私人汽车的平均使用寿命为 13~17 年，但平均使用年限只有 11.5 年[2] • 道路运输占全球温室气体排放的 17%[3] • 在欧盟，约 13%的报废车辆废弃物没有被回收或再利用[4] • 制造一辆汽车会产生约 240 磅的废弃物，消耗超过 39 000 加仑的水[5,6]	• 预计 2030 年汽车生产达 1 亿辆(2018 年为 7050 万辆)[7,8] • 2005 年至 2030 年，报废车辆废弃物将增加 45%[9] • 到 2030 年，道路运输将激增 30%[10] • 到 2030 年，路上行驶电动汽车数量预计将达 1.25 亿辆(2017 年为 310 万辆)(国际能源署数据)[11]
相关价值	—	到2030 年达 2 400 亿~6 100 亿美元(占税息折旧及摊销前利润的 5%~12%)

行业现状

　　个人出行是指个人使用私人或公共交通工具进行运输。在此行业中，区分间接循环和直接循环很重要。具体来说，汽车共享、替代动力系统(不使用内燃机)和自动驾驶汽车等大趋势与"纯粹的"(或直接的)循环经济转型密不可分。在这些大趋势下,间接排放等效率低下的问题仍未解决,对环境产生了意想不到的净负面影响——如果汽车出行更加便利,那么汽车行驶总距离可能会增加,汽车数量会更多,能源消耗增大。[12] 此外,直接循环吸收直接针对低效率的资源利用,即降低制造中的能源和材料强度。

考虑到这一区别,汽车行业已经采取了重要的"间接"循环方式,提高燃油效率和减少尾气排放取得了最大进展。捷豹路虎、梅赛德斯－奔驰、沃尔沃和其他汽车制造商已承诺在未来 5 到 10 年内部分或全部实现电气化。汽车共享是另一个重大改变,DriveNow 和 ZipCar 的流行就是重要体现。到 2030 年,预计每 10 辆汽车中就有 1 辆是共享汽车。[13] 尽管这些领域取得了显著进展,但汽车制造仍是高度资源密集型行业,报废汽车每年产生数百万吨垃圾。

❓ 变废为宝的挑战

个人出行行业的废弃物主要来自以下四个领域(见图 11.1)。一是在汽车制造环节:20％的内燃机和 47％的纯电动汽车的温室气体排放产生在生产环节。[14] 另外,汽车制造时也会产生约 110 千克废弃物。[5] 第二是产能浪费。汽车平均利用率低,一般为 5％～10％,价值 7 万亿美元的乘用车闲置。[1,15] "使用阶段"的浪费足迹也较高,包括碳(17％的全球温室气体排放来源于道路交通),以及其他废弃物,如轮胎脱落的微塑料、催化转换器排放的贵金属颗粒、未从零部件中回收的废嵌值以及车辆使用期间发生了变化的消耗品(如过滤器、液体以及雨刷片)。[16,17,18] 最后,在产品使用结束时,会出现各种高价值和低价值的废弃物。在欧洲,私家车平均使用年限为 9.7 年,每年有 1 200 万汽车被淘汰。[19,20] 报废车辆产生了数百万吨废弃物,而这些废弃物具有潜在的价值。[21]

💡 变废为宝的机会

这一行业有三大机会(见表 11.2)。一是向替代动力传动系统转变。电动汽车 2018 净销售额占全球市场的 4.6％,是 2017 年的近两倍。[22] 这一改变显示了在使用阶段可以大大减少排放。

车辆和单车共享是另一个重要机会。预计 2030 年,11％的汽车销量将转向共享经济(新消费模式),汽车制造商需要创新商业模式,保持竞争力。[28] 信息技术产品和服务公司富士通美国公司(Fujitsu America)预计,到 2030 年,共享汽车使用量将增长 50％以上。在售后市场销售和再利用再制造的零部件是第三个机会。目前,再制造

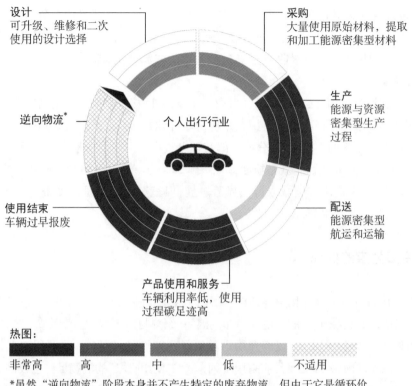

图 11.1 废弃物分析图

零部件销售价格是原件的 50％～70％，极大节约了环境资源（可减少 80％的能源、88％的水，92％的化学产品和 70％的废弃物生产）。

另一个机会是降低制造车辆的资源强度和减少生产过程中产生的废弃物。智能制造和工业物联网、数据分析和机器人等技术可以提高生产效率、降低运营效率，同时减少故障部件的召回率。根据欧洲汽车制造商协会（ACEA）2018 年的数据，自 2008 年以来，欧洲汽车制造的二氧化碳排放量下降了 1/5 以上。[21]

⚙ 技术促进

随着材料科学、人工智能、大数据分析和其他技术的进步，企业可以抓住共享电动汽车和共享单车的循环价值。未来，新兴创新可以进一步刺激技术进步。以下例子更加生动：

- 基于人工智能的生成性设计技术：例如，美国汽车公司通用汽车（General

表 11.2 变废为宝机会小结

循环经济机会	转向电动汽车	汽车共享和租赁业务模式	组件再利用和再制造	减少制造业资源强度
机会类型	循环性作为品牌价值——市场占有率	循环商业模式——汽车共享和租赁	循环商业模式——再利用和再制造	更智能的操作——更少的缺陷
相关价值（到2030年）	1600亿~2250亿美元	100亿~850亿美元	50亿~200亿美元	500亿~1350亿美元
价值杠杆	● 市场份额增加（避免损失）	● 新收入来源	● 销售成本降低	● 销售成本降低
预期废弃物和浪费	● 化石燃料在使用阶段的排放	● 汽车在使用过程中没有得到充分利用而造成的产能浪费	● 未从废弃物流中回收的废弃组件和金属的嵌入价值	● 能源和资源密集型生产过程
价值链焦点	● 设计 ● 采购 ● 生产 ● 使用和服务	● 使用和服务	● 可拆卸设计 ● 使用后回收 ● 逆向物流 ● 采购 ● 制造	● 生产
技术加持	● 改进电池技术，降低成本，延长车行驶里程	● 建设汽车共享和租赁式的数字平台	● 用拆卸机器人促进回收和再制造	● 工业物联网、数据分析和机器人技术，提高生产效率
案例研究	特斯拉是全球领先的电动汽车生产商和销售商。截至2018年底，该公司已在全球售出超过53万辆电动汽车。[23] 基于这一数据，特斯拉称已减少了400多万吨二氧化碳排放，相当于一辆普通乘用车行驶97亿英里的排放量[24]	德国汽车制造商戴姆勒通过car2go服务租用Smart Cars和梅赛德斯-奔驰车队，供单向使用。消费者只需把车停在目的地附近，car2go就可以处理剩下的事情。这项服务如今注册人数已有250万人。[24] 如果广泛采用共享计划，全球汽车数量将会减少1/3[25]	德国汽车公司奥迪（Audi）因戈尔施塔特（Ingolstadt）的工厂进行辅助再制造，让旧的、废弃的、损坏的启动马达和交流发电机重新焕发了生机，成为原始零部件。汽车制造商每年可节省240吨钢材、100吨铜和80吨铝[26]	美国跨国汽车制造商福特（Ford）在位于底特律郊外的River Rouge工厂几乎所有生产设备上都安装了物联网传感器。下游机器可以检测到从上游机器接收到的零件是否与规格有哪怕是最细微的偏差，从而检测出上游机器可能存在的问题，可以立即发现并解决[27]

Motors)与软件公司欧特克(Autodesk)合作,快速探索零部件设计的多种组合,减少汽车环境足迹。

- 3D打印工业应用可以减少制造过程中90％的浪费、材料需求和成本。[33] 上海3D打印材料公司 Polymer 和意大利电动汽车初创企业 XEV 进行合作,联合研发了一款以设计主导的3D打印低速电动汽车(LSEV),该产品于2019年登陆亚洲和欧洲市场,其售价仅为7 500美元。[34]

- 荷兰埃因霍温理工大学(The Technical University of Eindhoven)开发了世界上第一辆基于生物的循环汽车,其底盘和车身由天然和生物材料组成,而车辆的框架部分没有使用任何金属或者传统塑料。[35]

- 硬件和软件技术的结合促进了自动驾驶技术的发展,提高了燃油效率和能源利用。2018年开始,自动驾驶汽车就掀起了一波热潮,Alphabet 公司的 Waymo 正准备在亚利桑那州凤凰城推出无人驾驶出租车服务,优步的自动驾驶汽车车队也测试了百万英里里程。[36]

- 远程信息技术使车辆与外界可以共享数据。[37] 基于远程信息技术数据的预测性维修和前瞻性预测正越来越智能化。预测服务事件的能力可能会节约大量材料和能源,特别是对货运车辆和大型车队运营商。

有待克服的障碍

按照目前的采用速度,到2030年,估计需要回收1 100万吨电动汽车的废旧锂离子电池。[38] 鉴于许多"废旧"电池容量仍然高达70％,特斯拉、日产和宝马等汽车制造商在研究将电池用作固定电源等二次利用方案。[38,39] 特斯拉在这一领域具有领导地位,在2015年推出了固定式储能产品。[40] 2018年,日产公司使用148个聆风电池(包括新电池和旧电池)为阿姆斯特丹的足球场供电。[39,41]

汽车电气化和数字化大大增加了对金属和矿产的需求,因此二次使用也将缓解日益增加的供应风险。2018年,锂化学品需求同比增长了近1/3,其中大部分用于电池。同样,全球对电池的另一个关键原料精炼型钴的需求也在上升,从2000年到2016年增长了三倍。[43]

另一个阻碍是使用后管理。在发展中国家,基本上没有管理车辆报废处理所需的基础设施,只有分散的、非正规的回收产业。[44] 相比之下,在发达国家,大多数汽车在其充分使用结束之前就已被淘汰。虽然这些地区的车辆循环率很高,但大部分由此产生的物质流通常质量较低,因此用于如建筑等低价值的商品和工业。然而,技术创新可以解决这一问题,将今天的下行循环转化为未来的升级循环,特别是针对金属和塑料。[45] 在欧洲,《车辆寿命终止指令》规定,汽车行业必须确保车辆按重量计算的95％被重复利用或回收;未来的法规会解决升级改造的需要。欧洲制造商抓住了这个机会,他们的经验显示高回收水平可以盈利。例如,雷诺建立了 ICARRE95 项目合作,通过改善回收使用车辆材料的技术和经济结构提高报废车辆的回收率。如今,在欧洲生产的雷诺汽车总量中,超过 1/3 使用了回收材料。

📖 本章小结

循环经济可以解决废弃物池问题,释放重大价值。关键焦点是在复杂的全球供应链中增加材料流动的可见度。

机会
- 转向电动汽车,减少汽车在使用阶段对环境的影响
- 汽车共享和租赁业务模式,提高车辆利用率
- 零部件再利用和再制造,从车辆中回收有价值的资源
- 提高效率,减少生产中的浪费,简化操作,减少故障部件召回率

技术促进
- 用于拆卸的机器人,可以实现回收和再制造
- 汽车共享模型的数字平台
- 预测维护

有待克服的障碍
- 缺乏报废管理的基础设施
- 对锂等金属的需求激增,供应风险增加
- 锂电池的电子垃圾

注释

1. 戴维・Z. 莫里斯(David Z. Morris),《今天汽车 95％时间都在闲置》,《财富》,2016 年 3 月 13 日,http://fortune. com/2016/03/13/cars-parked-95-percent-of time/(2019 年 8 月 16 日访问)。

2. 斯科特・沃恩(Scott Vaughan),《美国汽车的平均寿命》,BERLA 公司,2016 年 11 月 16 日,https://berla. co/average-us-vehicle-lifespan/(2019 年 8 月 9 日访问)。

3. 联合国气候变化，《全球汽车行业必须向低碳转型才能生存——CDP》，联合国气候变化框架公约，2018 年，https://unfccc. int/news/global-car-industry-must-shift to-low-carbon-to-survive-cdp(2019 年 8 月 9 日访问)。

4. 欧盟统计局统计解释，《报废汽车统计》，2018 年，https://ec. europa. eu/eurostat/statistics-explained/index. php/End-of-life_vehicle_statistics(2019 年 8 月 9 日访问)。

5. 莎伦·盖纳普(Sharon Guynup)，《零废弃工厂》，《科学美国人》(*Scientific American*)，2017 年，https://www. scientificamerican. com/custom-media/scjohnson-transparent-by-design/zerowastefactory/(2019 年 8 月 9 日访问)。

6. 美国环境保护署，《水的小知识》，2016 年，https://www3. epa. gov/safewater/kids/water_trivia_facts. html(2019 年 8 月 9 日访问)。

7. 埃森哲分析(到 2030 年的汽车产量外推)基于国际机动车制造商组织的数据，《2018 年产量统计》，2018 年，http://www. oica. net/category/production-statistics/2018-statistics/(2019 年 8 月 9 日访问)。

8. I. 瓦格纳(I. Wagner)，《2000 年至 2018 年全球汽车产量估计(单位：百万辆)》，Statista 网站，2019 年，https://www. statista. com/statistics/262747/worldwide-automobile-production-since-2000/(2019 年 8 月 9 日访问)。

9. J. 海斯卡宁(J. Heiskanen)等人，《欧盟报废汽车指令一览——芬兰处理和处置面对的挑战》，2013 年 5 月，https://www. resource-recovery. net/sites/default/files/heiskanenjetal2013full-paper. pdf(2019 年 8 月 9 日访问)。

10. Epure 机构，《通往 2030——欧洲道路运输部门脱碳之路》，2016 年，https://www. epure. org/media/1350/briefing-on-the-road-to-2030-decarbonising-europes-road-transport-sector. pdf(2019 年 8 月 9 日访问)。

11. 汤姆·迪克里斯托弗，《国际能源署预测，到 2030 年电动汽车数量将从 300 万增长到 1. 25 亿》，CNBC 市场，2018 年，https://www. cnbc. com/2018/05/30/electric-vehicles-will-grow-from-3-million-to-125-million-by-2030-iea. html(2019 年 8 月 9 日访问)。

12. 佩顿·张(Payton Chang)，《自动驾驶汽车及其环境影响》，斯坦福大学，2017 年，http://large. stanford. edu/courses/2017/ph240/chang-p2/(2019 年 8 月 9 日访问)。

13. 麦肯锡公司，《汽车革命——展望 2030》，2016 年，https://www. mckinsey. com/~/media/mckinsey/industries/high％ 20tech/our％ 20insights/disruptive％ 20trends％ 20that. ％ 20will％ 20transform％ 20the％ 20auto％ 20industry/auto％ 202030％ 20report％ 20jan％ 202016. ashx(2019 年 8 月 9 日访问)。

14. 钢铁市场发展研究所，《汽车生命周期中生产阶段温室气体排放的重要性》，https://www. steelsustainability. org//media/files/autosteel/programs/lca/the-importance-of-the-production-phas-in-vehicle-life-cycle-ghgemissions-final. ashla = en&-hash = 9B008DB7D45B3DB69962A2DFC47DEA8EC5AF9649(2019 年 8 月 9 日访问)。

15. 彭莱、安德烈亚斯·吉斯勒（Andreas Gissler）、马克·皮尔森，《汽车新模式：循环经济重新定义竞争力》，埃森哲战略，2016 年，https：//eu smartcities. eu/sites/default/files/2017-12/AccenturePOV-CE-Automotive. pdf(2019 年 8 月 9 日访问)。

16. 桑德拉·拉维尔（Sandra Laville），《轮胎和合成衣服"微塑料污染的主要原因"》，《卫报》，2018 年 11 月 22 日，https：//www. theguardian. com/environment/2018/nov/22/tyres-and-synthetic-clothes-big-cause-ofmicroplastic-pollution(2019 年 8 月 9 日访问)。

17. 吉尔特·德·克莱克(Geert De Clercq)，《威立雅公司清理英国街道上的白金粉尘》，路透社，2014 年 12 月 2 日，https：//www. reuters. com/article/britain-environment-dust/platinum-from-road-dust-veolia-cleans-up-on-britishstreets-idUSL6N0TM38A20141202(2019 年 8 月 9 日访问)。

18. 碳信息披露项目，《哪些汽车公司将抓住低碳经济中的机遇？执行摘要》，2018 年，https：//b8f65cb373b1b7b15feb-c70d8ead6ced550b4d987d7c03fcdd1d. ssl. cf3. rackcdn. com/cms/reports/documents/000/002/953/original/CDP-autos-execsummary-2018. pdf？1516266755(2019 年 8 月 9 日访问)。

19. Circle Economy 组织和荷兰银行，《在通往循环汽车的路上》，2016 年 8 月，http：//www. t2ge. eu/sites/www. t2ge. eu/files/attachments/abnamro-the-circular-car-report. pdf（2019 年 8 月 9 日访问）。

20. 艾伦·麦克阿瑟基金会，《应用于汽车行业的循环经济》，2013 年，https：//www. ellenmacarthurfoundation. org/news/the-circular-economy-applied-to-the-automotive-industry(2019 年 8 月 9 日访问)。

21. 欧盟委员会，《报废汽车》，http：//extranet. novacommeuropa. eu/environment/waste/elv/index. htm(2019 年 8 月 9 日访问)。

22. Electrive. com，《全球全电动汽车市场份额上升》，2018 年，https：//www. electrive. com/2018/12/13/all-electric-car-market-shareon-the-rise-worldwide/(2019 年 8 月 9 日访问)。

23. 马克·凯恩(Mark Kane)，《特斯拉第四季度产量和交付图表 2018》，Inside EVs 网站，2019 年，https：//insideevs. com/tesla-production-deliveriesgraphed-q4-2018/(2019 年 8 月 9 日访问)。

24. 弗雷德·兰伯特(Fred Lambert)，《特斯拉发布新'影响报告'，声称帮助预防 400 万吨二氧化碳排放》，Electrek 网站，2019 年，https：//electrek. co/2019/04/15/tesla-impact-report/(2019 年 8 月 9 日访问)。

25. 安德鲁·J. 霍金斯(Andrew J. Hawkins)，《宝马和戴姆勒正放下分歧对抗优步》，The Verge 网站，2018 年，https：//www. theverge. com/2018/4/2/17188374/bmw-daimler-merger-car2go-reachnow-mobility(2019 年 8 月 9 日访问)。

26. 交通与环境，《共享汽车真的能减少使用汽车吗？》，2017 年，https：//www. transportenvironment. org/sites/te/files/publications/Doessharing-cars-really-reduce-car-use-June％ 202017. pdf

(2019 年 8 月 9 日访问)。

27. Automotive Manufacturing Solutions 网站，《废弃物之战》，2014 年，https://www.automotivemanufacturingsolutions. com/33728. article(2019 年 8 月 9 日访问)。

28. 斯蒂芬·埃泽尔(Stephen Ezell)，《为什么制造业数字化如此重要并得到各国支持?》，信息技术与创新基金会(ITIF)，2018 年 4 月，www2. itif. org/2018-manufacturing-digitalization. pdf(2019 年 8 月 12 日访问)。

29. 麦肯锡公司，《汽车革命——展望 2030》，2016 年 1 月，https://www. mckinsey. com/～/media/mckinsey/industries/high％ 20tech/our％ 20insights/disruptive％ 20trends％ 20that. ％ 20will％ 20transform％ 20the％ 20auto％ 20industry/auto％ 202030％ 20report％ 20jan％202016. ashx(2019 年 8 月 9 日访问)。

30. 美通社，《富士通预测到 2030 年共享汽车使用率将超过 50％》，2017 年 11 月 15 日，https://www. prnewswire. com/news-releases/fujitsu-forecasts-utilization-rates-of-shared-cars-to-surpass-50-percent-by-2030-300556496. html(2019 年 8 月 9 日访问)。

31. 欧洲汽车制造商协会(ACEA)，《过去十年汽车生产对环境的影响大幅减少》，2018 年 7 月 12 日，https://www. acea. be/press-releases/article/environmental-impact-of-car-production-strongly-reduced-over-last-decade(2019 年 8 月 9 日访问)。

32. 通用汽车绿色公司，《通用汽车一次减轻一克》，2018 年 11 月 8 日，https://www. generalmotors. green/product/public/us/en/GMGreen/home. detail. html/content/pages/news/us/en/gm_green/2018/1108-lightweighting. html(2019 年 8 月 12 日访问)。

33. 美国能源部，《增材制造：追求承诺》，2012 年，https://www1. eere. energy. gov/manufacturing/pdfs/additive_manufacturing. pdf(2019 年 8 月 9 日访问)。

34. 绿色汽车大会，《报告显示，低速电动车可能影响中国对汽油的需求，并扰乱全球油价》，2019 年，https://www. greencarcongress. com/2019/05/2019022-collins. html(2019 年 8 月 9 日访问)。

35. 道达尔公司，《世界上第一辆使用道达尔公司 Luminy 制造的生物基循环汽车》，2018 年，https://www. total-corbion. com/news/worlds-first-biobased-circular-car-created-using-luminy-from-totalcorbion-pla/? q = (2019 年 8 月 9 日访问)。

36. 梅根·布朗(Meghan Brown)，《2019 年技术趋势：无人驾驶汽车、人工智能与增强现实》，Engineering. com，2019 年，https://www. engineering. com/DesignerEdge/DesignerEdgeArticles/ArticleID/18283/Tech-Trends-2019-Driverless-Cars-Artificial-Intelligence-Augmented-Reality. aspx(2019 年 8 月 9 日访问)。

37. Telematics Talk 网站，《预测性维修：卡车远程信息处理的"圣杯"》，2017 年，https://www. telematicstalk. com/predictive-maintenanceholy-grail-truck-telematics/(2019 年 8 月 9 日访问)。

38. 乔伊·加德纳(Joey Gardiner)，《电动汽车崛起可能留下巨大的电池废弃问题》，《卫报》，

2017 年, https://www. theguardian. com/sustainable-business/2017/aug/10/electric-cars-big-battery-waste-problem-lithium-recycling(2019 年 8 月 9 日访问)。

39. Electrive,《EVgo 和宝马推出第二寿命电池项目》,2018 年, https://www. electrive. com/2018/07/11/evgo-bmw-launching-2nd-life-battery-project/(2019 年 8 月 9 日访问)。

40. 尼古拉·格鲁姆(Nichola Groom)、保罗·利纳特(Paul Lienert),《特斯拉进入为家庭和企业存储能源的电池领域》,路透社,2015 年 5 月 1 日,https://www. reuters. com/article/us-tesla-motors-batteries/tesla-moves-into-batteries-that-store-energy-for-homes-businesses-idUSKBN0NM34020150501(2019 年 8 月 9 日访问)。

41. 斯蒂芬·埃德尔斯坦(Stephen Edelstein),《日产称 Leaf 电动汽车电池寿命比汽车长 12 年》,数字趋势网站,2019 年,https://www. digitaltrends. com/cars/nissan-leaf-batteries-can-outlast-cars-by-10-years-automaker-claims/(2019 年 8 月 9 日访问)。

42. 恩里克·里韦罗(Henrique Ribeiro),《SQM 预计今年锂需求将增长 20%,价格将下降》,S&P Global 网站,2019 年 4 月 22 日,https://www. spglobal. com/platts/en/market-insights/latest-news/metals/042219-sqm-expects-lithium-demand-to-grow-20-this-year-prices-fall(2019 年 8 月 9 日访问)。

43. P. 阿尔维斯·迪亚斯(P. Alves Dias)、D. 布拉戈埃娃(D. Blagoeva)、C. 帕维尔(C. Pavel)、N. 阿瓦尼蒂迪斯(N. Arvanitidis),《Cobalt:向电动汽车转型中的供需平衡》,欧盟委员会 JRC 科学政策报告,2018 年,http://publications. jrc. ec. europa. eu/repository/bitstream/JRC112285/jrc112285_cobalt. pdf(2019 年 8 月 9 日访问)。

44. 《经济时报》,《车辆强制报废日期临近,印度将面临巨大考验》,2018 年,https://economic-times. indiatimes. com/industry/auto/auto-news/the-enormous-test-that-awaits-indiaas-the-date-with-mandatory-vehicle-scrapping-nears/articleshow/66897364. cms? from = mdr(2019 年 8 月 9 日访问)。

45. 朱利安·奥尔伍德(Julian M. Allwood),《英国钢铁的光明未来》,剑桥大学,2016 年,https://www. cam. ac. uk/system/files/a_bright_future_for_uk_steel_2. pdf(2019 年 8 月 9 日访问)。

46. 欧洲商业联合会,《雷诺闭环材料回收战略》,2017 年 8 月 9 日,http://www. circulary. eu/project/renault-closed-loop/(2019 年 8 月 27 日访问)。

47. 艾伦·麦克阿瑟基金会,《汽车制造中的塑料短环回收》,https://www. ellenmacarthur-foundation. org/case-studies/short-loop-recycling-of-plastics-in-vehicle-manufacturing(2019 年 9 月 2 日访问)。

12

 家居行业概述

表 12.1 行业概况

家居行业现状：提供冰箱和洗衣机等大型电器产品的白色家电企业长期以来专注于提升产品效率，而家具企业则专注于降低成本并提升产品外观，但总体来说家居行业在可持续方面处于落后状态。由于再使用和回收率低，今天大多数家居产品最终难以避免被填埋的命运。

转变	当今情况	未来展望
行业规模	2 200 亿美元	3 100 亿美元(预计到 2030 年)
废弃物的数量说明	白色家电 • 白色家电约占平均家庭能源消耗的 40%，平均家庭用水量的 15%~40%[1,2] • 大约 99% 的制冷化学物质被释放到大气中[3] • 大大小小的厨房设备、浴室设备和洗衣设备占电子废弃物总重量的 60%——每年约有 4 000 万吨电子废弃物被丢弃[4] 家具 美国森林历史学会表示，每年大约有 35% 的木材被砍伐用以制造桌子、椅子、地板和楼梯等产品[5] 美国 2015 年产生了 2.64 亿吨城市固体废弃物，包括各种家具(4.6%)、白色家电(1.8%)和地毯(1.5%)[6]	到 2025 年，全球电子废弃物预计将达到 6 370 万吨，相比 2016 年增长 30%[7]
相关价值	—	到 2030 年 50 亿~100 亿美元(占税息折旧及摊销前利润的 0.3%~2%)

🔋 行业现状

通常,家具、白色家电和家用电器等家用产品使用时间长,价格也相对昂贵。但是,人们希望获得更便宜、更容易买到的家居产品(与中产阶级人口不断增加和产品创新有关),这使得厂家开始使用低质量的原材料,设计标准也相应降低,不考虑回收利用和延伸功能。

除了少数明显的例外,家居行业在循环经济领域进展缓慢,且回收仍然是个挑战。欧盟超过80%的家具要么被焚烧,要么被送往垃圾填埋场,[8]超过80%的电器废弃物没有得到适当的回收,其中约60%(按重量计算)来自各类厨房、浴室和洗衣设备。[9]美国2015年38%的白色家电或主要电器被填埋(美国环境保护署数据)。[10]

然而,各种驱动因素正在缩小行业线性经济的边界。原料供应现在变得不再稳定,市场的价格在上涨。[11]消费者开始渴望拥有"可持续的现代生活",有生态意识并精通技术的消费者选择购买节能、环保、符合人体工程学、数字化、高质量、耐用的产品。2013年的一项研究发现,71%的家庭表示能效对他们来说非常重要,最近的一项调查显示,76%的家庭计划提高家居产品的能效。[12]

❓ 变废为宝的挑战

家居行业有三个主要的废弃物来源(见图12.1)。第一大类产生于资源密集型的制造过程。欧盟每年购买近10亿台大大小小的家用电器,需要大约600万吨原材料。[13]此外,制造过程使用了包括阻燃剂、汞、铅、氢氟碳化物($HFCs$)和邻苯二甲酸盐在内的有毒化学品。

第二大类产生于家居产品的使用过程。美国普通家庭家用电器能耗占总能耗的40%,洗衣占用水量的40%。[14,15]据估计,欧盟仅微波炉每年就排放770万吨二氧化碳,相当于汽车的二氧化碳排放量。[16]

第三大类与内含价值的损失有关,包括材料过早处置、使用结束到填埋(生命周期浪费)。家用电器的平均使用寿命为8~10年,但它们通常用不到这个年限就会被换掉,这给家居公司带来了丰厚的潜在利润。[17]"飞利浦已经在投资对环境无害的可持续产品,然而,产品结束使用后,你需要考虑如何完成可持续的闭环,毕竟产品是通过交易的方式卖给消费者的。因此,我们与供应商合作,从一开始就不使用有毒材料,并发展逆向供应链来尽可能多地回收零部件。"荷兰跨国集团飞利浦的首席执行官万豪敦表示。

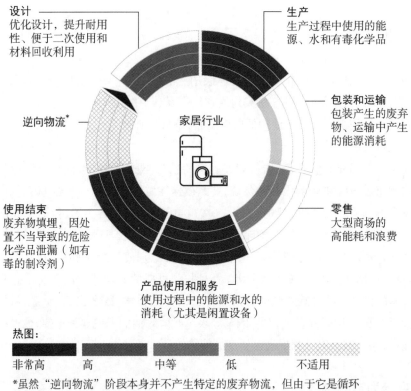

图 12.1　废弃物分析图

💡 变废为宝的机会

　　我们估计，2030 年家居行业的总价值将达到 50 亿至 100 亿美元(税息折旧及摊销前利润加成)或占销售额的 1％至 3％(市场规模：3 100 亿美元)。[18] 家居行业有三大类机会领域(见表 12.2)。

　　将循环材料投入制造业是第一大领域。和线性模型相比，家具生产中的循环材料可减少 50％的资源消耗和 30％的环境破坏。[22] 为此，全球知名的办公家具制造商和循环经济领军企业世楷(Steelcase)公司不仅已经拥有 50 多种"摇篮到摇篮认证™"产品，还在持续关注设计的改进。[23] 该公司和供应商合作，优化材料的化学特性，提升产品的再利用和创新水平。

表 12.2 变废为宝机会小结

循环经济机会	减少生产中的材料浪费和毒性	优化设计，提升能效，减少足迹	针对二手产品的再利用、维修、再销售模型
机会类型	循环的生产——投入循环或可持续的原料	更好的产品具有的循环性	循环的商业模式——转售和回收利用
相关价值（到2030年）	尚未量化	100亿美元	5亿美元
价值杠杆	材料成本降低	价格溢价	单个产品的收入增加
预期废弃物和浪费	• 未得到循环使用的材料 • 未循环使用的材料具备的内嵌价值	• 未得到循环使用的材料 • 能量和化学产品投入 • 未循环使用的材料具备的内嵌价值	• 整个生命周期未使用的能量 • 因缺乏二次使用选择而开发的额外生命周期
价值链焦点	• 可回收材料的选择和设计 • 使用结束后的回收利用 • 金属、塑料、玻璃和纺织品的逆向物流和回收	• 设计（比如，提高能耗，减少排放和毒性） • 可回收材料的选择和设计 • 使用结束后的回收利用 • 金属、塑料、玻璃和纺织品的逆向物流和回收	• 设计（比如，更长的生命周期，可修复性） • 使用和服务（新的消费模式） • 用于转售的最终用途回收
技术加持	材料提取和回收技术的突破和材料科学的创新（生物基、无毒、循环等）	先进技术可提高能源消耗效率，降低排放，减少有毒化学品的使用	直接面向消费者的数字化、共享平台、众包等
案例研究	总部位于美国宾夕法尼亚州的家具公司Emeco用80%的再生铝制造椅子。这些椅子是100%可回收的，这一独特的制造工艺比比使用原铝的能耗低17倍，家具产品比钢强3倍。[19]Emeco还与可口可乐公司合作，推出了一种由111个回收塑料瓶制成的椅子，自2010年以来，这一创新已从垃圾填埋场转移了3000多万个塑料瓶[19]	家用电器公司惠而浦（Whirlpool）洗碗机配备了第六感智能传感器，可以直观、智能高效地判断盘子的污渍水平。一旦确定了污渍水平和负载大小，惠而浦洗碗机就会自动选择正确的周期来清洗碗碟，其消耗的水和能量仅是普通洗碗机的一半[20]	Kaiyo是一个在线商城，追求卓越的设计和绝佳的客户关怀，致力于建设更加可持续的地球。Kaiyo总部位于纽约市，通过拾取、存储、检查、清洁和交付，使二手家具的买卖过程比以往任何时候都更加容易。Kaiyo公司从垃圾填埋场转移了80多万磅家具，为顶级家具品牌节省了高达90%的费用[21]

第二大领域是对更高能效、更耐用、更环保的产品收取溢价。与其他行业不同，循环家用产品的公司可获得溢价，因为消费者在购买高效、耐用的电器等物品时会发现其价值。[24] 埃森哲分析，德国自动化公司西门子的节能电器可以获得27％的溢价。此外，家具公司基于经验可以提升品牌的消费体验，使先进的循环产品产生新的收入流。

第三大领域是维修、再利用、回收利用和产品即服务的新业务模式。2018年，全球最大的平价设计家具生产商宜家收到了超过100万份客户的备件订单，因为宜家模块化的产品设计使得客户能自己动手维修家居产品。[25] 在北欧，瑞典家电制造商伊莱克斯公司(Electrolux)正在客户家中安装高质量洗衣机，这些家电和专用的测量设备相连，该设备使伊莱克斯不仅能够跟踪洗涤周期的数量，还能跟踪使用设置（例如，冷洗还是热洗）。这一智能计量系统使伊莱克斯能够为客户提供"按洗付费"的服务。[26]

⚙ 技术促进

技术使家居行业企业得以抓住各种机会。例如：

- 在中国，通用家电的制造商海尔集团使用物联网远程监控洗衣机的水质。数据会被输入软件，来调整洗涤程序进而确保最佳效果。[27]
- 模块化设计使宜家得以使用产品使用扩展模型，3D打印使根据需求、加快原型制作和生产成为可能，3D打印缩短了家具部件的设计和开发周期。[28]
- 橡树岭国家实验室(Oak Ridge National Laboratory)和通用电气公司正在开发一种新型烘干机，这种烘干机用热泵循环产生热空气进行干燥。与传统机型相比，这种烘干机效率更高，可将能耗降低60％。[29]
- 总部位于荷兰的Bundles公司利用技术提供按使用付费的电器。该公司利用物联网技术监控产品，减少能源、水和洗涤剂的使用，并提供维护和翻新服务来延长产品的使用时间。[30]

🚧 有待克服的障碍

家居行业面临的一个巨大挑战是缺少更成熟的逆向物流、收集和回收利用的基础设施。生产商目前缺乏必要的投资动力，因为成本已经抵消了材料回收或家用电器回收带来的好处。如今，只有约10％的家具和约20％的电子废弃物得到回收。[8,31]

另一个很大的障碍是消费者对可持续产品的意识和需求有限。虽然消费者对循环家居产品的兴趣日益高涨,但他们仍缺乏足够的认识。与此同时,家具市场面对的是发展迅速,但成本低、质量差的局面。此外,消费者很少得到关于如何维护、维修或负责任地回收家居用品的适当指导。但其实企业可以做很多事情来解决这一障碍。

📖 本章小结

由于原始材料使用时浪费多、产品处置率高、使用足迹大,家居行业往往产生大量的大型废弃物。但与此同时,家居行业在材料回收利用和再制造、智能化和合理的资源使用改善足迹、发展租赁和二级市场方面潜力巨大。

机会

- 减少生产中的材料浪费和毒性
- 优化设计提高效率、减少足迹
- 改善部分所有权模式、改善维修和转售模式,提高产品的使用寿命

技术促进

- 材料提取和回收技术的突破,以及材料科学的创新
- 提高能源消耗效率、降低排放和减少有毒化学品使用的先进技术
- 数字化直接面向消费者、共享平台、众包等

有待克服的障碍

- 逆向物流和回收基础设施不足
- 家具和家用电器的材料回收有限
- 消费者对产品使用扩展的认知和支持不足

注释

1. 杰夫·德甲丹(Jeff Desjardins),《你们家能耗最高的是什么?》,资本视觉(Visual Capitalist),2016 年 11 月 14 日,https://www. visualcapitalist. com/what-usesthe-most-energy-home/(2019 年 8 月 30 日访问)。

2. 水效联盟(Alliance for Water Efficiency),《家用洗衣机介绍》,http://www. allianceforwaterefficiency. org/Residential_Clothes_Washer_Introduction. aspx(2019 年 8 月 30 日访问)。

3. 绿色美国(Green America),《气候友好型冰箱真的很酷》,Medium 网站,2018 年,https://

medium. com/@ GreenAmerica/climate-friendly-fridges-are-trulycool-6b1092148861（2019 年 8 月 12 日访问）。

4. The World Counts，《电子废弃物的事实》，2019 年，http://www. theworldcounts. com/counters/waste_pollution_facts/electronic_waste_facts(2019 年 8 月 12 日访问)。

5. 埃米莉·莫纳科(Emily Monaco)，《再生木家具：让木材废料变得美丽、可持续的设计》，生态沙龙(Eco Salon)，2016 年，http://ecosalon. com/reclaimed-wood-furniture-wood-waste/(2019 年 8 月 30 日访问)。

6. 美国环境保护署，《关于材料、废弃物、回收的事实和数字报告指南》，2019 年，https://www. epa. gov/facts-and-figures-about-materialswaste-and-recycling/guide-facts-and-figures-report-about-materials(2019 年 8 月 12 日访问)。

7. Cision 美通社，《到 2025 年，全球电子废弃物预计将达到 6370. 5 万吨》，2018 年 8 月 27 日，https://www. prnewswire. com/news-releases/the-global-e-waste-market-generatedis-expected-to-reach-63-705-million-metric-tons-by-2025-300702656. html(2019 年 8 月 27 日访问)。

8. 欧洲环境局(European Environmental Bureau)，《家居领域的循环经济机会》，2017 年，https://mk0eeborgicuypctuf7e. kinstacdn. com/wp-content/uploads/2019/05/Report-on-the-Circular-Economy-in-theFurniture-Sector. pdf(2019 年 8 月 12 日访问)。

9. 联合国大学，《2014 年全球电子废弃物监测》，https://i. unu. edu/media/unu. edu/news/52624/UNU-1stGlobal-E-Waste-Monitor-2014-small. pdf(2019 年 8 月 12 日访问)。

10. 美国环境保护署，《耐用品：特定产品数据》，https://www. epa. gov/factsand-figures-about-materials-waste-and-recycling/durable-goods-product-specific-data(2019 年 8 月 12 日访问)。

11. 雅尼娜·沃尔夫(Janine Wolf)，《惠而浦水槽原材料价格全球攀升》，彭博社(Bloomberg)，2018 年，https://www. bloomberg. com/news/articles/2018-07-23/whirlpool-sinks-as-raw-material-costs-climb-around-theworld(2019 年 8 月 12 日访问)。

12. 尼尔森，《消费者想要节能，他们会怎么做？》，2015 年，https://www. nielsen. com/us/en/insights/article/2015/consumers-want-energy-efficiency-but-what-will-they-do-about-it/(2019 年 8 月 12 日访问)。

13. Redazione，《家电：聚焦循环经济》，家电世界网站(Home Appliances World)，2018 年 1 月 26 日，http://www. homeappliancesworld. com/2018/01/26/home-appliance-focus-on-circular-economy/(2019 年 8 月 30 日访问)。

14. 杰夫·德甲丹，《你们家能耗最高的是什么？》，资本视觉，2016 年，https://www. visualcapitalist. com/what-uses-the-most-energy-home/(2019 年 8 月 12 日访问)。

15. 水效联盟，《家用洗衣机介绍》，http://www. allianceforwaterefficiency. org/Residential_Clothes_Washer_Introduction. aspx(2019 年 8 月 12 日访问)。

16. 曼彻斯特大学(University of Manchester),《新研究表明,微波对环境的危害不亚于数百万辆汽车》,2018 年,https://www. manchester. ac. uk/discover/news/microwaves-could-be-as-bad-for-theenvironment-as-cars-suggests-new-research/(2019 年 8 月 12 日访问)。

17. InterNACHI,《InterNACHI 对家电寿命的预期》,https://www. nachi. org/life-expectancy. htm(2019 年 8 月 12 日访问)。

18. 埃森哲分析。

19. Emeco 家具公司,《用更少的材料做更多的事情》,https://www. emeco. net/materials(2019 年 8 月 12 日访问)。

20. 惠而浦,《2016 年独立式家电系列》,https://www. whirlpool. co. uk/assets/pdf/WH_FS_UK_2016. pdf(2019 年 8 月 16 日访问)

21. Kaiyo 二手家具店,《使命》,https://kaiyo. com/mission-statement/(2019 年 8 月 12 日访问)。

22. RISE 瑞典国家研究院(RISE Research Institutes of Sweden),《家具行业正在向循环经济转型》,2017 年,http://www. mynewsdesk. com/pressreleases/the-furniture-industry-is-converting-to-the-circular-economy-2345704(2019 年 8 月 12 日访问)。

23. 世楷公司,《未来是循环经济的天下》,https://www. steelcase. com/research/articles/topics/sustainability/steelcase-named-circulars-finalist/(2019 年 8 月 16 日访问)。

24. 美国能源信息署,《更高效率的增量成本因设备而异》,2013 年,https://www. eia. gov/todayinenergy/detail. php? id = 11431(2019 年 8 月 12 日访问)。

25. 奥古斯塔·波纳尔(Augusta Pownall),《宜家开始租赁家具,从更广泛的意义践行可持续发展的理念》,Dezeen 网站,2019 年,https://www. dezeen. com/2019/02/20/ikea-rental-furniture-circular-economy-design/(2019 年 8 月 12 日访问)。

26. 艾伦·麦克阿瑟基金会,《洗衣机领域向纵深发展》,2012 年 10 月 9 日,https://www. ellenmacarthurfoundation. org/news/in-depth-washing-machines(2019 年 8 月 16 日访问)。

27. Cision 美通社,《海尔集团在 2019 年中国家电及消费电子博览会(AWE)发布全球首个智能洗衣房》,2019 年 3 月 14 日,https://www. prnewswire. co. uk/news-releases/haier-unveils-world-s-first-smart-laundry-room-at-awe-2019-868633021. html(2019 年 8 月 12 日访问)。

28. 马克·杨(Mark Yong),《为什么家具设计面临数字化颠覆》,新加坡报业控股期刊(SPH Magazines),2017 年,https://thepeakmagazine. com. sg/design-news/why-furniture-design-faces-a-digital-disruption/(2019 年 8 月 12 日访问)。

29. 美国能源部网站(Energy. gov),《热泵干衣机》,https://www. energy. gov/eere/buildings/downloads/heat-pump-clothes-dryer(2019 年 8 月 12 日访问)。

30. 艾伦·麦克阿瑟基金会,《Bundles——为多种电子产品提供多种优势的模式》,https://www. ellenmacarthurfoundation. org/case-studies/internet-enabled-pay-per-wash-a-model-

offering-multiple-benefits(2019 年 8 月 12 日访问)。

31. C. P. 巴尔德(C. P. Baldé)等,《2017 年全球电子废弃物监测》,联合国大学, 2017 年, https://www. itu. int/en/ITU-D/Climate-Change/Documents/GEM％ 202017/Global-E-waste％20Monitor％202017％20. pdf(2019 年 8 月 12 日访问)。

13

快速消费品行业概述

表 13.1　行业概况

快速消费品行业现状：快速消费品企业走在了循环经济转型的最前沿,但该行业仍是高度资源密集型行业,在上游和价值链中存在大量浪费。

转变	当今情况	未来展望
行业规模	2.4 万亿美元	3.2 万亿美元(预计到 2030 年)
废弃物的数量说明	• 农业(粮食作物和牲畜生产)、林业和土地使用约占温室气体排放的 24%[1] • 全球粮食产量在整个价值链中损失或浪费近 1/3[2] • 尽管采取了回收措施,但目前回收的塑料包装只有 14%[3]	• 全球粮食需求将翻一番。到 2050 年,需要增加 69% 的食物热量来养活 96 亿人[4,5] • 到 2050 年,塑料生产将成为石油需求增长的最大驱动力(国际能源署数据)[6]
相关价值	—	到 2030 年达到 300 亿～1 100 亿美元(占税息折旧及摊销前利润的 1%～4%)

行业现状

在许多方面,快速消费品行业走在向循环经济转型的前列,实施了诸如减少水浪费和废弃物等循环举措。然而,生产过程普遍仍是资源密集型。美国跨国消费品公司宝洁(P&G)首席可持续发展官维尔日妮·赫利亚斯(Virginie Helias)指出:"如果有真正的循环产品或流程,绝对不会有浪费,就像自然界一样。"

潜在改进空间很大,最先被接受的往往是面向消费者的改进机会。减少塑料消费日益受到关注,各公司已开始采取措施,减少包装使用,或设计更容易复用、回收或堆肥的包装。像联合利华(Unilever)、雀巢(Nestlé)和达能(Danone)这样的快速消费品企业都已经制定了目标,到 2025 年塑料包装完全可重复使用、可回收或可堆肥率达 100％。[7]

❓ 变废为宝的挑战

该行业主要有三种废弃物(见图 13.1)。首先是原材料。原材料选择对产品足迹有很大影响,例如,食物和饮料的热量效率和资源使用,美容和护肤产品的化学毒性等。以食品为例,肉类和乳制品由于高饲料转化率,投入较多,而热量增加相对较少。例如,生产一千克牛肉需要超过 15 000 升水。目前,农业使用了全球 70％的淡水。[9]

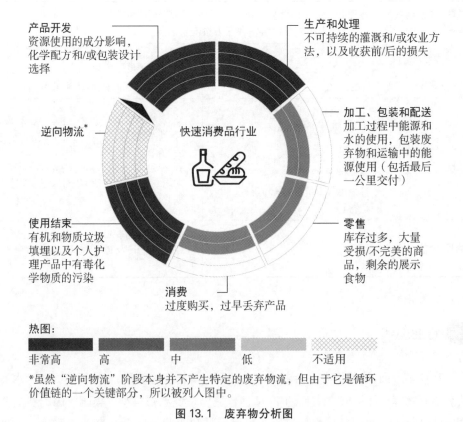

产品开发
资源使用的成分影响,化学配方和/或包装设计选择

生产和处理
不可持续的灌溉和/或农业方法,以及收获前/后的损失

逆向物流*

加工、包装和配送
加工过程中能源和水的使用,包装废弃物和运输中的能源使用(包括最后一公里交付)

快速消费品行业

使用结束
有机和物质垃圾填埋以及个人护理产品中有毒化学物质的污染

零售
库存过多,大量受损/不完美的商品,剩余的展示食物

消费
过度购买,过早丢弃产品

热图:

| 非常高 | 高 | 中 | 低 | 不适用 |

*虽然"逆向物流"阶段本身并不产生特定的废弃物流,但由于它是循环价值链的一个关键部分,所以被列入图中。

图 13.1 废弃物分析图

第二类废弃物产生在生产和处理环节。该行业严重依赖农业,而大部分淡水消耗、热带/亚热带森林砍伐、侵蚀和农药使用与农业相关。目前农业产生的一系列污染物往往流入水环境,对人类和生态系统造成了一系列危害。[10] 此外,食品系统占全球人为温室气体排放的 20%～30%。[11] 研究表明,日常消费品产生了超过 1/3 的空气污染物。[12]

第三是价值链中的材料和包装浪费。在全球范围内,由于生产过剩、产品和包装损坏和/或技术故障而损失或浪费的食品占近 1/3(零售价值 1 万亿美元)。[2] Toast Ale 利用面包店和三明治制造商提供的新鲜、多余的面包酿造手工啤酒,以避免面包的浪费,并因此获奖。[13] 这些面包取代了酿造过程中所需 1/3 的原始麦芽,而且该公司一直在通过合同和许可,积极扩大业务规模,原目标为超过 11 吨面包,现目标是到 2020 年至少生产 100 吨。消费者浪费情况更加复杂——美国家庭平均扔掉了一半的采购食品。[14] 包装浪费也很严重。快速消费品包装占塑料使用总量的 26%,其中只有 14% 被回收利用(由于分类技术不佳,只有 5% 的塑料包装材料价值得以保留供以后使用)。[3]

变废为宝的机会

快速消费品企业机会差异巨大,特别是在吸引更为挑剔的消费者方面。千禧一代和 Z 世代消费者越来越期待企业能够可持续发展,越来越青睐规模更小、更具使命感的品牌。预计采用可持续包装的产品年销售额将增长 4%。[15] 总体而言,循环包装行业总价值预计在 300 亿至 1 100 亿美元(税息折旧及摊销前利润加成),或占 2030 年销售额的 1%～4%(市场规模:3.2 万亿美元)。[15] 纵观整个价值链,企业应该注意以下三种机会(见表 13.2)。

第一是提高效率,减少价值链生产阶段的投入和浪费,从替代原材料投入着手。植物蛋白便是一个例证。由于肉类和乳制品生产带来巨大的自然资源负担,替代蛋白质可以减轻有限资源的压力,释放大量用于种植作物和饲养牲畜的土地。植物蛋白越来越受欢迎,Impossible Foods 等领军企业在全球 7 000 多家餐厅推出了标志性的 Impossible Burger。[20] 泰森食品和雀巢等公司也对此大量投资。

第二是设计需要材料较少、毒性较小、由可回收材料制造的产品。百威英博(AB InBev)的托尼·米利金称:“我们对产品的责任不仅是说说而已。我们承诺到 2025 年,产品 100% 采用由可回收或基本可回收材料制造的包装。”

增加回收和循环利用的新模式是第三个主要机会。泰瑞环保公司最近推出了循环购物平台 Loop,该平台上的日用品(如洗发水、牙膏)的包装均采用耐用的可重装材料,且设计极富特色。泰瑞环保的首席执行官汤姆·萨基(Tom Szaky)解释说:“Loop 实现了一次性商品的多用途化,我们很快发现,从一次性设计到耐用设计,消费者、企

表 13.2 变废为宝机会小结

循环经济机会	减少和再利用废物的生产效率	产品和包装使用更少的材料	增加回收和循环利用的新模式
机会类型	智能操作——高效生产	循环设计——减少使用	循环商业模式——回收及循环再造
相关价值(到2030年)	50亿~100亿美元	150亿~500亿美元	早期——未计算
价值杠杆	销售成本降低	材料成本降低	产品和/或包装的收入增加
预期废弃物和浪费	● 浪费的能源，化学和水 ● 废料和农业副产品	● 不能循环利用的物质资源浪费 ● 未回收材料嵌入价值浪费	● 未回收材料嵌入价值浪费 ● 缺乏二次使用的选择而浪费生命周期
价值链焦点	● 生产和搬运 ● 加工、包装和配送	● 产品开发(原料选择和包装/产品循环设计) ● 使用后的分类和回收	● 产品开发(例如，可重用性和可回收性设计) ● 消费[直接面向消费者的新(D2C)模式] ● 使用后的分类和回收
技术加持	● 数字和物理技术，提高生产力，帮助跟踪废物和材料流动	● 材料创新；跟踪、分类和回收技术	● 跟踪、分类和回收技术
案例研究	跨国饮料和酿造控股公司百威英博的啤酒厂坚持零浪费，在全球范围内实现了超过99%的回收率[16,17]	世界上最大的饮料公司之一可口可乐公司在一些国家推出了100%回收PET瓶(rPET)，正在对Loop Industries公司进行战略投资，以购买100%的rPET塑料供应，加速在瓶子生产中增加用使用回收材料[18]	美国跨国零售公司沃尔玛(Walmart)正在开发一种自动补货应用程序，将物物联网标签添加到其产品中。这种标签利用蓝牙、射频或其他技术，可以监控产品的使用情况，并自动订购替换或补充产品，还可以跟踪过期日期和产品召回情况[19]

业和产品之间形成了新型关系。"

技术促进

材料科学和数字技术进步为企业提供了机会,部分归功于新兴技术。创新的例子包括:

● 产品跟踪技术——从区块链到石墨烯标签,可以直接"纹身"在食物的表面上——提供了减少食物丢失或浪费的新方法。[21] 意大利热那亚的研究人员发现了一种在临时文身上添加电子元件的方法,为"智能"电子器件转移到食品或药丸上提供了参考。[21] 这项突破性的技术可以监测食物供应,甚至跟踪我们的身体状况。

● 生物基础技术的革命提供了其他可能性。食品技术初创公司 Apeel Sciences 正在使用从废弃的农业副产品中提取的植物提取物,制造无形无味的涂层,使某些产品的保质期延长五倍。[22]

● Bite Toothpaste 公司开发的药片可以取代每年被扔掉的 10 亿支牙膏管。[23] 包装技术创新一直改变着快消行业,创新品牌甚至重新构想主要产品不需要包装。

● 印度企业集团 ITC 发起了一项倡议,利用信息技术将农业价值链参与者虚拟连接起来。当地农民可以根据 E-Choupal 提供的实时市场需求信息,规划和调整农场产出。E-Choupal 已经为数百万农民赋能,提高印度农业生产力和收入。[24]

有待克服的障碍

缺乏适当的收集、分类和垃圾基础设施往往导致这些材料最终被填埋。快速消费品行业的物流和配送消耗了大量能源,而分散化配送模式只会加剧这一趋势。企业可以通过优化逆向流动(如利用交货后的空卡车)降低风险。

农业食物链向循环生产和消费模式转变的潜力巨大。在生产方面,再生农业和更健康的饮食习惯日益受到重视,全球每年在食品生产的健康、环境和经济成本上花费 5.7 万亿美元。[25] 像达能这样的快速消费品企业一直在研究循环原则如何能够改变从农场到餐桌的食品系统,例如,转换生产模式,更新土壤健康和再生自然系统。[26] 达能自然和水循环副总裁埃里克·苏贝朗(Eric Soubeiran)说:"从气候变化到生物多样性减少,农业是今天许多挑战的核心。通过改变耕作方式,农业可以成为部分解决方案。在达能,我们正与一系列伙伴合作,开发和推广可再生农业实践,减少温室气体排放,在土壤中固存更多的碳,保护水资源,提高生物多样性。所有这一切都与赋能农民和保护动物福利同时进行。"

在供应链另一端，当前的消费模式面临多重挑战。例如，在城市，重新注入营养循环的食物和有机废弃物（不包括粪便）营养物质只有不到 2％，潜在价值减少，未来环境成本增加。[27] 一些公司正在用新的方式应对食物浪费。例如，处理食物浪费问题的社会企业 Oddbox 正在改变人们对因审美标准而无法进入超市货架的水果蔬菜的看法，出售"古怪的水果蔬菜"，减少食物浪费，为客户提供当地、季节性、更便宜的食物来源。迄今为止，该公司已提供了近 100 万千克食品的价值，否则这些食品将被浪费，并减少了近 150 万千克的二氧化碳排放量。[28]

消费者意识是另一个挑战。公司可以利用广告塑造新的消费文化，拥抱循环，而不是倡导过度消费。通过让消费者参与进来，公司可以更灵活地测试概念，同时减少浪费。例如，宝洁公司在吉列（Gillette）剃须刀进入生产阶段之前，通过众筹平台 Indiegogo 测试了吉列品牌设计原型，提高产品意识，衡量兴趣，并征求消费者的直接反馈。[29]

最后，政策制定者要发挥重要作用。政府的支持对建设所需的基础设施至关重要。收紧对材料和产品的监管，如鼓励退货和禁止使用特定材料的法律，将有助于推动整个行业转型。在快速消费品行业中，加州一直是美国环保行业的领军者。在加州，关于标签的规定（例如，禁止使用"可生物降解"塑料）旨在防止企业误导消费者，并奖励那些有更严格要求的企业。欧洲议会投票决定，到 2021 年禁止使用一次性塑料制品，到 2029 年，欧盟成员国必须实现塑料瓶回收 90％的目标（见第三部分，"政策——决策者的作用"）。[30]

📖 本章小结

为了解决整个价值链中的废弃物泄漏问题，行业必须进行创新，让消费者、监管机构和合作伙伴参与其中，改变行为，建立循环经济急需的基础设施。

机会

- 提高生产效率，减少投入和浪费，并对副产品进行回收/重新估价（赋予新价值）
- 产品和包装使用较少（和更多的循环）材料
- 增加回收和循环利用的新模式

技术促进

- 纺织品回收技术突破，材料创新科学

- 工艺创新和效率的新兴技术
- 支持 D2C(直接面向消费者)模式的数字平台

有待克服的障碍

- 缺乏分类、回收和堆肥的基础设施
- 消费者对如何减少浪费的意识和理解不全面
- 政府法规,特别是对产品/包装的法规不完善

注释

1. 美国环境保护署,《全球温室气体排放数据》,2017 年,https://www. epa. gov/ghgemissions/global-greenhouse-gas-emissions-data(2019 年 8 月 9 日访问)。

2. 粮农组织,《食物损失与食物浪费》,2019 年,http://www. fao. org/food-lossand-food-waste/en/(2019 年 8 月 12 日访问)。

3. 世界经济论坛,《新塑料经济,重新思考塑料的未来》,2016 年,http://www3. weforum. org/docs/WEF_The_New_Plastics_Economy. pdf(2019 年 8 月 9 日访问)。

4. 粮农组织,《如何满足 2050 年全球粮食需求》,2009 年,http://www. fao. org/fileadmin/templates/wsfs/docs/Issues_papers/HLEF2050_Global_Agriculture. pdf(2019 年 8 月 9 日访问)。

5. 珍妮特·兰加纳坦(Janet Ranganathan),《用 18 个图形解释全球粮食挑战》,世界资源研究所,2013 年,https://www. wri. org/blog/2013/12/global-food-challenge-explained-18-graphics(2019 年 8 月 9 日访问)。

6. 国际能源署,《国际能源署最新分析发现,石化产品将成为世界石油需求的最大驱动力》,2018 年 10 月 5 日,https://www. iea. org/newsroom/news/2018/october/petrochemicals-set-to-be-the-largest-driver-of-world-oildemand-latest-iea-analy. html(2019 年 8 月 9 日访问)。

7. 新塑料经济,《企业向新塑料经济迈出了重要一步》,2018 年,https://newplasticseconomy. org/news/11-companies-commit-to-100-reusable-recyclable-or-compostable-packaging-by-2025(2019 年 8 月 9 日访问)。

8. 《卫报》,《生产食物需要多少水? 我们浪费了多少?》,2016 年,https://www. theguardian. com/news/datablog/2013/jan/10/how-much-water-food-production-waste（2019 年 8 月 9 日访问)。

9. 世界银行,《农业的年淡水取水量(占总淡水取水量的百分比)》,2015 年,https://data.

worldbank. org/indicator/er. h2o. fwag. zs(2019 年 8 月 9 日访问)。

10. A. 戴维(A. Davey)等,《了解农业对水生生态系统的影响》,世界银行博客,2008 年 1 月 31 日,https://blogs. worldbank. org/opendata/chart-globally-70-freshwater-used-agriculture, http://sciencesearch. defra. gov. uk/Document. aspx? Document = WQ0112_7092_FRP. doc (2019 年 8 月 9 日访问)。

11. FCRN Foodsource,《食品系统和温室气体排放》,https://foodsource. org. uk/31-what-food-system％E2％80％99s-contribution-global-ghg-emissions-total(2019 年 8 月 9 日访问)。

12. 瓦尔达·伯斯泰因(Varda Burstyn),《Chemical Edge 快报》,Chemical-Edge, 2018, https://chemical-edge. com/2018/03/13/air-fresheners-and-many-other-common-chemicals-cause-smog-are-more-toxic-than-traffic-emissionsthe-stunning-new-study-in-science-that-finally-puts-regulation-of-everydaytoxics-on-the-agenda/(2019 年 8 月 9 日访问)。

13. Toast,《为改变而干杯》,https://www. toastale. com/impact/(2019 年 8 月 12 日访问)。

14. 苏珊娜·戈登伯格(Suzanne Goldenberg),《新研究表明,美国一半的食品农产品被扔掉》,《卫报》,2016 年,https://www. theguardian. com/environment/2016/jul/13/us-food-waste-ugly-fruit-vegetables-perfect(2019 年 8 月 9 日访问)。

15. 埃森哲分析。

16. 迈克·霍尔(Mike Hower),《百威英博的环保工作创造了 4. 2 亿美元的收入》,可持续品牌网站,2013 年,https://sustainablebrands. com/read/waste-not/ab-inbev-s-environmental-efforts-generate-420-million-in-revenue(2019 年 8 月 9 日访问)。

17. 肖恩·奥凯恩(Sean O'Kane),《Anheuser-Busch 从零排放创业公司 Nikola 订购了数百辆氢能卡车》,The Verge 网站,2018, https://www. theverge. com/2018/5/3/17314606/anheuser-busch-budweiser-hydrogen-trucks-zero-emission-startup-nikola(2019 年 8 月 9 日访问)。

18. CCEP,《CCEP 与 Loop Industries 合作,购买 100％回收的 PET》,2018 年,https://www. ccep. com/news-andevents/news/ccep-partnerswith-loop-industries-to-purchase-100-recycled-pet(2019 年 8 月 9 日访问)。

19. CB Insights,《沃尔玛物联网专利申请瞄准了 Amazon Dash》,2017 年 5 月 4 日,https://www. cbinsights. com/research/walmart-iot-patent/(2019 年 8 月 16 日访问)。

20. 安吉拉·穆恩(Angela Moon)和约书亚·富兰克林(Joshua Franklin),《独家: Impossible Foods 公司筹集 3 亿美元,投资者渴望一口无肉汉堡》,路透社,2019 年 5 月 13 日,https://www. reuters. com/article/us-impossible-foods-fundraising-exclusiv/exclusive-impossible-foods-raises-300-million-with-investors-eager-forbite-of-meatless-burgers-idUSKCN1SJ0YK(2019 年 8 月 9 日访问)。

21. 葆拉·博利亚德(Paula Bolyard),《食品上可食用"智能"文身可以跟踪健康状况,监测食品供应》，PJ Media 网站，2018 年，https://pjmedia. com/lifestyle/edible-smart-tattoos-food-track-health-monitor-food-supply/(2019 年 8 月 9 日访问)。

22. 彼得·伯克霍特(Pieter Boekhout)，《可食用溶液延长了新鲜农产品的保质期》，iGrow，2017 年，https://herbertkliegerman. squarespace. com/news/edible-solution-doubles-shelf-life-of-fresh-produce(2019 年 8 月 9 日访问)。

23. Bite Toothpaste，《可持续性》，https://bitetoothpastebits. com/pages/sustainability(2019 年 8 月 9 日访问)。

24. ITC，《E-Choupal——世界上最大的农村数字基础设施赋能 400 万农民》，https://www. itcportal. com/businesses/agribusiness/e-choupal. aspx(2019 年 8 月 12 日访问)。

25. 艾伦·麦克阿瑟和马丁·斯图克特(Martin Stuchtey)，《修复粮食系统：城市如何真正养活世界》，《每日电讯报》(The Telegraph)，2019 年 4 月 4 日，https://www. telegraph. co. uk/business/how-to-be-green/cities-feed-world/(2019 年 9 月 2 日访问)。

26. 可持续品牌网站，《DanoneWave 通过新的土壤健康倡议为再生农业提供推动力》，https://sustainablebrands. com/read/supply-chain/danonewave-gives-regenerative-ag-boost-with-new-soil-health-initiative(2019 年 9 月 2 日访问)。

27. "城市和食品的循环经济"，艾伦·麦克阿瑟基金会，2019 年 5 月，https://www. ellenmacarthurfoundation. org/assets/downloads/CCEFF _ Exec-Sum _ May-2019-Pages _ Web. pdf(2019 年 8 月 9 日访问)。

28. Oddbox，《什么是 Oddbox?》，https://www. oddbox. co. uk/(2019 年 8 月 9 日访问)。

29. 萨拉·维兹(Sarah Vizard)，《可口可乐、乐高和吉列如何挖掘人群的智慧》，《营销周刊》，2019 年 2 月 13 日，https://www. marketingweek. com/coca-cola-lego-gillette-crowdfunding/(2019 年 8 月 9 日访问)。

30. 欧洲议会新闻，《英国议会将于 2021 年禁止使用一次性塑料》，2019 年 3 月 27 日，http://www. europarl. europa. eu/news/en/press-room/20190321IPR32111/parliament-seals-ban-on-throwaway-plastics-by-2021(2019 年 8 月 9 日访问)。

14

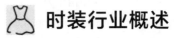 时装行业概述

表 14.1 行业概况

 时装行业现状： 面对日益增加的社会和监管压力(由快速零售驱动)，企业一直在处理直接运营中的浪费问题，但引入跨价值链的循环解决方案是下一个前沿领域。

转变	当今情况	未来展望
行业规模	0.6 万亿美元	1.1 万亿美元(预计到 2030 年)
废弃物的数量说明	<ul><li>每年有 9 200 万吨衣物(主要是棉花和聚酯纤维)沦为废弃物[1]</li><li>使用结束后，不到 1% 的衣物得以回收[2]</li><li>每年有 50 万吨微纤维沉入海洋，相当于超 500 亿个塑料瓶子[2]</li><li>20% 的水污染产生于对纺织品的染色和处理[2]</li><li>时装行业二氧化碳排放量约占二氧化碳排放总量的 10%[3]</li></ul>	<ul><li>到 2030 年，废弃物将增长到 1.48 亿吨(+ 62%)[4]</li><li>到 2030 年，时装行业将消耗 1 180 亿吨水(+ 50%)[4]</li><li>到 2030 年，时装行业生产纤维所需的土地将增加 35%[5]</li><li>到 2025 年，排放量将增加一倍以上[6]</li></ul>
相关价值	—	到 2030 年 300 亿～900 亿美元(占税息折旧及摊销前利润的 3%～8%)

行业现状

制造、销售服装和配饰的时装行业是资源高度密集型的行业。此外，过去 20 年，快速零售使市场发生了翻天覆地的改变，很多顾客现在几乎把服装视为一次性产品。多数消费者丢弃的衣服还能再穿很久，这种情况使过去 15 年的服装产量翻了一番。[6]

鉴于世界各地的环境压力和社会压力不断增加,目前的线性运营模式正经历严格审视。[7]

上述行业动态使得人们对循环解决方案的兴趣越来越大。很多企业在其最直接的运营过程中已经成功地解决了浪费问题,一些企业也开始与一级工厂供应商合作处理制造业的废弃物。然而,这些行动只在价值链上占据相对较小的一部分,完成循环经济的闭环需要付出更多努力。

❓ 变废为宝的挑战

目前的线性价值链严重依赖不可再生资源的原始材料,如种植棉花的肥料、制造合成纤维的石油、生产染料的各种化学品等。鉴于人们越来越把衣服视为一次性产品,整个价值链上废弃物造成的浪费便不可避免(见图14.1)。

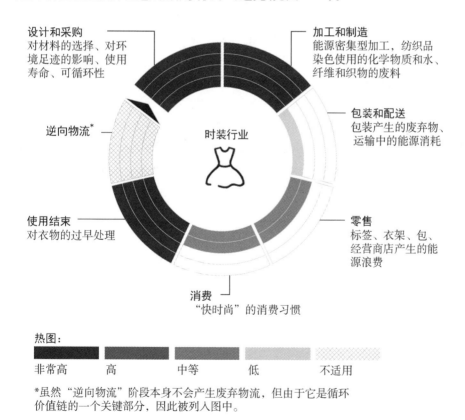

图14.1 废弃物分析图

首先要考虑的是材料的组合。从种植(土地、肥料、水的使用)到加工(能源、化学和水的使用)再到使用(微塑料污染)以及最终使用结束的可回收性，材料选择对服装的整体足迹影响巨大。比如，常规棉会消耗大量的原料，真实状态下，生产一件 T 恤和一条牛仔裤需要两万升水。[8]

资源密集型生产是时装行业另一大浪费。到 2025 年，时装行业的碳排放量预计将增加一倍以上。[6] 此外，时装加工阶段会消耗大量能源，因为对纤维进行纺纱和漂洗也可能消耗大量的化学物质和水，所以水污染也是日益令人关切的问题。

第三大浪费产生于产品的可处理性不够。缺乏收集和回收的基础设施意味着过多的衣物最终难逃被填埋的命运。全球只有 20% 的服装被重复使用或回收利用。[9]

💡 变废为宝的机会

如表 14.2 所示，让我们来探索时装行业的三大机会。

第一大类来自"循环材料"，将废弃的时装作为原材料投入价值链，不仅降低了材料密度，还降低了生产成本。比如，国际连锁快时尚零售服装店西雅衣家(C&A)推出了首件黄金级别"摇篮到摇篮认证™"的服装。这是时尚品牌首次大规模开发循环产品，该产品有很多重要属性，比如使用经认证有机、安全、无毒、100% 可降解的材料，由 100% 可再生能源、再生水制成，并且还体现着社会公平的内涵——上述所有都以零售价出售，并以开源方式提供给全行业。[13] 迄今为止，西雅衣家已生产超过 130 万件黄金级别"摇篮到摇篮认证™"的服装，这些服装体现了印花和刺绣方面的创新。[14] 西雅衣家的成功源自可回收的设计、使用结束后的大规模回收和纺织品先进的回收技术。

第二大类来自智能和循环的运营方式——将高级分析和循环原则应用于需求预测、产品设计、采购和制造。高效的运营会减少供应过剩和浪费，最终有助于分离投入和运营过程本身。

第三大类是包括再销售、租赁和修补在内的新商业模式。这些商业模式可以让消费者收获高质量时装，却无须履行太多义务、承担过高成本，这也鼓励公司设计出使用寿命长/用途多样的时装，并确保使用结束后的回收利用。Rent the Runway 等时装公司业务的成功表明，基于订购的新型所有权市场前景广阔，千禧一代的消费者市场尤其庞大。[15] 埃森哲和荷兰时尚创新平台 Fashion for Good 最近一项合作表明，从中端市场到奢侈品，这些新型商业模式在经济上或许可行，[16] 但要让这些复杂的商业模式运行良好，则需要创新型初创企业、传统零售商和新兴软件即服务(SaaS)提供商之间的通力合作。除了租赁，传统时尚零售商巨头也越来越多着眼于挖掘二

表14.2　变废为宝机会小结

循环经济机会	使用废弃物作为原料的循环材料	智能和循环操作，减少生产中的浪费	增加产品使用和延伸服装使用的部分所有权，维修和转售模式
机会类型	循环采购——买更好的产品	智能制造——生产更加高效	循环的商业模式——转售和维修
相关价值(到2030年)	50亿~300亿美元	50亿~150亿美元	100亿~200亿美元
价值杠杆	材料的成本降低	降低所产销售商品的成本	每件衣服的收入增加
预期废弃物和浪费	• 未得到循环使用的材料 • 未循环使用的材料具备的内嵌价值	可再生能源、化学品原料、废料、样品	• 产品利用率不足 • 缺乏二次使用的选项
价值链焦点	• 注重再循环能力的材料选择和设计 • 使用结束后的回收利用 • 逆向物流和织品回收	• 材料选择和原料采购 • 加工和制造过程技术	• 优化设计(例如,延长生命周期,提升可修复性) • 使用和服务(新的消费模式) • 资源使用结束后回收利用,以便再次销售
技术加持	纺织品回收技术的突破和材料的科学创新(生物基,无毒处理,升级再造等)	智能规划/预测技术用于减少或消除投入的新兴技术,3D打印等	数字直接面向消费者模式,共享平台,众包等
案例研究	经过十年的研究,运动服饰制造商阿迪达斯(Adidas)已经开发出一种100%可回收的高性能跑鞋,这种跑鞋"为循环经济而生"。每个组件都由100%可重复使用的热塑性聚氨酯(TPU)制成——热塑性聚氨酯被纺成纱线,历经针织,模制和清洗。阿迪达斯将首次使用结束的跑鞋回收后,将其清洗,磨成颗粒,并熔化成新鞋的材料成分,因此做到了零浪费。[10]	工业二氧化碳染色设备供应商DyeCoo公司开发了一项专利技术,可在织物染色过程中完全消除水和化学品。该技术在印染加工化学品。该技术在印染系统中使用二氧化碳作为染色介质(工业副产品代替水,因此约95%的二氧化碳在机器中得以循环使用。该技术得到好质,因此传统工艺相比质量相同甚至更好,但却只需要一半的染色时间,还将能源和染料消耗减少了50%[11]	美国户外服装公司巴塔哥尼亚的"破损衣物维修项目"(Worn Wear)激励了服装使用寿命的延长和利服装的再利用。该公司鼓励顾客退回还能继续使用的衣物,这些顾客可以获得积分用于今后消费。巴塔哥尼亚公司负责清洗衣服,并在"破损衣物维修项目"网站上转售,将各种旧衣溢价。活动前六个月,该公司获得了100万美元的二手服装销售额,12个月内有近8.5万件服装成交[12]

级市场的业务价值,美国 RealReal 等企业在美国市场的成功证明了这种方式确实可行。[17]

⚙️ 技术促进

时装行业有很多前途大好的创新,包括:

● 材料科学的创新正在增加可替代可持续材料的获得性,其中包括大量前景广阔的生物基替代品和来自废弃物副产品的材料。PrimaLoft 公司生产的超细纤维隔热材料可以填充里昂比恩(L. L. Bean)等品牌的夹克,该公司花了 5 年时间生产一种由 100% 回收聚酯制成的新型隔热材料,该公司的目标旨在让最终进入垃圾填埋场或海洋的材料得以生物降解。[18]

● 新兴技术正在为服装持续不断的再循环创造新的商业模式,如租赁、转售和共享平台。比如,美国服饰租赁电商莱尔托特(Le Tote)的订购服务为顾客打造了"永远有新款式的衣柜"。[19] 众包生产模式进一步提高了生产计划的准确性——服装零售公司 Betabrand 根据预购订单安排生产,避免了库存剩余带来的浪费。[20]

● 新技术如无水染色工艺和三维服装印花,能够提升效率并最大限度地减少生产浪费。纺织品回收公司 Renewcell 开发了一种新技术,能将棉花和其他天然物质溶解成新的、可生物降解的原材料。[21]

● 尚处于研发阶段的智能射频识别细丝可以集成到传统服装中,以便轻易追踪衣物。数字初创公司 EON 正在创新"内容线程",它看起来、摸起来都很像普通的细线,但射频识别技术使其可以存储数字信息,并被远程扫描。[22]

● 全球最大的时尚趋势预测顾问公司 WGSN 利用人工智能将预测误差降低了50%。机器学习这种人工智能技术,使得供给与需求相匹配,减少不必要的生产浪费,进而减少时装行业的环境足迹。[23,24]

🚧 有待克服的障碍

数字化改变了竞争格局以及商家和消费者互动的方式,时尚行业重大转型的时机似乎已经成熟。最近一项研究显示,仅在 2017 年,美国就有近 7 000 家零售店关闭,而在线品牌已经过渡到直接面向消费者模式,提供端到端的客户体验。[25] 这样的模式使得公司通过鼓励租赁或转售等方式,改变客户使用衣服的方式以及与衣服相关之事的处理方式。然而,尽管某些市场的消费者态度有所转变,服装产量仍在继续上升。巴塔哥尼亚公司公共事务副总裁里克·里奇韦指出:"我们所做的只是'减轻恶劣影响',并没有真正对环境产生积极影响。"

任何能解决废弃物问题的方案都至关重要。如今,欧洲仅有约 20％的衣服得以回收利用,其余很大部分则被当作垃圾填埋。[26] 为提升回收利用率,时装行业需要采用更好的解决方案,比如与送货提供商或捐赠中心合作,共同回收、分类,共同准备有待重复利用的服装。到目前为止,时装行业还缺乏回收纺织品的能力,无法实现性能和成本的平衡,很多未被填埋的衣物被"降级回收",比如沦为抹布。西班牙服装公司蒂则诺集团(Inditex)计划投资 350 万美元用于纺织回收技术,以提升使用后纤维回收的档次。"在理想的循环世界,每件织物和服装都能被收集并用来生产新的织物和服装。"荷兰 DyeCoo 公司首席执行官兼联合创始人赖尼尔·莫马尔(Reinier Mommaal)说。

但上述设想都不会轻而易举地实现。时装行业真正的循环需要消费者和监管机构更强力的推动作用,这些推动力量能够刺激品牌与供应商合作,对商业模式进行根本性的改变。

📖 本章小结

虽然潜力巨大、上升势头强劲,但时装行业需要突破小规模的试点和计划,聚焦于可推广的解决方案。

机会

- 循环利用材料,让废弃物成为原材料
- 智能循环操作,减少浪费
- 采用部分所有权、租赁、订购和转售的模式,提高衣物使用率、延长衣物寿命

技术促进

- 纺织品回收技术的突破和材料科学的创新
- 流程创新和效率的新兴技术(例如,服装的数字跟踪)
- 支持直接面向消费者模式的数字平台

有待克服的障碍

- 缺乏针对衣物和纺织品回收的全系统解决方案
- 消费者和监管机构的推动作用有待加强,强大的推动作用才能加速各品牌的行动

注释

1. 卡亚·多里(Kaya Dory)，《为何快时尚需要减速》，联合国环境规划署，2018 年，https://www. unenvironment. org/news-and-stories/blog-post/whyfast-fashion-needs-slow-down(2019 年 8 月 12 日访问)。

2. 艾伦·麦克阿瑟基金会，《新纺织经济：重新设计时尚的未来》，2017 年，https://www. ellenmacarthurfoundation. org/assets/downloads/A-New-Textiles-Economy _ Full-Report _ Updated_1-12-17. pdf(2019 年 8 月 12 日访问)。

3. 《联合国气候变化框架公约》，《联合国助力时尚业低碳转型》，2018 年，https://unfccc. int/news/un-helps-fashion-industry-shift-to-low-carbon(2019 年 8 月 12 日访问)。

4. 全球时尚议程(Global Fashion Agenda)和波士顿咨询集团，《时尚业的脉搏》，2017 年，https://globalfashionagenda. com/wp-content/uploads/2017/05/Pulse-of-the-Fashion-Industry_2017. pdf(2019 年 8 月 12 日访问)。

5. 英国议会(UK Parliament)，《修复时尚：服装消费和可持续性》，2019 年，https://publications. parliament. uk/pa/cm201719/cmselect/cmenvaud/1952/full-report. html(2019 年 8 月 12 日访问)。

6. 纳塔莉·雷米(Nathalie Remy)、埃韦利娜·斯皮尔曼(Eveline Speelman)、史蒂文·斯沃茨(Steven Swartz)，《可持续的风格：一个新的时尚配方》，麦肯锡咨询公司，2016 年，https://www. mckinsey. com/business-functions/sustainability/our-insights/style-thats-sustainable-a-new-fast-fashion-formula(2019 年 8 月 12 日访问)。

7. 埃利亚斯·詹山(Elias Janshan)，《马莎百货(M&S)、巴宝莉(Burberry)、Topshop、Boohoo、Missguided、普利马克(Primark)和 Asos 在议会的辩护》，《零售报》(Retail Gazette)，2018 年，www. retailgazette. co. uk/blog/2018/11/ms-burberry-topshop-boohoo-missguided-primark-asos-defend-practices-parliament/(2019 年 8 月 12 日访问)。

8. 世界自然基金会(WWF)，《可持续的农业：棉业》，2019 年，https://www. worldwildlife. org/industries/cotton(2019 年 8 月 12 日访问)。

9. 艾利森·麦卡锡(Allison McCarthy)，《我们的衣服注定要沦落至垃圾填埋场吗?》，Remake 网站，2018 年，https://remake. world/stories/news/are-our-clothes-doomed-for-thelandfill/(2019 年 8 月 12 日访问)。

10. 蒂姆·纽科姆(Tim Newcomb)，《阿迪达斯 Futurecraft 运动鞋"为循环经济而生"》，《福布斯》(Forbes)，2019 年 4 月 18 日，https://www. forbes. com/sites/timnewcomb/2019/04/18/adidas-futurecraft-performance-sneakers-made-to-be-remade/＃5ac1fac9258d (2019 年 8 月 12 日访问)。

11. 莉迪娅·海达(Lydia Heida),《无水染色工艺能净化服装业吗?》,耶鲁 360 度环境观察 (Yale Environment 360),2014 年,https://e360. yale. edu/features/can_waterless_dyeing_ processes_clean_up_clothing_industry_pollution(2019 年 8 月 12 日访问)。

12. 巴塔哥尼亚,《2018 年环境 + 社会倡议书》,2018 年,https://issuu. com/thecleanestline/ docs/patagonia-enviro-initiatives-2018? e = 1043061/67876879(2019 年 8 月 12 日访问)。

13. 西雅衣家,《循环的时尚产品》,http://sustainability. c-and-a. com/sustainable-products/ circular-fashion/circular-fashion-products/(2019 年 8 月 12 日访问)。

14. 全球青年领袖论坛与埃森哲战略合作,《全球循环经济奖 2018 年年鉴》,2018 年,https:// thecirculars. org/content/resources/TheCirculars_2018_Yearbook_Final. pdf(2019 年 8 月 12 日访问)。

15. 萨普纳·马赫什瓦里(Sapna Maheshwari),《Rent the Runway 经过新融资目前价值 10 亿 美元》,《纽约时报》,2019 年 3 月 21 日,https://www. nytimes. com/2019/03/21/business/ rent-the-runway-unicorn. html(访问日期: 2019 年 8 月 12 日)。

16. 埃森哲战略与荷兰时尚创新平台 Fashion for Food 合作,《循环时尚的未来: 评估循环商业 模式的可行性》, https://d2be5ept72nvlo. cloudfront. net/2019/05/The-Future-of- CircularFashion-Report-Fashion-for-Good. pdf(2019 年 8 月 12 日访问)。

17. 帕梅拉·N. 丹齐格(Pamela N. Danziger),《奢侈品牌再也不能忽视时尚经销商 RealReal 了》,《福布斯》,2018 年,https://www. forbes. com/sites/pamdanziger/2018/08/22/luxury- brands-cant-ignore-fashion-reseller-the-realreal-anymore/♯50c966741a20(2019 年 8 月 12 日访问)。

18. 阿黛尔·彼得斯(Adele Peters),《这种微塑料可以生物降解,而非留存数百年》,Fast Com- pany, 2019 年 1 月 28 日, https://www. fastcompany. com/90297349/this-microplastic- biodegrades-instead-of-sittingaround-for-hundreds-of-years(2019 年 8 月 12 日访问)。

19. 美国服饰租赁电商莱尔托特,《如何工作》,https://www. letote. com/how-it-works(2019 年 8 月 12 日访问)。

20. Betabrand 公司,《预购是什么意思?》,https://support. betabrand. com/hc/en-us/articles/ 207831213-What-does-Pre-order-mean-(2019 年 8 月 12 日访问)。

21. 欧盟,《欧洲循环经济利益相关者平台》,https://circulareconomy. europa. eu/platform/en/ good-practices/renewcell-dissolves-natural-fibers-biodegradable-pulp(2019 年 8 月 12 日访 问)。

22. 全球变革大奖(Global Change Award),《内容线程》,2017 年,https://globalchangeaward. com/winners/content-thread/(2019 年 8 月 12 日访问)。

23. 《经济学人》,《时尚业的未来》,Youtube 视频,发布于 2018 年 11 月 15 日 2:23,https:// www. youtube. com/watch? v = M-drGOlhDn0(2019 年 8 月 9 日访问)。

24. Sagent,《时尚业的未来》,《经济学人》,2018 年 11 月 15 日, http://sagentlabs. com/

resource/future-fashion-economist(2019 年 8 月 9 日访问)。

25. 尼尔·麦克纳马拉(Neal McNamara)，《大型零售商将在 2018 年关闭 7 000 家门店》，Patch 网站，2017 年，https://patch. com/washington/bellevue/big-retailers-will-close-7-000-stores-2018(2019 年 8 月 12 日访问)。

26. 古斯塔夫·桑丁(Gustav Sandin)和格雷格·彼得斯(Greg M. Peters)，《纺织品再利用和回收对环境造成的影响——综述》，《清洁生产杂志》(*Journal of Cleaner Production*)，2018 年，https://www. sciencedirect. com/science/article/pii/S0959652618305985(2019 年 8 月 12 日访问)。

15

电子商务与循环经济的结合

在前三章中，因产品类型的多样性和独特的循环机会，我们将"零售"分为三个独立的行业——家居、快速消费品和时尚行业。然而，电子商务却一直贯穿其中（或所有行业）。

电子商务的繁荣

过去的 20 年，在线和移动技术极大改变了零售行业。今天，世界上最大的零售商拥有复杂的价值链，是大型全渠道综合企业，成为向循环发展的关键部分。要理解这些企业的核心作用，首先需要了解这个行业的基本动态。

1995 年，全球电子商务巨头亚马逊开始销售图书，网上购物还是新现象。到 2019 年，美国网上销售总额超过了实体店商品销售总额。[1] 电子商务能以与传统商店相同甚至更低的成本，满足社会对及时产品日益增长的需求，因此不断发展。交易成本降低、设备普及、人工智能日益成熟以及电子数据的巨大增长，使电子商务几乎适用于所有行业。现在，在线零售商几乎销售所有产品，比如服装、消费电子产品、车辆、物流、网络服务、金融产品、家庭服务和抵押贷款等。

电子商务相对顺畅、无缝的购物体验导致消费主义爆炸式的增长。这一点在中国最为明显，中国现在有近 4 亿中产阶级，有更大的消费能力。[2] 由此产生的销售数据令人震惊：网上购物占全球零售购物的 1/7，2019 年约为 3.5 万亿美元。[3] 埃森哲的研究发现，曾是最低效的在线销售渠道，正以每年 8.8% 的速度快速增长，远超其他渠道。例如，传统大型商店销售额仅增长了 2.7%。[4]

全球互联互通、代工制造和包装箱运输物流爆炸式发展，一个企业家甚至可以在几周内，将一个想法发展成百万美元的全球业务。例如，亚马逊"由亚马逊实现"商业计划使小企业利用其平台、基础设施和广泛的分销网络销售产品。亚马逊称，美国有超过 100 万家小企业(全球有超过 200 万家)利用在线市场销售产品。使用这项服务，企业可以享受亚马逊 Prime 两天免费送货服务,企业客户服务以及退货服务。[5] 阿里巴巴、Etsy、易贝(eBay)等同样为小企业提供了平台和工具,接触数百万客户。

更可持续的选择?

至于是电子商务渠道还是实体店对环境影响更大,目前还没有明确的共识。[6,7] 从可持续发展和循环经济的角度来看,零售行业正在进行技术转型,既前景广阔,又富有挑战。一方面,零售行业为零售价值链的可持续优化提供了前所未有的机会,例如,更高效的采购、生产、仓储和分销。另一方面,零售行业推动了不可持续消费。高附加值和低附加值的商品增多,订单更频繁,交货更快(甚至当天交货),退货选择更多(例如,允许消费者购买不同大小、不同颜色的衣服试穿后退货)。全球零售领导者需要制定更好、更成熟的战略,平衡增长和环境影响。

应用循环原则

通过循环经济,零售商可以解决这种平衡。企业应用循环原则可以提高竞争力,与客户建立更牢固、更持久的联系。例如,美国跨国零售公司沃尔玛已经开始应用循环,承诺到 2025 年在美国、英国、加拿大和日本实现零垃圾填埋。[8] 2017 年,沃尔玛发布了一项关于不同零售渠道排放影响的研究,是零售业及减少与产品交付潜在碳排放对话的一部分。[9]

面对日益严重的产品和包装垃圾问题,亚马逊在 2018 年与 Closed Loop 基金合作,投资 1 000 万美元用于回收解决方案,便于消费者和社区回收。[10] 这家零售公司还推出了"亚马逊第二次机会"(Amazon Second Chance):"为亚马逊客户提供一站式服务,学习如何重复使用、翻新和回收,将对环境的影响降至最低。"[11] 2017 年中国电子商务零售市场交易规模超过了法国、德国、英国、日本和美国的总和,中国电子商务两大参与者腾讯和阿里巴巴大量投资了循环经济。[12] 例如,全球最大的在线零售商阿里巴巴投资了二手电子产品回收平台、消费电子产品租赁平台、衣服共享平台,以及消费者对企业(C2B)回收业务,该业务提供 ATM 机,用户可以通过手机回收服务获得报酬。[13] 在线商店创建了中心进一步支持循环经济,人们可以轻松找到可持续产品——Cradle to Cradle Marketplace 是英国的一家初创公司,只销售"摇篮到摇篮认证™"环保产品。[14]

全球零售业有机会成为积极力量,促进消费循环。行业领袖已经取得了一些进展,但要保持势头并走得更远,行业需要提高对循环的接受程度。在确定最优分销渠道组合时,应将循环经济原则作为决策过程的核心。最后一公里配送模式,即从配送设施到最终用户这一配送流程的最后一步,是电商平台的主要挑战,可以启动逆向物流业务。随着消费的升级,消费者有了更多的购买方式,企业当务之急是识别和实施最优渠道组合,吸引消费者,提高经济效率,并将环境影响降至最低。以循环经济为视角,领导者能够减少或消除分销渠道中的浪费,提供产品和服务以释放新的收入来源,优化物流网络,最终提高竞争力和盈利能力。

注释

1. 马修·罗斯坦(Matthew Rothstein),《互联网有史以来第一次超过实体零售业销售》,Bisnow 网站,2019 年,https://www. bisnow. com/. national/news/retail/online-retail-sales-pass-brick-and-mortar-first-time-amazon-98347(2019 年 8 月 12 日访问)。

2. 夏洛特·麦克莱尼(Charlotte McEleny),《零售天堂:消费主义如何在中国找到忠实的追随者》,The Drum 网站,2019 年,https://www. thedrum. com/news/2019/01/31/retail-nirvana-how-consumerism-found-devoted-followingchina(2019 年 8 月 12 日访问)。

3. 弗雷德·皮尔斯(Fred Pearce),《线上还是线下——什么是最环保的购物方式?》,GreenBiz 网站,2019 年,https://www. greenbiz. com/article/store-oronline-whats-most-environmen-tally-friendly-way-shop(2019 年 8 月 12 日访问)。

4. 埃森哲,《大众消费品(CPG)销售:你的现代关系是否已为电子商务做好准备?》,2018 年,https://www. accenture. com/_ acnmedia/PDF-79/Accenture-CpgSales-Modern-Relation-ships-Ecommerce. pdf(2019 年 8 月 12 日访问)。

5. 杰夫·威廉姆斯(Geoff Williams),《如何在亚马逊开展业务获得收益》,US News 网站,2018 年,https://money. usnews. com/money/personal-finance/earning/articles/2018-08-22/how-to-start-a-profitable-business-on-amazon(2019 年 8 月 12 日访问)。

6. 贾姆希德·拉海(Jamshid Laghaei)、阿尔德希尔·法格里(Ardeshir Faghri)、李明心(Ming xin Li),《家庭购物对车辆运行和温室气体排放的影响:多年区域研究》,《国际可持续发展杂志》(*International Journal of Sustainable Development & World Ecology*),2015 年,ht-tps://www. tandfonline. com/doi/abs/10. 1080/13504509. 2015. 1124471?-journalCode = tsdw20♯. Vr5M9nt5ius(2019 年 8 月 12 日访问)。

7. AlterNet,《网上购物与实体店:哪个更环保?》,EcoWatch 网站,2017 年,https://www. ecowatch. com/online-shoppingbrick-mortar-eco-friendly-2247525362. html(2019 年 8 月 12 日访问)。

8. 沃尔玛,《2018 年全球责任报告摘要》,2018 年,https://corporate. walmart. com/media-

library/document/2018-grr-summary/＿ proxyDocument？id ＝ 00000162-e4a5-db25-a97f-f7fd785a0001(2019 年 8 月 12 日访问)。

9. 沃尔玛,《现代零售的排放影响：全渠道 vs. 实体店和纯在线零售》,2017 年,https：//cdn. corporate. walmart. com/00/5a/3c20743a4f0db2d00c452aebea95/omni-channel-emissions-modelingwhitepaperfinal04182017. pdf(2019 年 8 月 12 日访问)。

10. 亚马逊,《投资回收解决方案保护地球》,2018 年,https://blog. aboutamazon. com/sustainability/investing-in-recycling-solutions-to-protect-the-planet(2019 年 8 月 12 日访问)。

11. 亚马逊,《5 种简单的重用、修复和回收方法》,2018 年,https://blog. aboutamazon. com/sustainability/5-easy-ways-to-reuse-repair-and-recycle(2019 年 8 月 12 日访问)。

12. 罗布·史密斯(Rob Smith),《全球 42％的电子商务在中国,原因如下》,世界经济论坛,2018 年, https：//www. weforum. org/agenda/2018/04/42-of-global-e-commerce-is-happening-in-china-heres-why/(2019 年 8 月 12 日访问)。

13. 中国电商战略,《腾讯与阿里巴巴的竞争蔓延至循环经济》,2018 年,https://www. ecommercestrategychina. com/column/the-competition-between-tencent-and-alibaba-spreads-to-the-circular-economy♯(2019 年 8 月 12 日访问)。

14. 汉娜·里奇(Hannah Ritchie),《Cradle to Cradle Marketplace 首个在线商城》,2015 年,https://sustainablebrands. com/read/product-service-design-innovation/cradle-to-cradle-marketplace-first-online-store-dedicated-to-circular-economy-products(2019 年 8 月 12 日访问)。

第三部分

循环经济之道

——开启转型

16

企业循环战略的支柱

现在,您对循环经济的现状应该有了一定的了解。虽然各行业的龙头企业已取得明显突破,但它们其实只触及了循环经济的表面,循环商业模式和循环技术还有很多待发掘的潜力。那么,如何加速向循环经济的转型呢?

一边推进循环、利用循环技术解决问题,一边推动发展、赢得利润,这样的两全其美并非易事。这种操作有内在的风险,并且有赖于大量的资源投资和能力投资。研究发现,完成如此浩大工程的企业会同时做到三件事:①改造了现有价值链,以消除浪费、减少价值损耗、提高投资能力;②有机地发展了含有循环产品的核心业务,进而维持投资;③投资了具有颠覆效应的产品,使循环进程迈上更高的台阶。

一举三得地实现目标——埃森哲称之为"明智转向"(见图 16.1)——需要深思熟

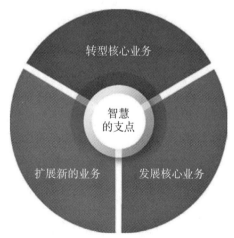

图 16.1 明智转向[资料来源:埃森哲,《明智转向》,2018 年 6 月 14 日, http://www.accenture.com/gb-en/insights/consulting/wise-pivot(访问日期:2019 年 8 月 20 日)]

虑,还需要组织内外胆大心细的协调配合。[1] 明智转向提供了务实的方法,让企业在日新月异的时代不断重塑自己,明智转向指明了路线,加速了企业从线性业务向循环业务的过渡。若没有整个企业上上下下的通力合作,循环业务就无法扩大,竞争优势也沦为空谈。

虽然企业转型和重塑的要求并不新鲜,但商业环境已经发生了变化。过去,信息技术革命、互联网和近来社交媒体的兴起等带来营商环境的巨大改变,这些改变使公司不得不重新定位自己。通常,企业特定的职能部门会对这些变化做出反应,有时是将多数既有流程自动化处理。但如今,时代不同了:企业的营商环境更加瞬息万变,要求更快的反应速度和跨职能的解决方案,除此之外,往往还要求全新的业务模式和操作流程。企业落实循环战略时,不仅要知道改变什么、在哪里改变,还要知道如何转向循环的商业模式、如何应用好循环技术。此外,正如许多高管所知,企业想要可持续发展,就必须融入循环经济。所以,这不是"是否应该走循环路线"的问题,而是"哪些循环模式对企业的业务最有意义、企业如何在保持竞争力的同时实现循环"的问题。换句话说,当下,企业的发展、竞争力的提升,都离不开向循环模式的过渡。化妆品、护肤和香水公司美体小铺(The Body Shop International)社会责任和活动国际总监克里斯托弗·戴维斯(Christopher Davis)说:"循环经济对我们的生存至关重要。如果你现在考虑创业,围绕循环理念开设业务,长远来看终会给你带来更好的回报。"[1]

成功转型的四大支柱

那么,企业到底应如何运用智慧的手段实现循环转型呢?首先,企业必须在四个基本维度成熟(见图 16.2):

运营:解决能源、排放、水和废弃物等运营流程和副产品带来的价值损失。

产品和服务:重新思考产品或服务的设计、生命周期和最终用途,以优化使用、消除浪费、形成闭环。

文化和组织:重新规定操作、政策和流程,将循环原则嵌入组织结构中。

生态系统:与公共和私营部门合作或结成伙伴关系,为集体转型营造有利的环境。

最初,我们认为这四个维度是连续的阶跃函数,因为公司倾向于首先关注在其权

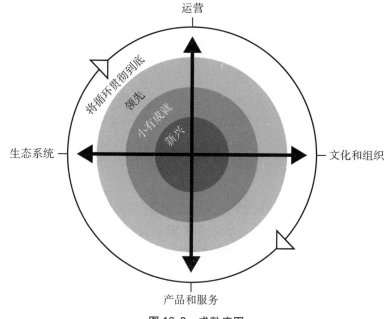

图 16.2　成熟度图

限范围内的事务,即"自扫门前雪",但显而易见的是,这四个领域是相互依存的,虽不一定获得同样多的重视,但却需要一起解决才能发挥出循环经济最大的动力。比如,要使企业循环运转,必须同时处理运营(控制系统中所有废弃物)、核心产品和服务组合(阻止更多材料被废弃、优化产品和服务组合以供无限重复使用和回收利用)。为优化循环举措的效果、达到循环经济的目的,良性发展的循环文化和生态系统对向循环转变的行为至关重要,这些行为转变是循环的经济学基础。

　　虽然向循环经济"理想"发展的企业会同时处理这四个维度,但大多数企业在这四个维度能力的成熟度不同。以科技行业为例,高科技行业的很多企业一直将资源集中在减少运营浪费上,尤其注重减少能源和水的浪费。企业内部运营效率提高、成本降低后,一些公司将注意力转向减少产品和服务组合中的浪费,某些旨在促进循环发展和产品回收的设计十分鼓舞人心,其他一些公司则始终专注于首先发展文化和组织作为转型支柱,旨在让循环成为公司的战略、使命和精神核心,这些企业的当务之急是提升员工队伍、制定政策、优化流程来促进循环目标的落实,还有一些企业希望向同行学习,进入生态系统进而推广循环经济,比如加入相关地区的电子废弃物联盟。

树立全局观

循环价值链是复杂的,解决问题的诀窍在于从整体确定实现四个维度高价值的正确组合,以此实现投资回报最大化。一般来说,虽然每个领域的循环选项都多到令人眼花缭乱,但领导要根据供企业需求、增长偏好、市场地位和当前四个维度的成熟度来制订计划并确定优先级。企业通常会进行广泛搜索,确定四个维度的潜在机会,然后选择价值最高的机会,即经济回报最大化且解决最多废弃物的机会(如第二部分所述)。

第一步——慧眼识机会:确定价值链上浪费最严重的部分后,企业应列出其所在行业和所营业务可能的循环机会。通常,我们建议公司视野要开阔、想法要多样——要从最佳实践、领先案例的研究、内部和外部访谈等素材中进行总结——以循环的视角立足当下、发现机会、调查新的商业模式或企业。创意自由流动,才有"可能的艺术",企业才有突破的空间,循环如何为现有业务带来额外的价值,循环如何帮助传统业务转向新的工作方式,都有赖于"可能"。比如,德国汽车制造商宝马经营着一个共创实验室,这是个开放的创新平台,公众可以在这里分享关于汽车未来的想法,并和宝马集团合作完成新的产品和服务。宝马用这种方法更好地了解客户需求,同时也深入洞察一系列可能的理念。[2]

第二步——价值分析定选择:一旦收集起众多的设想,公司高管就应集中起来,将注意力放在最具价值的潜在机会。例如,该过程可能如下所示:

(1) **初步的"通过/不通过"判断**,过滤掉对公司来说不可行的设想和理念,比如不适合该行业或构成潜在法律或安全风险的设想和理念。

(2) 将通过初步判断的设想罗列下来,高管对设想进行**定性的优先级排序**,进而确定近期、中期和长期最高的价值机会。这包括定义一套评估标准,通常按照公司内部的指标来评估机会,即公司实现业务目标的能力(比如,与核心能力匹配的战略协调性、通过成长或差异化来创造或实现价值的能力、降低成本的能力、提升品牌的能力等)、实施的难易程度(比如,技术可行性、成熟度障碍、利益相关者、成本和时间)、外部的驱动因素,比如有多大可能对公司所在的更大生态系统产生影响。

(3) 确定优先级的下一阶段应注重**定量评估**,为通过前两步考察的各项机会制定商业案例,考察传统的财务价值驱动因素(比如,创造收入或降低成本)以及环境和社会成本或机会(比如,节省的碳或获得/失去的工作),图16.3是对典型价值驱动因素的概述。

(4) 以商业案例为指导,高管可以确定哪些机会应立即尝试(即速赢)、哪些机会

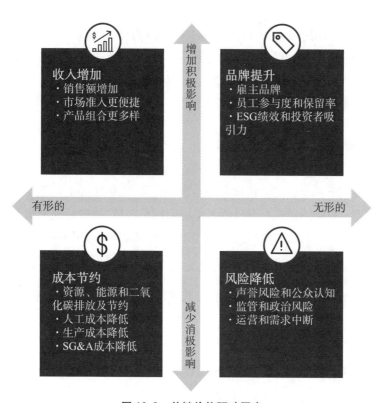

图 16.3 关键价值驱动因素

［资料来源：改编自丹尼尔·埃斯蒂（Daniel Esty）和安德鲁·温斯顿（Andrew Winston）所著《绿色到金色》（*Green to Gold*）第 102 页，约翰威立国际出版公司（Wiley），2009 年；迈克尔·波特（Michael Porter）所著《竞争优势：创造和维持卓越绩效》（*The Competitive Advantage：Creating and Sustaining Superior Performance*）第 101 页，自由出版社，1985 年］

应长期试点或投资(比如,需要与客户一起测试的设想)。

第三步——制定路线图：最后,在确定一套循环经济机会后,高管可制定分阶段路线图,将机会与必要的赞助、管理变更和治理相结合。在此阶段,计划会更加清晰,新业务模式和合作伙伴的价值主张会更加明确,为确保跟踪和价值交付而构建的商业案例也会更加具体。

第四步——原型/试点：刚起步的企业应有几个可以立即实施的计划,这些计划既能产生立竿见影的效果,又能使公司获得对长期计划的支持。通常,公司会从更具经济效益的循环举措出发,建立势头,并为未来的高风险或低回报项目提供资金。高管在制定路线图时应谨记,构建真正的循环战略,价值最高的计划(如基于服务释放价值的模型)通常有赖于其他"辅助举措",这些辅助举措可能包括在前期设计时整合循环原则、重新设计流程、建立生态系统伙伴关系等。因此,制订循环计划和策略时,必须有更全面的适用于全公司的眼光。H&M 集团首席执行官卡尔-约翰·佩尔松(Karl-Johan Persson)说："通盘考虑循环经济的问题,具体来说关注五个方面: 材料的使用和选择、生产过程、产品设计、产品使用和产品的最终用途。我们自知在这五方面的成熟度不同,但每一个方面都在不断进步。"

🌱 提升成熟度

企业需要提升四个维度并选择合适的业务组合,想要简化操作,就必须了解自己目前的成熟度。每个阶段都有自己要考虑的问题和事情,这些情况影响着公司的精力分配,公司的目标是成为"领先的"或理想情况下将循环理念贯彻到底的公司。

新兴企业刚刚踏上循环之旅,其发展可能更多依赖对自然资源的使用。这些公司应首先对其内部运营和当前工作方式进行广泛评估,以确定速赢方案,从而减少浪费并获得向循环转变的支持。新兴公司的重点往往是提高内部效率、促进内部提升(比如在减少垃圾填埋等领域)或增加可再生能源的使用。

小有成就的企业,其循环之旅已行进不少,这些企业已经在提高运营效率、减少浪费方面取得了实质性胜利,其产品组合也有成功的曙光。这些企业应该吸取经验教训,注重解决企业"难点"问题来完成循环经济的闭环,挑战传统意义上难度极大的业务极限(比如参与产品设计、联络合作伙伴、联络供应商等),并让循环成为常态。一旦企业尝试实行循环经济举措,它们往往也会理解用技术,尤其是用数据分析实现工业化的复杂之处和价值潜力,从而为循环决策提供更多信息。

循环经济中的**领先**企业让整个企业向循环方向发展,它们的目标是完成循环闭环,将企业发展与资源使用脱钩。这些企业将更多时间和注意力投入自己在更大生态系统中的作用,它们与公共和私营部门合作,改善所处环境,克服行业中的主要障碍,包括制定和影响政策议程,分享经验,与合作伙伴、第三方和竞争对手合作等。虽然一些初创企业和中小型企业有望成为"领先"企业,但目前还没有先例证明,跨国公司在循环领域以完全整体的形式在所有四个层面开展业务。

鉴于我们为所有人创造可持续的未来时面临的挑战巨大,**将循环贯彻到底**应该是所有公司的使命。将循环贯彻到底,不仅是消除浪费,还是彻底转变价值链,使公司对环境产生净积极影响,使资源、材料、产品和服务无限循环。比如,将循环贯彻到底的企业将实现碳中和并做到零浪费,成为附加值大、再生能力强、恢复能力强的企业。虽然我们今天可能没有这种企业的例子，但我们敢说这一定是有可能的，比如几个世纪以来的再生和恢复性农业原则，最近已被一些食品企业接受。

行动起来

企业开启、推进或强化循环经济战略时，可以与行业和跨行业同行在四个维度上进行对比，进而评估自身的成熟度，锁定差距、发掘潜在的领导机会。需要注意的是，尽管我们已经按照通常的进展情况和成熟度级别对计划进行分组来方便为企业提供起点，但计划不需要一步步按部就班地完成（从新兴企业到将循环贯彻到底的企业），因为企业可以一次实施多个计划，或越级达到"领先"或将循环贯彻到底，这样也能扩大循环经济的影响。

我们的经验表明，四个维度每一个维度恰到好处的成熟，将使企业从循环战略中成功扩展价值。我们将在接下来的四章中深入探讨这些维度，帮助企业了解如何选择正确的组合、实施和扩展循环经济的计划。

📖 **本章小结**

● 要将循环经济计划作为一种竞争资产来推广，企业必须明智地转型。这需要采取同步战略：改造现有价值链以消除浪费和价值损耗，利用循环产品发展核心业务，投资于颠覆性增长项目，包括与平行行业和生态系统交叉的项目。

● 成为领先的循环型组织需要在四个维度上成熟：运营、产品和服务、文化和组织以及生态系统。为取得成功，企业必须在价值链和外部生态系统中做到内外兼顾。

● 虽然企业可能倾向于首先关注其直接控制范围内的领域，但由于四个维度相互依赖，企业必须整体考虑所有四个维度，这一点非常重要。

● 虽然成熟度各维度的机会多到令人眼花缭乱，但领导者必须确定并优先考虑正确的计划组合，以释放最大价值、为企业带来最大利益。

● 循环之旅上的企业会经历四个阶段：新兴阶段、小有成就阶段、领先阶段和将循环贯彻到底的阶段。对企业来说，重要的是了解自己现处于什么位置，并把目光放得更高，通过不懈努力达到最高阶段。

注释

1. 纪录片《完成循环经济闭环》,《引用》, http://www. closingtheloopfilm. com/quotations/ (2019 年 8 月 9 日访问)。
2. 宝马集团,《宝马集团共创实验室》,新闻俱乐部全球新闻(PressClub Global), 2010 年 7 月 20 日, https://www. press. bmwgroup. com/global/article/detail/T0082655EN/bmw-group-co-creation-lab? language＝en(2019 年 8 月 12 日访问)。

17

 运营

企业着手循环发展,通常从内部运营开始。企业可能会研究如何减少能源消耗,并通过"零废弃物填埋"计划减少(或完全消除)与商业活动相关的废弃物,但这仅仅是开始。最终,那些注重循环的组织必须转向原材料和能源的可再生资源,同时考虑如何在其组织范围内重新利用废弃物,或者将废弃物转化为对其他企业和行业有用的副产品的解决方案。

四个重点关注领域

与其他三个成熟维度(产品和服务、文化和组织及生态系统)相比,运营计划通常更容易作为起点。在实践中,循环业务往往可以建立在现有效率和可持续性的基础上,或充当其保护伞。企业也倾向于相对短期回报的业务,并通常驻留在组织内。因此,企业最初往往倾向于将循环集中在内部运营上,首先进行广泛的评估,以确定"速赢",然后再深入研究围绕这些领域更大的转型计划。

为此,在研究中,我们发现企业通常关注循环运营计划的四个主要领域:能源、排放、水和废弃物(见表 17.1)。

表 17.1　四个重点领域

重点领域	工具集	运营举措
能源	确定并实施降低能源消耗、提高运营能源效率的措施,开始从化石燃料转向可再生能源	全球最大的啤酒酿造商百威英博已经设定了目标,即到 2025 年 100％购买可再生能源电力,从而在整个价值链上减少 25％的碳足迹。[1] 该公司还在百威啤酒的标签上添加了可再生电力的标志,庆祝对气候变化的承诺,并吸引消费者关注这一问题[2]

（续表）

重点领域	工具集	运 营 举 措
排放	在核心业务的直接范围内及整个供应链中确定排放点,采取适当的干预措施减少排放	可持续材料公司新光科技(Newlight Technologies)利用从温室气体中捕获的碳,生产一种名为"空气碳"(AirCarbon)的生物塑料材料,其性能可与油基塑料媲美[3]
水	减少公司对水的依赖,尽量减少取水,优先考虑节水机会,增加水的重复使用,提高效率和降低成本	欧洲最大的食品加工公司之一 ABP 正在解决如何在其设施中管理水资源,通过资源效率实现成本节约。水对ABP食品集团的业务至关重要,通过"用更少的水做更多的事"计划(包括实施实时水流读数的数据监测系统),该公司的目标是到 2020 年减少 50%的用水量[4]
废弃物	通过企业运营消除废弃物泄漏,通过资产最大化利用率减少产能浪费,实现零浪费	2015 年 1 月,消费品公司联合利华取得了一项行业领先的新成就,在 70 个国家的 600 多个地点,包括工厂、仓库、配送中心和办公室,将零有害废弃物送往填埋场。[5] 在确定运营中不同的非有害废弃物流后,联合利华找到了处理这些场所废弃物的替代路线[5]

开启转型

首先,正如行业章节概述的那样,高管们要明确指出运营中的最大废弃物池、排放和价值侵蚀。例如,服装企业可能会选择关注水,因为服装制造消耗大量的水资源(一件棉布衬衫需要 2 700 升水),近 20%的工业水污染来自纺织印染和处理。[6,7] 此外,化学工业是全球最大的工业能源消耗行业,所以该行业注重能源消耗问题。但是,即使是在同一行业中,不同公司也会采取不同的策略,很大程度上取决于公司是处于循环进程的起点、中期还是接近尾声——见表 17.2 查看完整范围。

循环之旅：水

以核心领域——水——为例。新型循环经济企业(在循环进程初期)可能会首先分析水资源风险,并执行方案减少水消耗,消除污染。在循环进程中领先的企业更注重水资源再利用,甚至是整个价值链的水资源恢复/再生等问题。

公司在初始阶段应考虑两种方案,目标是减少或消除水消耗。首先是减少取水(从河、湖、地下蓄水层等取水用于灌溉、工业设备或其他应用)。新加坡樟宜机场收集处理雨水(占总使用水的 28%～33%),每年大约节约 28 万美元。[8] 第二是减少水消

表 17.2　公司成熟度提高的说明性特征

😊	新兴	小有成就	领先	将循环贯彻到底	逐渐成熟：从→到
能源	• 可再生能源使用有限 • 严重依赖电网格 • 购买能源证书	• 可再生能源使用增加 • 部分依赖电网格 • 清洁能源仅来自购电协议（PPAs）	• 100%再生能源动力 • 电网格依赖性小 • 电网格平衡 • 整个价值链的黑/灰能重量为零	• 100%可再生能源依赖 • 没有电网格，市场和社区 • 电网格，市场和社区的能源供应商	• 从有限的可再生资源使用到100%的可再生生产，最终产生比实际使用更多的能源 • 行动包括：①在价值链的相关节点确定并瞄准节能措施，推动降低成本；②确定替代能源，摆脱化石燃料
排放	• 范围1瞄准直接排放 • 试点碳减排政策和举措 • 一些碳抵消，但减少有限	• 范围1和2瞄准直接排放和间接排放 • 内部碳定价 • 在整体运营中实现减排	• 碳中和 • 大规模削减至零排放 • 目标和举措覆盖整个价值链	• 碳正阴性 • 直接支持生产清洁能源（超越价值链）	• 从设定目标和试点举措，到减少直接排放，到碳正阴性，以及支持清洁能源发电 • 行动包括确定整个价值链的排放点，并采取适当的干预措施
水	• 水目标就位 • 水风险分析 • 削减措施到位 • 几乎没有实施批量节水	• 专注于水效率和深入分析 • 执行水目标 • 供应链灵活，减少用水	• 水中性 • 在整个价值链上减少用水/提高效率	• 水阳性 • 提供水/水设施（超越价值链）	• 从目标设定和基线到积极用水并供应水或设施 • 采取的措施包括：①减少水过多取水的依赖，②优先考虑节水源的机会，提高效率和降低成本，实现净中性目标

♻	新兴	小有成就	领先	将循环贯彻到底	逐渐成熟：从→到
废弃物	• 大部分垃圾需要填埋 • 一些能源浪费的倡议 • 办公室和部分运营部门的回收程序 • 识别浪费资源容量热点	• 零浪费 • 大部分垃圾转化为能源和回收利用 • 一些降低运营浪费的举措 • 资源使用的零预算方法	• 跨业务闭环计划 • 回收所有投入 • 各种下行循环/升级循环举措 • 充分利用人力和实物资产	• 所有资源和材料的价值链或跨行业/跨门生态系统内的完全闭环模型	• 从减少废物到填埋，到所有资源的完全闭环系统 • 行动包括：①发现企业运营中废弃物泄漏的热点，并在这些领域实现废弃物资产的零回收；②评估人力和实物资产的生产率，并最大限度利用其活动时间
总结	• 倡议主要是削减成本，创造财务能力，投资干进一步的循环倡议（例如，在供应链中减少水浪费）	• 行动更具针对性，在传统供应链具有挑战性的部分（如采购和物流）发现节约机会（例如，支持农民改善农业措施，最大限度减少供应链上游的水浪费）	• 项目交付时不依赖于不可再生投入，通过价值链共享和实现收益	• 倡议超越净零到净正，专注资源再生	• 资源效率和有效性可以迅速节约成本，因此是四个维度之中最容易实现循环的领域之一。在这四个维度中可以快速取得进展（即 80% 的闭环）。然而，由于有与特定供应链活动（如物流和最后一公里交付）相关难以完全封闭循环的挑战，这是一个很难完全封闭循环的领域

耗。2015年,服装公司李维斯(Levi Strauss)综合评估了其核心产品的生命周期,发现501流行牛仔裤在整个周期使用了3781升水。李维斯随后发明了一项技术,在牛仔裤加工过程中可节省高达96％的水。[9]

最终,企业应在取水和消耗取得实质性进展,朝着积极的方向发展(水生产大于消耗),向环境补充并归还比使用更多的水。[10]许多新兴科技可以助力企业实现目标。例如,印度的一家钢铁制造商利用了艺康公司的物联网技术重复使用和循环用水,节约的水相当于加尔各答和浦那两城市每年饮用水量总和。[11]艺康在客户现场部署了4万个系统,检测水质和水量,在全球分享其洞察。[12]"这会带来更好的业绩和结果,对企业和环境都有好处。"艺康公司董事长兼首席执行官道格·贝克说。

小贴士:循环加速可持续发展

如前所述,许多企业已经开始实施可持续发展计划,如减少废弃物和碳排放。企业可以通过这些努力向循环过渡。对于企业高管来说,了解循环经济对当前可持续发展计划和目标(通常包括能源、排放、水和废弃物目标)的意义尤为重要。循环经济在以下两个方面具有更大的优势。

第一,它专注于完全清除系统中的废弃物,而不仅仅减少或重新利用废弃物。为实现这一目标,企业可能需要改变运营的根本方式,例如,只采购可再生投入物,或通过生产本身生产能源。第二,循环经济的重点是最大限度地扩大业务影响和资源影响。处理废弃物流的解决方案应该实现环境效益,并对公司财务有利,例如,出售废弃物副产品作为原料或减少运营成本。

问题自然而然出现了:企业应该将可持续性和循环分开管理吗?答案是否定的。关键在于整合。可持续能力作为企业打造创新和竞争优势的有力来源,从一开始就改变着传统的企业战略边界。[13]负责任、值得信任的组织曾经似乎不创造价值,但随着时间的推移,它们已经从"不伤害"发展为"做好事、共受益"。可持续发展战略是实现这一目标的机制,通过"共同"(所有同行都在做)和"战略"(竞争对手无法轻易匹敌)的实践,在运营和市场层面上发挥作用。正如行业和部门之间的界限变得模糊,从而产生了由技术进步和自由市场支持的生态系统,内部组织功能变得越来越多孔,并与战略、可持续性和循环性相关联,相互嵌套。因此,某些以成本效率为目标、以运营为中心的循环实践属于运营范畴。战略、研发和营销部门可能会率先采取其他侧重于循环商业模式的举措。为平衡发展,公司必须站在企业整体视角,将倡议与可持续发展目标和公司循环战略紧密相连。如果没有这种整合,组织的不同部分不仅会无法协作,最后更会意见不合。

价值驱动因素

正如许多公司从运营角度开始其循环之旅一样,很多循环项目最初关注的主要价值驱动因素是成本节约。其他共同目标包括风险缓解、创收和与可持续发展相关的品牌提升。下面更详细地探讨每一个价值驱动因素。

增加收入:一些最引人注目的循环运营是创收,特别是对于已找到方法将废弃物流作为投入出售给其他行业的公司。比如一家芬兰森林工业合作公司 Metsä 集团生产可再生木材产品。Metsä 与多家公司合作,以最大价值利用每一个生产侧流。一棵树可以用来生产锯材、胶合板、纸板和纸浆,也可以用于食品工业,如浓缩果汁和冰淇淋。目前,Metsä 集团 92％的生产侧流直接用于材料再利用(如以纸浆为基础的纺织品或生物复合材料)或能源。该公司贡献了芬兰 15％的可再生能源。[14]

节约成本:通过提高效率(提高现有资产和设备的生产率)、减少投入(降低能源、水和材料投入的消耗)和降低处理成本,实现运营循环通常可以节约成本。即使只专注于一个领域,企业也能取得好结果。例如,谷歌和科技公司(DeepMind)使用人工智能提高数据中心的能源效率。在该系统中,数据中心内外的传感器跟踪各种环境因素对性能的影响,人工智能预测这些变量对站点未来能源消耗的影响。据报道,谷歌公司将该系统部署到实时数据中心后,冷却设备所需的总耗能减少了 40％。[15]

降低风险:随着资源越来越稀缺(价格波动越来越普遍),运营循环可以明显降低风险。这就是为什么汽车公司福特开发了闭环回收系统,重新利用在美国最畅销的福特 F－150 生产过程中的铝废料。该系统每个月可以回收 2 000 万磅铝,足够用于 3.7 万多辆 F 系列卡车的车体。[16] 使用福特的闭环系统有助于降低公司对原材料的依赖,并降低在大宗商品市场波动中的脆弱性。此外,再加工回收铝所需能源比开采新铝少 90％,用水也少得多。[17]

提升品牌:最后,一个经常被忽视的好处是,实现循环对品牌建设和声誉价值的重大影响。根据最近的一项全球消费者调查,不同年龄和性别的受访者中,81％的人认为企业应该保护环境。[18] 考虑到这样的消费心理,大胆致力于循环的企业可以建立品牌价值,从而获得竞争优势。这就是为什么很多公司都公开宣布这样的计划。例如,消费品品牌高露洁(Colgate)发起了一项名为"每一滴都要紧"的社交媒体活动,其中包括一段 30 秒的视频剪辑。视频显示,当人们刷牙时让水龙头一直开着,会浪费近 4 加仑的水。[19] 这则广告迅速走红,在 YouTube 上获得了超过 1 000 万的点击量。[20]

🔍 案例研究:百威英博

百威英博(Anheuser-Busch InBev)在经营循环方面不断成熟。最初,这家跨国饮料公司专注于通过减少使用能源和水节约成本。具体来说,从 2013 年到 2017 年,百威英博通过提高效率节省了 6 000 万美元,这主要归功于现场水效率和风险管理,以及节能 LED 照明和节能控制器。[21] 到 2025 年,该公司采购可再生电力,相当于道路上减少 50 万辆汽车。到目前为止,百威英博已经签订了50％的可再生电力需求合同,其中 100％的合同将为北美 100％的运营提供可再生电力。[22] 像其他循环领导者一样,该公司也开始通过向电网出售多余的能源获得额外收入。此外,百威英博也开始将这些举措与其产品和品牌联系起来。到2025 年,该公司在全球所有的百威啤酒都将使用 100％可再生能源酿造,这些产品将有一个标志,使消费者能够做出更明智的购买决定。[23]

⚙ 技术促进

无论企业刚刚开始循环运营,还是处于良好的轨道上,技术往往起着至关重要的作用。技术是提高运营效率的有力工具,特别是持续监控和改善日常运营以减少资源消耗。数字技术就是一个很好的例子。美国垃圾管理公司 Enevo 得益于物联网和其他数字创新,已经能优化垃圾收集,并提供"垃圾技术服务"。该公司测量客户的能源、水和废弃物指标,然后将数据输入机器学习模型,确定降低成本和提高可持续性的解决方案。[24] 在类似应用中,瑞典轴承和密封制造商斯凯孚通过分析设备运行状况的物联网数据,优化了工业机械的维护,更好地预测何时可能发生故障或需要更换,减少了设备停机时间。[25] 机器学习还可以检测供应链中以前未被注意到的模式,以更精准地预测需求。

一系列生物和物理技术——包括生物能源、材料科学、3D 打印和水培技术——也可以帮助企业使用更少资源，替代可再生投入，提高生产率。从本质上说，用更少的资源做得更多或更好。纺织公司 DyeCoo 就是一个很好的例子。DyeCoo 的技术完全消除了织物染色过程中的水和化学物质，使用超临界二氧化碳染色织物，质量相同甚至更好。仅一台 DyeCoo 染色机每年就可以节约 3 200 万升的水和 16 万千克的加工化学品。这种技术非常高效，而且完全循环：二氧化碳是其他工业生产过程的副产品，会被循环利用，供下一批次生产使用。[26]

在其他应用中，技术正在能源收集和捕捉及再处理废弃物以用于替代用途方面发挥着关键作用。加拿大清洁能源公司 Carbon Engineering 开发了直接空气捕捉技术，将大气中的二氧化碳转化为低碳燃料，用于运输和提高石油采收率。据该公司介绍，该技术可以扩大规模，每个商业设施每年捕获 100 万吨二氧化碳。这个数字相当于 25 万辆普通汽车的年排放量。[27]

推动转型的领先实践

为什么李维斯、福特和百威英博等公司推动循环经济会取得成功？研究发现了几个常见的前沿实践。

大规模推进可再生能源

可再生能源的"大发展"成为一个共同主题。跨国科技公司微软成功将能源问题列为公司管理层的首要问题，提高了能源效率，同时提高了可再生能源在其整体能源结构中的比例。2011 年，公司领导委托对微软目前的能源状况进行风险评估。报告的结论是，该公司面临着碳监管、定价和可获得性方面的重大风险。为了降低这种风险，微软组建了一个由 14 名专家组成的团队，他们分别来自可再生能源、电力市场、电池存储和当地能源生产（或"分布式能源"），为公司制定和执行一个集团层面的能源战略。微软首席财务官和总裁在制定这一全面的路线图中发挥了重要作用。[28] 然后，公司制定了雄心勃勃的目标，到 2018 年，其数据中心 50％的能源来自风能、太阳能和水力发电。到 21 世纪 20 年代初，微软希望将这一比例提高到 60％。[28] 为了达到这些目标，各业务部门对碳排放进行内部收费，资金再投资于可再生能源项目。[28]

衡量资源投入和产出，激励变革

许多公司衡量能源消耗。然而，为了实现运营循环，公司需要量化水和其他资源使用,需要对产生的废弃物流基于数据进行分析。只有有了详细信息,组织才能以最有效的方式恰当管理和控制这些数量,才能开始实施计划激励变革。"零浪费"倡议是一个很好的开始。矿业公司英美资源集团的铂金部门正在实现到 2020 年零废弃物填埋的目标,这要归功于与废弃物专家的合作,分析每个地点的废弃物流,并探索与社区成员发展具有成本效益的再利用和回收业务的机会。[29] 内部运营碳定价项目是另一种以指标为导向的激励变革方法。印度汽车和农业设备公司马恒达(Mahindra & Mahindra)制定了每吨 10 美元的内部碳价格,这一定价非常有效,该公司计划将这一定价扩展到供应链上的其他企业。[30]

将循环嵌入闭环运营系统中

循环轴心必须由组织高层领导,但关键在于,除了设施层面,还需要嵌入日常运营决策层面,包括新的合作伙伴和系统。全球啤酒制造商喜力计划在墨西哥建立新啤酒厂,在设计设施时就考虑到了整体运营过程中的循环性。[31] 在该厂,酿酒所需的一半热能将通过回收邻近玻璃厂的废热获得(玻璃厂又将在产品中使用从喜力收到的剩余玻璃)。新工厂运行将产生沼气,用于酿酒过程加热。此外,水处理厂将净化生产中使用的水,30% 的水可以重新用于其他工艺;副产品污泥将用于改善附近农场的土壤。废弃的谷物(也是啤酒生产的副产品)将作为牛饲料。最后,现场太阳能电池板将提供啤酒厂的部分电力,其余由场外的风能和太阳能提供。

打破常规思维,实现价值最大化

循环经济运作的领导者们有另一个共同点:打破常规思维,通过循环举措创造额外价值,为企业提供商业机会,也使消费者和社区受益。许多新商业模式都巧妙地将闲置产能转化为收入来源。第三方物流供应商 Coyote 被联合包裹运送服务公司(UPS)收购,正在填补返程空卡车的闲置产能。Coyote 将这些车辆与需要运输货物的企业进行匹配,从而减少了空回程卡车的里程,在业内也被称为"空头"。[32] 一家美国大型酿酒公司利用 Coyote 的服务,仅在 2018 年就能够填补车队 90 万英里的空卡车,产生了可观的额外收入。[33]

其他人则把创新思维延伸得更远。在水资源紧张的美国加州,种植水稻的农民与自然资源保护主义者合作,出租休耕田作为"临时湿地"。多年来,加州农业扩张已经占领了 90% 的湿地,水鸟和滨鸟每年逗留的数量急剧下降。[34] 为此,慈善环保组织"大自然保护协会"(TNC)使用了由业余鸟类观察者众包信息组成的庞大数据库,预测加州鸟类需要栖息地的时间和地点。跨国公司随后与农民订立合同,暂时租用这些地区的休耕农田(滨鸟一年只需要几个星期的土地)。[34] 结果十分出色:从 2 月到

3 月,水鸟数量增加了 5 倍,租用田地的水鸟密度平均是对照田地的 20 倍。[34]

另一个例子是 method 在芝加哥的工厂,融合了循环经济原则和城市发展观,使企业、社会和环境的利益最大化。method 在芝加哥南部建立了工厂,这是 30 多年来在经历了重大撤资的地区建立的第一个新设施。"我们决定投资和开发基础设施陈旧、失业率高的地区,"method 联合创始人亚当·劳里解释说。"随着城市化水平的提高,从能源和水资源的角度来看,投资一座城市也是很好的选择。"该工厂现场生产水中性的可再生能源。该公司还投资了 100 万美元加固工厂屋顶。这项投资产生了额外收入,并与城市农场 Gotham Greens 签订租赁协议,为该地区提供新鲜农产品。

📖 **本章小结**

- 通过组织控制、现有可持续性举措以及相对快速的回报和成本节约,运营可以成为循环经济的良好开端。

- 企业应利用循环促进可持续性,解决运营中最大的能源、排放、水和材料投入方面的浪费。

- 循环运营的价值不仅限于降低成本。公司必须创造性地思考新方法,消除废弃物或实现价值变现,例如,通过向平行行业出售废弃物流,或通过供应链即服务模式出租多余的生产、储存或物流。

- 最终,循环意味着将废弃物完全排除在流程外,直到变成零浪费,或者在理想情况下,资源产生大于消耗。这种状态将保护企业免受资源的影响,并建立信任,以保持市场竞争力。

在开始循环运营之前,高管们应考虑整个企业,评估驱动整个业务的废弃物和价值侵蚀因素。此外,还需要重点关注能源消耗、碳排放、用水和废弃物管理等关键领域。可参考以下几点。

示例问题

打造战略和项目

☐ 目标和商业模式是什么?

☐ 组织已经展开了哪些活动,可以在循环经济战略中整合并规模化?

☐ 在运营中,有哪些主要的额外废弃物和价值侵蚀,如何解决这些问题?

☐ 对运营来说,净正向和再生意味着什么?

获取价值

☐ 需要哪些数据来理解和明确解决资源使用和浪费问题,以及优化运营的最大机会?

□运营计划能在多大程度上降低成本,并使供应链更具弹性?

□是否有机会通过运营废弃物或供应链中的过剩产能创造新的收入来源?

□谁可能是客户和合作伙伴(如相邻行业)?

参与的职能

□采购部门可再生和可回收的投入物,并确定未来的资源策略(例如,稀缺或有限的自然资源)

□运营部门在实体生产、分销和零售场所实施计划

□环境管理与可持续部门为整个组织提供最佳的实践、指导和协调

□营销部门与更广泛的利益相关者沟通计划和影响

□财务部门构建具有多年回报和跨部门收益的业务案例

依赖/交集点

□产品和服务:循环原则设计产品与循环运营协同,意味着产品是"循环的",生产过程和条件也必须是循环的,同样,循环运营有助于制造循环产品。

□文化和组织:进行全面运营变革需要将循环性嵌入决策和行为中,例如,将可再生性和循环性原则纳入采购标准和流程中。

□生态系统:寻找可再生和循环资源投入并将多余的废弃物出售给其他行业,需要生态系统的发展,以确保有足够的供应商和具有成本效益的选择和买家,扩大循环模式的运营规模。

注释

1. 百威英博,《可持续性是我们的业务》,https://www. ab-inbev. com/sustainability/2025-sustainability-goals. html(2019 年 8 月 9 日访问)。

2. 百威英博,《我们正通过英国历史上最大的无补贴可再生太阳能交易推动实现 100%可再生电力》,2018 年 12 月 19 日,https://www. ab-inbev. com/news-media/news-stories/were-pushingtowards-100--renewable-electricity-with-the-larges. html(2019 年 8 月 9 日访问)。

3. 新光科技,《从温室气体到塑料》,https://www. newlight. com/(2019 年 8 月 9 日访问)。

4. 碳信托基金,《减少环境影响的佼佼者在碳信托企业可持续发展峰会上得到认可》,2017 年

10 月 17 日，https://www. carbontrust. com/news/2017/10/carbon-trust-corporate-sus-tainability-summit-awards/(2019 年 8 月 9 日访问)。

5. 联合利华，《联合利华宣布全球零废弃物填埋新成就》，2016 年 2 月 9 日，https://www. uni-lever. com/news/press-releases/2016/Unilever-announces-new-global-zero-waste-to-landfillachie-vement. html(2019 年 8 月 9 日访问)。

6. 底波拉·德鲁(Deborah Drew)，《服装业对环境影响的 6 张图》，世界资源研究所，2017 年，https://www. wri. org/blog/2017/07/apparel-industrys-environmental-impact-graphics (2019 年 8 月 9 日访问)。

7. 帕梅拉·拉瓦西奥(Pamela Ravasio)，《如何才能阻止水成为时尚牺牲品?》，《卫报》，2012 年，https://www. theguardian. com/sustainable-business/water-scarcity-fashion-industry (2019 年 8 月 9 日访问)。

8. rainwaterharving. org，《新加坡的雨水收集》，www. rainwaterharvesting. org/international/singapore. htm(2019 年 8 月 16 日访问)。

9. 阿黛尔·彼得斯，《李维斯在寻求减少用水，开放生产方法》，Fast Company，2016 年 3 月 22 日，https://www. fastcompany. com/3057970/in-its-quest-to-decrease-water-use-levis-is-opensourcing-production-methods(2019 年 8 月 16 日访问)。

10. 联合利华，《可持续生活》，https://www. hul. co. in/sustainable-living/(2019 年 8 月 16 日访问)。

11. 艺康公司，《印度钢铁生产商推动节约用水》，https://en-uk. ecolab. com/stories/indian-steel-producer-forges-ahead-with-watersavings(2019 年 8 月 30 日访问)。

12. 艺康公司，《以可持续用水支持亚洲数据中心增长》，https://en-nz. ecolab. com/stories/ap-data-center(2019 年 8 月 30 日访问)。

13. 约尼斯·约安努(Ioannis Ioannou)和乔治·塞拉菲姆(George Serafeim)，《可持续发展可以成为一种战略》，《哈佛商业评论》，2019 年，https://hbr. org/2019/02/yes-sustainability-can-be-a-strategy(2019 年 8 月 9 日访问)。

14. Metsä 集团，《可持续和资源高效的生物经济使循环经济成为可能》，2019 年，https://www. metsagroup. com/en/Sustainability/Bioeconomy/Sivut/default. aspx(2019 年 8 月 9 日访问)。

15. 卡罗琳·唐纳利(Carohline Donnelly)，《谷歌 Deepmind 加倍提高人工智能主导的数据中心能源效率》，《计算机周刊》，2018 年，https://www. computerweekly. com/news/252447126/Google-Deepmind-doublesdown-on-AI-led-efforts-to-improve-datacentre-energy-efficiency(2019 年 8 月 9 日访问)。

16. 米奇·迪尔伯恩(Mich Dearborn)，《一次一个芯片：工程师的创新如何让福特现在每月回收 2 000 万磅的铝》，福特媒体中心，2017 年 4 月 21 日，https://media. ford. com/content/fordmedia/fna/us/en/news/2017/04/21/ford-recycling-20-million-pounds-of-aluminum-

monthly. html(2019 年 8 月 16 日访问)。

17. 埃德温·洛佩兹(Edwin Lopez)和詹妮弗·麦克凯维特(Jennifer McKevitt),《福特新闭环系统帮助卡车回收了 23％的铝》,Supply Chain Dive 网站,2017 年 4 月 26 日,https://www. supplychaindive. com/news/fords-newclosed-loop-systems-help-it-recycle-23-more-aluminum-into-its-t/441124/(2019 年 8 月 16 日访问)。

18. 尼尔森,《全球消费者寻找关心环境问题的公司》,2018 年,https://www. nielsen. com/eu/en/insights/article/2018/global-consumers-seek-companies-that-care-about-environmental-issues/(2019 年 8 月 9 日访问)。

19. 悉尼·恩伯(Sydney Ember),《第 50 届超级碗,分析广告》,《纽约时报》,https://www. nytimes. com/interactive/projects/cp/media/super-bowl-50-commercials(2019 年 8 月 16 日访问)。

20. 高露洁美国,《高露洁♯EveryDropCounts》,Youtube 视频,0∶30,2016 年 1 月 22 日发布,https://www. youtube. com/watch? v = z5Ar0eCp6uE(2019 年 8 月 16 日访问)。

21. Edie Newsroom,《世界上最大的啤酒商通过可持续发展战略节省 5 000 万英镑》,2017 年,www. edie. net/news/7/World-s-largest-brewersaves--60m-through-sustainability-strate-gy-/(2019 年 8 月 9 日访问)。

22. 美通社,《百威和 Enel Green Power 公司宣布可再生能源伙伴关系》,2017 年,www. prnewswire. com/news-releases/anheuser-busch-and-enel-green-power-announce-renewable-energy-partnership-300518935. html(2019 年 8 月 9 日访问)。

23. RE100 网站,《百威英博在可再生能源上迈出了一步,百威宣布可再生电力标签》,2018 年,http://there100. org/news/14270244(2019 年 8 月 9 日访问)。

24. Enevo 公司,《欢迎来到废弃物解决方案的新时代》,https://www. enevo. com/(2019 年 8 月 16 日访问)。

25. 斯凯孚,《旋转设备优化》,https://www. skf. com/group/services/services-and-solutions/internet-of-things/2025-outlook-optimizing-maintenance-with-iot. html(2019 年 8 月 16 日访问)。

26. 欧洲商业联合会,《DyeCoo 纺织品无水和无工艺化学染色技术》,2019 年 2 月 15 日,http://www. circulary. eu/project/dyecoo/(2019 年 8 月 9 日访问)。

27. Carbon Engineering 公司,《直接捕捉空气》,https://carbonengineering. com/about-dac/(2019 年 8 月 30 日访问)。

28. 安德鲁·温斯顿、乔治·法瓦洛罗(George Favaloro)、蒂姆·希利(Tim Healy),《企业高管的能源战略》,《哈佛商业评论》,2017 年,https://hbr. org/2017/01/energystrategy-for-the-c-suite(2019 年 8 月 30 日访问)。

29. 英美资源集团,《2018 年可持续发展报告》,2018 年,https://www. angloamerican. com/～/media/Files/A/Anglo-American-PLC-V2/documents/annual-updates-2019/aa-

sustainability-report-2018. pdf(2019 年 8 月 9 日访问)。

30. 凯文·莫斯(Kevin Moss)，《企业引领向低碳经济转型的三种方式》，世界资源研究所，2019 年，https://www. wri. org/blog/2019/05/3-ways-businesses-can-lead-transition-low-carbon-economy(2019 年 8 月 9 日访问)。

31. 阿黛尔·彼得斯，《这家啤酒厂是循环经济的典范》，Fast Company, 2018 年，https://www. fastcompany. com/40536868/this-breweryis-designed-as-a-model-for-the-circular-economy(2019 年 8 月 9 日访问)。

32. 哈里·霍策(Harry Hotze)，《ITA 焦点：Coyote 物流》，伊利诺伊州科技协会，2017 年，https://www. illinoistech. org/news/379146/ITA-SpotlightCoyote-Logistics. htm(2019 年 8 月 9 日访问)。

33. Coyote 公司，《为 2018 年消除的 90 万空英里干杯》，2019 年，https://resources. coyote. com/case-studies/900k-empty-miles-eliminated-in-2018(2019 年 8 月 9 日访问)。

34. 安妮·坎莱特(Anne Canright)，《弹出式湿地：一个成功的故事》，Breakthroughs, 2014 年，https://nature. berkeley. edu/breakthroughs/fa14/pop-up-wetlands。(2019 年 8 月 9 日访问)。

18

产品和服务

产品和服务很大程度上定义了一家企业,因为这既是消费者、员工和投资者对企业最多的了解,也通常是企业内部的组织方式,还是衡量其业绩的标准。因此,让公司产品(尤其是生产已久的产品)向可循环转型升级可能颇有挑战。

将可循环引入公司的产品组合到底意味着什么? 这要求公司设计和开发没有浪费的产品和服务。理想情况下,循环产品应①在设计上可供无限重复使用,②仅使用循环或可持续材料制造,③使用寿命尽可能长,以及④能在使用结束时以最高的价值(比如,变为原料而不是用于能源)分解成可重新进入(自身或其他产品)价值链的材料或组件。简言之,在真正的循环中,产品和材料在闭环系统中得以无限使用和循环。虽然这个概念简单,但真正实现循环是一项艰巨的任务,因为这需要彻底摆脱当前的线性消费模式。

四个重点关注领域

诚然,打造循环的产品和服务是一项艰巨的任务,但若从产品生命周期的四个关键阶段——设计、使用、使用扩展和使用结束入手,我们可以将全过程分解,使这项任务更易于操作(见表 18.1)。

表 18.1 四个重点领域

重点领域	工具集	产品和服务举措
设计	循环产品或服务的概念、规划和构建。目的是重新设计产品,以减少使用密集型资源和一次性的材料并扩大这些材料的使用范围。这一步还可以在使用结束时重新调整产品用途,以提供超出首次使用的价值	世楷家具公司正在将回收利用的理念融入产品,比如新款 Think 办公椅等产品,坚固耐用、功能多样、"魅力持久",因此使用寿命更长。Think 办公椅的零件也更少,因此使用结束后可以更容易地转作他用或拆卸[1]

（续表）

重点领域	工具集	产品和服务举措
使用	单纯使用原始形态的循环产品或服务以实现价值最大化。目的是利用"产品即服务"或"共享平台"模式来最大限度地提高产品利用率	轮胎制造商米其林公司推出的轮胎租赁计划已吸引超过 50 万辆商用车注册，该项目可实时追溯车辆数据，提升了使用中轮胎的管理效率和燃油效率[2]
使用扩展	发挥原始形态下循环产品或服务的多种用途以实现价值最大化。措施包括"产品用途扩展"模式（即维护或维修服务）或在二级市场上转售来扩展产品的使用	2018 年，户外服装公司北面（The North Face）推出了"焕然一新"系列产品，这些产品都来自被退回的、有瑕疵的或损坏的服装[3]
使用结束	多次利用任何形式的循环产品或服务以实现价值最大化。这可能包括在使用结束时确定废弃物的循环用途，并通过回收（或升级再造）以及创建或发展二级材料市场来重新利用废弃物	英国跨国零售商马莎百货（Marks & Spencer）正用葡萄酒生产废料来制造一个新的护肤品系列并将其商业化[4]

　　需要注意的是，这四个阶段是紧密相连的，成熟的公司应该以这种方式解决产品生命周期所有方面的问题。比如，业务模式转向共享或租赁，可能会影响产品的使用，进而改变设计，因此产品必须更加耐用，并且易于维护和维修。通常需要传感器等设备跟踪产品的使用或状况，以便进行预测性维护和维修。同样，为了使用结束后回收产品和材料留作他用或再制造，公司必须考虑产品设计，产品需要容易拆卸，或者由可有效回收或再利用的材料制造。此外，"产品即服务"业务模式可提高产品使用后的可恢复性，且这一模式将影响产品的使用和所有权。

　　通盘考虑这四个阶段，公司便能超越"具有循环属性的产品"，而转向真正的"循环产品"，这种转变，或是开环系统，或是闭环系统（参见"开环和闭环的对比"）。此外，企业领导者需要参考本书描述的其他三个循环维度（运营、文化和组织、生态系统）来思考自己的产品。比如，企业一旦解决了运营问题，往往就会将重点转移到产品组合上，但产品和服务也可能成为多品类公司和面向消费者公司的起点，比如普通零售商，他们想要吸引更多的消费者，也想要考察循环概念的需求和商业价值。

 开环和闭环的对比

　　产品和材料的循环路径可以是"闭环"（一种产品的废弃物被收集并回收

利用到相同的新产品中,比如旧的铝罐可以一次次直接回收利用到新的铝罐中),也可以是"开环"(一个行业的废弃物成为另一个行业的原始投入,比如美国咖啡公司星巴克的废咖啡被用作肥料)。[5] 常常有人问闭环是否天生就比开环更好,我们的答案是:看情况。

人们认为闭环本质上比开环好。如果材料或组件能不断重回价值链,那么它应该可以降低产品成本、减少或消除不可再生资源的使用、防范潜在的供应短缺。然而,闭环类型的企业可能在产品、零件或材料方面受到更多限制,而这些产品、零件或材料实际上可以反馈到同一产品中。将产品和材料大规模带回系统需要良性发展的经济、完善的回收利用设施、有效的消费者激励和先进的技术能力。正如行业概况所述,大多数行业仍在努力克服这些障碍,因此,今天很少有闭环产品或材料,比如,目前没有一款产品达到"摇篮到摇篮™"的白金认证要求,该认证体系评估产品的五个质量类别(材料健康、材料再利用、可再生能源和碳管理、水资源管理和社会公平)。[6]

开环中的公司或许可以找到"废弃物"重新利用的可行循环,因为废弃物是另一个系统有价值的原料。然而,不利的一面是,如今大多数开环循环都将产品或材料降级为价值较低的原料,因此这不是真正的循环。也就是说,我们认为开环循环可能"和闭环循环一样好",甚至可能比闭环循环更有影响力,但整个系统必须是"封闭"的,这要求提供循环产品的供应商和客户拥有循环的生态系统,能以循环的方式收集和再利用产品。在这方面,构建有效的开环生态系统要复杂得多,但可能对其他公司和行业更有溢出效应。

以废弃物再利用公司 Continuus Materials 为例,该公司开发了一个专有系统,可将城市和后工业废弃物流加工成完全可回收的产品。循环板材 EVERBOARD™ 是一种极其耐用、防潮、防霉的建筑板材,与传统建筑材料相比,价格相当且性能优越。EVERBOARD™ 的材料取自结束使用的产品,就地将这些升级再造,因此 Continuus Materials 公司创造出一个真正的循环生态系统,将本地收集的废弃物原地转化为高性能的建筑材料。Continuus Materials 公司的首席执行官克里斯·赖利(Chris Riley)谈到了生态系统级别循环的潜力:"我们的解决方案将两个最大的材料行业——即废弃物和建筑材料相结合,建筑材料行业是少数几个有能力回收利用大部分废弃物的行业之一。"(见图 18.1)

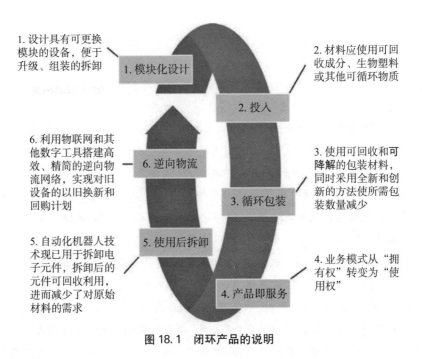

1. 设计具有可更换模块的设备，便于升级、组装的拆卸

1. 模块化设计

2. 材料应使用可回收成分、生物塑料或其他可循环物质

2. 投入

6. 利用物联网和其他数字工具搭建高效、精简的逆向物流网络，实现对旧设备的以旧换新和回购计划

6. 逆向物流

3. 使用可回收和可降解的包装材料，同时采用全新和创新的方法使所需包装数量减少

3. 循环包装

5. 自动化机器人技术现已用于拆卸电子元件，拆卸后的元件可回收利用，进而减少了对原始材料的需求

5. 使用后拆卸

4. 业务模式从"拥有权"转变为"使用权"

4. 产品即服务

图 18.1　闭环产品的说明

开启转型

首先,企业面对众多方案进行选择,应关注产品组合中最有潜力靠循环提升价值的产品和材料。企业必须考虑很多因素,包括市场趋势、客户接受度和更宏观意义的战略优先事项。比如,日益激烈的竞争和日趋严格的消费者审查,让企业可能会优先考虑获客并留住客户的计划,比如有关客户忠诚度的循环产品或模型。以公众对一次性塑料的高度关注为例,快消、零售或食品企业可能会将对下游消费者影响最大的计划放在首位,比如停用塑料或使用循环包装。为此,德国化学和消费品公司汉高(Henkel)的目标是到 2025 年,实现产品包装 100％可回收、可复用或可堆肥。[7] 此外,专注于降低成本的公司可能会优先考虑降低销售商品成本的循环计划,比如最大限度减少产品材料。

另外两个关键因素是可用技术和基础设施成熟度,这两个因素对循环至关重要,都会影响长期战略投资里短期阶段的划分。有些循环可能相对容易在现有价值链扩展,比如将可回收或可替代的成分引入产品生产,而完全转向全新的商业模式和产品组合则是更大步的探索。这些方法可能需要在技术和基础设施方面的大量投资,但这些投资也为公司今后的快速发展做了铺垫。全球卫生和健康公司 Essity 是世界最大的薄纸制造商之一,该公司正投资约 4 000 万美元,用于从替代纤维中生产纸浆,替代纤维来自植物基农业副产品,而非传统的木质纸浆。这一过程将减少水、能源和化学品的使用,同时综合制浆过程的副产品可以进一步提炼成油基化学品的替代品。[8]

企业的层级和规模将进一步影响其能够(且应该)执行循环计划的方式。大型组织可能会选择从特定地区、产品线或品牌开始试点计划,目标是最有可能重视循环模式的细分市场。比如,汽车制造商通常重点关注其电动汽车模型对已具有可持续发展意识客户的吸引力。但公司不应止步于此,一旦试点的循环产品和服务获得成功,公司就应专注于价值链效率,让更多的产品组合向循环过渡。

循环之旅: 产品的使用扩展

一般来说,公司在构建循环的投资组合时,往往会经历几个阶段:首先评估公司现有的产品和服务(参见"评估"),然后确定方案并进行试点,最终将循环方案扩大到整个业务和投资组合,这一过程可能使公司运营方式发生巨大变化。"我们正在转变自己的业务模式,比如转换技术时,从'我们卖给您一个盒子,然后三年后回来向您推销升级版产品'转变为'我们以订阅模式为您提供技术服务,并将您的业务价值最大化'。这种模式使实物产品的生命周期显著延长。"思科供应链运营高级副总裁约翰·科恩说。

产品和服务触及循环的核心,重新优化设计并开发材料、回收利用,最后使用结束回收到系统,产品和服务的循环方案贯穿整个价值链(见表 18.2)。产品和服务的循环方案还取决于公司在循环之旅上的进展,即公司是刚刚起步还是小有成就。举个例子,考虑产品使用扩展的重点领域,公司可以探索两种主要的循环方案。第一种方案是通过维修或维护延长产品的使用寿命,这一方案可通过提高循环意识、提供产品支持服务实现,因为客户价值会提高、客户忠诚度会提高、品牌也可升级,还会有额外的收入。比如,巴塔哥尼亚公司反其道而行的"不要买这件夹克"("Don't Buy This Jacket")等活动,巧妙地引导消费者对产品价值有了更深的理解。这家美国服装公司专门使用高质量的材料设计产品,从而做到有效的修复和回收利用,最终帮助公司更加深入地把握了客户的需求。"我们对产品可修复性的重视有助于发现日后维修的隐患,我们与设计团队共同消除这些隐患,确保新服装可进行维修,因此实现了产品循环的闭环。"巴塔哥尼亚公共事务副总裁里克·里奇韦说。

第二种方案是通过转售延续产品的使用,通常发生在二级市场。设备制造商小松公司对二手采矿和建筑机械的改进和转售是一个例子(详见第 9 章),[9]另一个例子是重型建筑机械制造商和供应商 JCB India Ltd.,通过"翻新"项目对发动机进行回收利用,延长了车的使用寿命。[10]

表 18.2　公司成熟度的说明性特征

	新兴	小有成就	领先	将循环贯彻到底	成熟之旅：从→到
设计	• 评估材料当前的生命周期和资源足迹 • 确定当前产品/服务组件的回收机会	• 创新产品/服务的设计，增强循环性 • 尽可能使用源自本地的可回收/可生物降解材料 • 重新设计，以解决废弃物的泄漏问题	• 产品大规模模块化 • 实现材料100%再利用（如"摇篮到摇篮"™白金认证） • 利用新技术来推广新产品	• 向"产品即服务"过渡，与客户构建循环关系 • 优化整个服务组合的设计，以循环性为中心 • 100%使用循环材料，100%模块化产品组合	• 从评估当前产品的生命周期，到以循环性为中心设计整个产品组合 • 举措包括：①确定资源密集型材料/产品，并用循环材料重新评估产品设计流程，②重新评估产品设计流程，使产品突破一次性使用的局限，③改进设计，提升组件在当前生命周期内的价值
使用	• 主要提供一次性产品/服务 • 借助共享方案确定产品再次利用的可用范围 • 产品使用过程中仍存在负外部性（如碳排放）	• 采取措施，再利用现有产品（如共享/租赁模式） • 降低负外部性	• 目标是100%利用产品 • 延长产品生命周期，促进向产品即服务的转变 • 利用新技术实现业务的纵向扩展 • 将负外部性降到最低	• 利用"共享平台"或"产品即服务"模式，最大限度提高全部产品组合中的产品利用率 • 构建覆盖所有业务线的闭环 • 使负外部性为零	• 从确定产品组合中一次性产品的再利用机会，到最大限度提高产品利用率，构建覆盖所有业务线的闭环 • 举措包括：①利用产品使用的共享网络/订阅/租赁模式，②利用新技术改进当前的服务
使用扩展	• 主要提供一次性产品/服务 • 很少/没有维修保养服务	• 借助回收和转售市场延长生命周期 • 提供维修/保养服务（如大型公司的维修服务）	• 让技术支持的维修服务覆盖全部消费者 • 和消费者充分接触，鼓励循环行动	• 优化所有产品的设计，使产品可供多位用户使用 • 对所有产品/服务负责到底，打造经久不衰的品牌	• 从缺乏维修或保养服务到终身保修的耐用产品 • 举措包括：①提升意识，改造支持服务进而改善产品使用，提升产品性能，②利用转售分销和零售平台销售产品

	新兴	小有成就	领先	将循环贯彻到底	成熟之旅：从→到
使用结束	• 确定材料的回收机会 • 对填埋材料进行跟踪	• 将废弃物的各种回收措施扩展到整个供应链 • 利用现有平台/二级物资市场	• 收集内部所有废弃物，合理分配，重新送入供应链或送至材料市场增收 • 利用技术和共享平台扩大二级材料市场	• 消灭价值链上所有的物料排放现象 • 坚持回收利用所有废料	• 从监控废弃物到填埋，再到封闭的物料循环中消除价值链的排放 举措包括：①在产品/服务生命周期结束时确定废弃物的循环使用方案，使废弃物满足发展或材料模型的二级市场，②创建或发展材料模型的二级市场
小结	• 将预算分配给具体的业务部门订供应链热点，可了解一时之难 • 公司若希望依靠产品/服务来发展核心业务，那么循环是极好的机会	可充分利用投资（降低供应链热点的成本，可提高投资能力，见第17章，进入新的业务领域/模式，如"产品即服务"）	实现真正的循环需要重新思考产品设计并投入大量预算，对创新的工作方法进行核算（见第19章）新的工作方法奖励和奖励可以推动新业务领域和新业务的关键	将循环理念贯彻到底，使产品和材料的组合得以在闭环系统中无限使用和循环，需要通盘考虑产品设计、使用，使用结束后的各项方案	循环产品和服务始于体现循环原则的设计和工作方法，但最终依靠技术（尤其云计算、大数据和移动设备等数字技术创新将设计推向市场并加以推广）

　　无论哪种方案,其目标都是最终延伸所有的产品和服务,因此公司需要技术支持、回收策略和转售平台以实现目标。

 必看小贴士：评估

　　为达到更好的效果,大多数公司在其产品组合向循环转型时,管理都从优先级排序开始,公司的重点也是产品和商业模式。这一流程既可以嵌入更大的循环机会评估和战略(第三部分的第 16 章"企业循环战略的支柱"已经讨论),也可以专门用来分析产品和服务。该过程可包含以下四个基本步骤：

　　1. 盘点产品： 评估当前的产品组合,真正了解所用材料的用途,这些材料包括水、能源、原料等。盘点产品的目标,一是确定消耗资源最多和废弃物排放最多的部分,二是了解所用材料的生命周期。基线分析有助于公司发现自己最大的需求和机会——比如,有大量水足迹的产品、依赖一次性塑料的产品、利用率极低的产品、易于过早丢弃的产品,或材料还有价值但最终却被填埋的产品,基线分析可以促进产品的再次设计和重新配方,也可能使公司完全丢弃该产品。2017 年联合利华全面评估投资组合时,发现公司"可持续生活品牌"的增速比其他业务快 50%,而一些最不可持续的产品则表现最差。这一认识促进了产品组合的发展,推动了公司的合理化决策,联合利华不仅确定了要停止的项目,还识别了要加倍投入的产品和流程,即那些公司尚未发觉的可持续产品和流程。仅仅一年之后,联合利华的可持续生活品牌就为公司带来了75%的增长。[11]

　　2. 匹配产品服务循环机遇： 第一步盘点产品完成后,可开始根据当前产品组合识别和映射循环材料、业务模型和服务。比如,宜家从沙发等产品出发,将浪费的生命周期视作机会,找出循环模式(比如二次销售、更换沙发套或翻新)应用于整个生命周期的办法,进而延长产品生命并增加收入。一些产品可用再生塑料、替代材料或可再生能源推动循环进程,荷兰连锁超市 EkoPlaza 已经能用可生物降解的包装替代 700 多种商品的塑料包装,这些商品包括酸奶、零食和果蔬等。[12] 有些产品则更适合用服务模式促进循环,比如汽车,虽使用寿命长,但利用率却低。

　　3. 评估并确定机会的优先级： 匹配完成后,应该用一套标准来评估机会。这套标准通常是战略因素、组织因素和市场因素的综合,比如：

　　● 迫切程度——改变消费模式对该产品有多重要？材料和/或资源投入

有什么影响？

- 战略契合度——机会是否符合企业的战略方向和竞争优势？
- 能力匹配度——企业是否有完美的技能、完整的系统、完善的流程来利用机会？
- 技术可行性——已有的技术和基础设施,能否让企业成规模、花费少、效率高地利用机会？
- 客户需求度——客户看重的是产品的拥有权还是使用权？

如果某些机会在技术上可行,并且符合客户偏好和兴趣(比如时尚订阅服务),则可能会被优先考虑为速赢机会。其他机会或许目前看来不太可行,需要对新的供应链和生态系统进行战略性长期投资(比如开发已回收电器和电子产品的价值)

4. 构建业务案例: 企业现在需要开发出一个可行的业务案例,且案例中应包含客户价值主张和目标客户群的细节。企业需要完善新产品、新服务或新商业模式的概念,以便评估投资需求(如人力、研发等)、运营成本(增加的开销或节约的费用)和预期收入(如经常性服务收入、转售或潜在溢价)。评估是确定循环方案优先级的依据,评估还可跟踪方案的财务、社会和环境效益(如垃圾填埋场转移、减排或创造就业机会)。艺康公司为食品、能源、医疗保健、工业和酒店提供水、卫生和能源解决方案,艺康与造纸方合作,不影响纸张强度和质量的同时回收利用纤维。公司董事长兼首席执行官道格·贝克说经济回报是个驱动因素:"最好的方案,运营总成本必须最低,当然也必须为业务和环境带来高回报。"

价值驱动因素

在关注消费者且资源有限的商业环境下,将产品和服务组合转变为循环模式对公司保持竞争力至关重要。正如我们在上一章所讨论的,循环有助于公司有效管理和利用其运营所需的材料和资源。但循环的产品和服务更进一步:循环的投资组合将最终降低公司风险,并促进公司的长期发展和盈利。简言之,循环产品和服务允许几乎无限制的消费,因为公司不再受到资源紧张或环境问题的限制。

 增加收入: 向循环产品和服务转型会带来巨大的收入增长机会。比如,荷兰飞利浦公司已能从循环的投资组合中获利。2018年该公司的绿色收入和循环收入分别占公司销售额的64％和12％。[13] 飞利浦公司的方案如下：智慧路径(SmartPath)使已有系统花费很少便升级到当前标准同时扩大容量;钻石星选(Diamond Select)改变了医疗保健系统的产品组合,用更实惠的价格为客户提供更先进的技术;Lumify是项灵活的订阅服务,使客户可以访问超声换能器、各应用程序以及在线生态系统,上述所有都降低了客户的前期成本。飞利浦认为,向循环商业模式的转变能为客户和公司都带来巨大的价值,与客户的长期合作创造了双赢的局面,客户得到的服务和效果更好,公司的收入流也更持久、更可预测。

💲 **节约成本**：循环还可以减少产品设计和生产中的浪费,即降低原材料成本的同时制造更高效的产品。一些公司将自己回收的材料用作原材料从而节约了额外的成本。戴尔产品中使用的回收塑料有一半以上来自公司自己的闭环供应链,即1370万磅回收塑料。戴尔首席环境战略家约翰·普鲁格说："我们决定使塑料产品形成闭环,而不是把塑料产品重新卖回市场,迄今为止我们已节省了200万美元的成本。此举还提升了我们的品牌认可度,促进了我们与客户的对话,使我们与合作伙伴一起创新,因为越来越多的人开始意识到循环经济的可能性。"

⚠️ **降低风险**：循环可保护公司免受政府即将出台的材料法规和产品法规的冲击。在英国,《废旧电子电气设备回收指令》要求零售商现在必须提供给顾客免费处理旧家电的办法,因为无论何时零售商卖出新家电,都必须把旧设备处理妥当。没有回收服务的公司必须加入"经销商回收计划"。[14] 受监管的不仅有电子产品,我们将在"政策——决策者的作用"一章进一步探讨生产者责任延伸政策,这一政策也适用于塑料瓶等附加值较低的产品,政策或许能让生产者不再填埋塑料垃圾或把塑料垃圾丢弃到自然界。走向循环迫在眉睫,各行各业对此都深有感触。比如,欧盟已经禁止化妆品中1300多种化学物质,这些物质对环境有害或有危害环境的嫌疑。[15] 此外,欧盟化妆品指导纲要要求化妆品上市前须做安全评估并完成强制注册,要求政府授权使用纳米材料,这一纲要还禁止以美容为目的的动物试验。[15] 鉴于最近的趋势,我们预计这类法规今后将更加普遍。

另一个巨大的担忧是资源的可用性。正如第1章所述,我们使用的资源已经超过了地球的再生能力。因为循环可帮助企业实现无限量的原材料供应,因此循环能降低资源"枯竭"的风险,并防范商品的价格波动(2019年第一季度大多数商品价格飙升)。

🏷️ **提升品牌**：循环还可防止市场份额流失,因为消费者会越发关心环境,并相应地改变自己的购买行为。总体而言,我们看到客户不仅偏向于更可持续的产品,而且也倾向于循环产品和材料,因此具备这些条件的公司,品牌价值得以提升,市场份额也得到保护。埃森哲最近一项调查表明,75%的消费者希望购买更环保的产品。[16]该调查同时发现,83%的人认为公司设计可重复使用或回收利用的产品很重要或极其重要。[12]

🔍 案例研究:宜家

宜家正尝试不同策略,希望从根本上转变为循环模式,并改变消费者购买和使用家具的消费模式。从设计可回收的产品,到循环的材料流,再到培养顾客的回收利用文化,宜家在这个不断发展的过程中,已从新兴的循环公司走到了领先地位。早期的宜家从环境角度确定并优先考虑最有回收价值的材料,最终选择了超过25种适用于循环资源链的材料。[17]

接下来,宜家采用奖励机制鼓励顾客送回宜家的旧家具和纺织品,并建立了收集设施来实现产品的逆向流动。比如,顾客可用电子邮件发送旧家具的照片,以便宜家评估其可回收性。然后顾客可将用过或损坏的家具放在商店,并获得旧家具价值的优惠券作为回报。接着,宜家以原价的一小部分转售这些二手产品。2018年,宜家特许经营商英格卡集团专门的"回收利用"团队修复并重新包装了870万件损坏产品以便重新销售而非将其丢弃。[18]考虑到宜家的规模,若这样的概念能扩展到整个业务领域,那么产品使用结束后的浪费就可大大减少。

最近,宜家宣布将开始租赁"家具即服务",这标志着宜家传统模式的重大转型,产品的生命周期也会延长。2021年,宜家还运营了新的循环商店,包括学习专用空间,供顾客了解产品使用扩展、升级和减少浪费方面的知识。通过这些举措,宜家正与顾客一道,共同打造循环且造福气候的公司。

⚙ 技术促进

技术创新自始至终都是循环经济的关键,它们对产品和服务的促进作用或许是最为明显的。这种例子比比皆是。

在设计阶段,物理和生物技术的突破使投入循环的原料成为可能,比如材料创新(如延长产品使用寿命的植物基涂料或可堆肥的生物基材料)和工艺创新(如创建模块化产品、消耗材料更少且产生废弃物更少的3D打印技术,或无水染色的生物技术）。比如，提供地板解决方案的得嘉集团(Tarkett)开发的模块化地毯贴砖，使用的回收材料来自废弃的挡风玻璃和安全玻璃。[19] 材料科学的进步为设计可回收产品创造了新可能。汉高公司正与其供应商安配色公司(Ampacet Corporation)合作，创新解决方案，使黑色的塑料包装变得完全可回收，虽然这一问题由来已久（碳黑色素的缘故），但新的包装材料将使用无碳的黑色颜料，所以使用过的瓶子能够重新进入价值链。[20]

物联网、高级分析和各种其他数字技术也可帮助公司优化产品生命性能、减少环境负外部性、推动产品使用扩展的新商业模式。比如，直接面向消费者的数字技术正利用租赁模式、共享平台和市场延长产品寿命。比如，Stuffstr 公司为消费者提供了平台，使消费者可将买来的任何商品即刻卖给平台上的零售商。零售商的 App 或网站显示了每件商品的即时回购价格，消费者只需点击按钮就可以将商品卖出。消费者准备好后，Stuffstr 公司提供免费的当天取货服务，取货时即刻使用商店信用支付给客户。此过程的一个重要组成部分是计算报价的 Stuffstr 算法，该算法用人工智能预测物品的转售价值，然后估计收集物品和处理物品的成本。[21]

为进一步把握产品使用后的机会，各公司采用了大量的数字、物理和生物技术。比如，机器人可以自动分类和拆卸产品，而高级分析和核心数据引擎有助于跟踪和优化逆向产品流和材料流的估值和方向。物联网还有助于促进产品的回收利用和再循环。比如，惠普公司已部署了"产品即服务"的业务模式，打印机在客户提出需要之前自动请求更换墨盒。用过的墨盒随后邮寄给惠普重新灌装而成为闭环回收系统的一部分，订阅服务按使用情况（打印页数）逐月收费而非根据使用的墨水量进行收费。[22]

推动转型的领先实践

我们研究时遇到了一些公司，这些公司在构建和发展循环产品组合方面成效明显。我们整理了从领先企业学到的知识以探究其成功之道。

重塑供应链

推广循环产品和服务通常需要建立全新的供应链。供应商参与是关键的起点，领先企业往往与其供应商密切合作，探索重构循环产品的想法。

这不仅需要选择正确的合作伙伴，也需要建立正确的依赖关系并做到更开放包容的沟通。正如思科公司约翰·科恩所言，"我们需要有足够多的供应商，才能再加工并找到可再生的原料投入。市场的作用巨大，可以将一个行业的废弃物转化为另一个行业的材料流。"格林美公司是个很好的例子，该公司专注于回收利用电子产品和电动汽车的电池和电子垃圾。该公司拥有技术,能够回收电动汽车报废的锂电池,提取镍、钴和其他重要资源,转化为材料,再将材料重新投入到三星 SDI 和 Ecopro 公司等电池生产商的供应链。[23] 迄今为止,格林美是中国废旧电池回收能力最强的公司,每年处理 10% 以上、约 30 万吨废旧电池。[24]

建立新的供应链是一件事,使其规模化更具挑战。共享基础设施可提供帮助。泰瑞环保公司新推出的消费产品零浪费平台"Loop(循环)"使产品在品牌和消费者之间循环流动。该公司最新的循环方案已涵盖了约 300 种产品——包括汰渍洗涤剂、潘婷洗发水、哈根达斯冰淇淋、佳洁士漱口水等——都采用了可重复使用的包装。消费者使用完产品,可将空容器放在家门口的 Loop 提包里,提包会由送货服务部门送至 Loop 清洗平台,洗净的容器会由制造商重新灌装,再运送给消费者。公司首席执行官汤姆·萨基表示:"Loop 平台不仅操作便利,还解决了废弃物处理难和包装质量下降两大问题。"Loop 正在助力包括联合利华在内的众多知名品牌实现循环。联合利华首席研发官大卫·布兰查德(David Blanchard)说:"我们相信 Loop 将助我们一臂之力,建造好塑料循环系统,设计好能真正循环的包装系统。"[25]

设置产品目标

公司需要设置关于产品和服务组合长期的大目标,并为实现这些目标制定路线图和计划。其实目标的存在本身也有助于向员工、供应商和市场传递正向变化的信号。为循环组合和材料设置目标可采取多种不同形式,比如一些目标可能和使用循环材料有关,H&M 集团的目标是,到 2030 年,所有产品使用 100% 回收利用或采购其他可持续的原料,这是实现 H&M 集团使命的一部分,该集团希望成为完全循环并造福气候的企业。[26] 有些目标针对公司特定的产品组合,作为公司承诺的一部分,丹麦玩具制造商乐高正致力于开发完全基于生物的材料,该公司希望到 2030 年,公司运营无浪费,且核心产品和包装都使用可持续的材料。有些目标是使循环产品和投资组合达成收入增长目标,威立雅环境集团 2020 年的目标是使循环经济创造超 38 亿欧元的收入。[27] 很多公司的循环目标走得更远。可口可乐公司董事长兼首席执行官詹姆斯·昆西(James Quincey)说:"循环目标需考虑到上游和下游。我们不仅为可口可乐公司设置目标,更是为同在生态系统的很多公司的产品设置目标。"

公司不论设置什么目标,都应考虑以下因素:①实现目标的潜在障碍和要求,比如所需的收集设施或回收技术,②潜在的意外后果和目标的现实可行性。比如,希望成倍减少生物塑料使用的公司,需要保证合适的基础设施和工艺以避免污染循环物流。

以客户为中心

领先的循环企业擅长让消费者参与到循环体验和价值主张中。在可持续发展、气候变化和一般社会问题上，若公众敏感度提高，那么品牌就有在环境和社会事务方面脱颖而出的机会。但情况并不总如人所愿，因为循环经济理念还没有大范围成为左右消费者购物的根本立场，所以让循环理念和传统的营销卖点相结合十分重要，比如产品的可负担性、便利性或性能。因此，公司领导正针对不同客户群体的需求打造循环产品或服务，并传递价值主张，以便客户了解哪些循环产品和模式更适合他们。

亚当·劳里是 method 和 Ripple Foods 两个品牌的联合创始人，这两个品牌的可持续性和产品属性值都引起了消费者的高度共鸣。劳里说："method 创造了可持续设计产品的主流需求，所以能成为最大的绿色清洁品牌。很多人喜欢 method 产品放在家里的样子。"关于 Ripple Foods，劳里的目标是使 Ripple Foods 在口味和营养上获胜，同时获得环境效益，我们将在下一节进一步探讨。

品牌也在产品使用后提升消费者体验，比如让用过的产品"变好"而不是填埋。美国女装零售商 Ascena 集团与 Give Back Box 组织合作，允许顾客从其网站打印免费送货标签来捐赠服装和配饰。截至 2017 年，Ascena 零售集团的顾客和合作伙伴已向 Goodwill 慈善商店、救世军(Salvation Army)等慈善机构捐赠了 6 000 多箱衣物和饰品。[28]

创意设计

领先的循环企业一致认为，最重要也是最具挑战性的任务之一是从一开始就将循环经济原则纳入投资组合规划和设计。事实上，从材料和成分选择到扩展产品用途和增强可回收性的设计规范，循环思维必须进入上游才能实现最佳效果。比如，美国国际香精香料公司(International Flavors and Fragrances, IFF)从未停止创新，始终按照"摇篮到摇篮™"的认证标准(这可能是构建设计原则和获得外部认证的有用框架)设计循环香料。这些标准对香味特性(如无生态毒素)、制造工艺(如使用可再生原料)和最终用途设计(如可生物降解)都适用。为开发一款循环香水，该公司仔细检查了它的全部成分，并按照标准筛选原料进而推进设计过程。[29]

通常，若中小企业把循环立为核心愿景的一部分，则更适合循环创新。比如，Ripple Foods 用豌豆研制了一系列代乳产品，这些代乳品营养价值高，需水量明显减少，温室气体排放也比乳制品或坚果奶少。Ripple Foods 创始人兼首席执行官亚当·劳里说，公司从一开始的目标就是"设计一种对环境有益的高营养非乳制品"。虽然许多坚果类牛奶替代品不仅需要大量进口水，蛋白质含量还低，但从一开始，Ripple

Foods 就试图解决这个问题：如何打造一款有益于环境的高营养产品？选择豆科植物是因为豆科植物不需要任何氮肥（它们其实是固氮植物），而且它们是轮作作物（在下雨的地方生长）。最重要的是，Ripple 产品的蛋白质含量是杏仁奶的 8 倍。

另一例是女性卫生用品 THINX 公司，该公司打造了"经期防护"、吸水性好、可洗涤的内衣和可重复使用的卫生棉条。通过创新产品功能，THINX 的解决方案几乎可以消除对一次性卫生产品的需求，使这些产品不再像今天一样只能被填埋（THINX 估计，每人每周期平均使用近 20 份卫生产品，一生大约会产生 250～300 磅废弃物）。[30]

培育强大的逆向物流能力

为完成循环闭环，领先的循环公司或建立自己的逆向物流基础设施，或与合作伙伴共同完成。H&M 采取了第一种方法，并在全球所有门店推出了全面的服装收集计划，这一举措使得 H&M 的零售商在 2018 年收集了超过两万吨纺织品用于再利用和回收——相当于 1.03 亿件 T 恤。[31] 第二种方法（与合作伙伴合作）的一个例子是"集体回收项目"，该项目在智利创建了回收网络，旨在减少并妥善处置废弃物。该项目始于智利沃尔玛、智利可口可乐、百事可乐、雀巢和联合利华的合作，目标是通过圣地亚哥的五个回收中心每年回收 1 200 吨废弃物。这一项目现已扩展到由 TriCiclos 公司管理的 15 个中心，该中心每月向这些公司提供废弃物数据报告，这些公司便可利用数据报告重新设计和改进产品和包装。[32]

收集使用后的产品是重要的第一步，但提升回流的价值也很重要。这需要借助流程和系统来跟踪分析退货量、产品类型、流动路径、客户需求和其他重要数据，以便确定正确渠道，使产品流动更高效，并使收入最大化。戴尔可持续发展服务总监埃丽卡·陈（Erika Chan）说："我们需要了解哪些材料是可用的，还需要了解这些材料能否在流动过程中无损耗，我们还需要合适的技术基础设施来连接买方和卖方。"值得注意的是，虽然废弃物战略通常侧重于废弃物层次结构（见第一部分"循环经济模式"），但能实现的最高价值可能因内部（如库存水平）和外部（如市场需求）条件而异。强大而动态的退货物流系统有助于退货产品流入正确的渠道。

📖 **本章小结**

● 公司可同时考虑四个关键领域，进而制订计划构建循环的产品和服务组合：设计、使用、使用扩展和使用结束。

- 这四个领域紧密相连，循环方案需要对四个领域通盘考虑，创造真正循环的产品以供无限期使用，并对环境产生零（或理想的纯积极）影响。

- 产品和服务真正的循环之旅十分复杂。这可能需要建立全新的供应链，前期重新设计产品和开发方法。

- 循环方案不仅有利于推动公司战略性增长、提升公司品牌价值、提高客户参与度，还提供了最大的潜在回报，并通过降低成本、保证原材料的无限供应，使公司获得了长期的竞争力。

- 公司可分步确定其循环产品和服务计划的优先顺序，应首先关注战略契合度最高、市场需求量最大和技术准备最充分的方案。

- 产品循环十分复杂、难度极大。它需要领导力、创新、强大的跨职能协调，以及创建供应商和合作伙伴的支持生态系统（接下来的两章详细讨论）。

将企业的产品组合向循环转变是一项艰巨的任务。为增加转型成功概率，企业高管需要实事求是地评估准备转型时的重要因素。企业范围的调查应有助于确定重点关注的关键领域，并确定所需的重要技术。以下清单有助于评估。

示例问题

发现循环机遇

□目前的产品中有哪些材料？

□在产品和服务组合中，资源密集度和废弃物排放最大的领域在哪里（例如，资源密集型材料或流程）？

□哪些所需资源将面临最大的波动性、短缺风险或未来监管？

□哪些循环计划与产品组合中的每种产品最相关（考虑到产品属性、客户和市场）？

□依赖性在哪里（例如，可修复性设计，以支持"即服务"使用模式）？

打造循环产品组合

□哪些循环计划最符合公司的战略、最能发挥公司优势并使公司脱颖而出？

□哪些客户群最重视循环的产品和商业模式？

□组织是否有把握机会所需的技能、系统和流程？

□现有的技术和供应链基础设施是否能够使循环经济高效地扩展？

□怎样的方案组合能为公司在当前和今后创造最大的价值？

实现循环发展

□如何为客户构建有意义的相关主张？

□商业案例是什么，如何衡量和跟进财务情况，并关注更广泛的社会和环境效益？

□如何建立新的供应链来扩大循环投资组合？

□应该在哪里与相邻行业合作？

□如何将循环原则整合到前期战略、产品设计和产品开发中？

□应该设定什么目标来推动公司、供应商和生态系统合作伙伴的行动？

□如何建立高效、有效的退货流程？

相关功能

□设计和产品开发，以实施旨在使用资源密集度较低的材料设计计划，为延长寿命进行设计，并在使用结束后重新调整用途

□各种采购转向替代材料，创新材料使用和提升投入的循环性

□产品和品牌营销塑造相关且有影响力的价值主张，并推动产品组合的循环发展

□用循环的销售方式吸引客户和市场，包括向服务和回收模式过渡

□逆向物流为产品在使用结束后返回公司和价值链建立和优化退货流程

□为退回的产品和零件建立新的流程，以便转售或再制造

相关性/交叉点

□运营：循环的内部运营和流程是构建循环产品和服务的基础。如果采购和制造消耗并浪费了很多资源，那么整个产品的生命周期也会有很多资源被消耗和浪费。

□文化和组织：跨职能协调（如销售、营销、财务、研发等）在整个组织中是循环产品成功的关键要求。比如，若销售团队不营销服务或向客户传达回收计划，"产品即服务"和使用后的回收利用计划就无法推广。

□生态系统：商业合作伙伴和供应商在循环产品和服务走向市场方面至关重要，它们对促进循环流动的供应和收集端的基础设施绝对至关重要。

注释

1. 世楷，《重新思考》，2019 年，https://www. steelcase. com/research/articles/topics/innovation/rethinking-think-2/（2019 年 8 月 12 日访问）。

2. 米其林解决方案,《随着米其林解决方案的创建,米其林与卡车运输公司合作,通过名为 EFFIFUEL™ 的初始创新解决方案帮助它们减少燃料费用》,2013 年 7 月 11 日,https://www. michelin. com/en/documents/with-the-creation-of-michelinsolutions-michelin-is-partnering-trucking-companies-to-help-them-to-reduce-their-fuel-bill-with-an-initial-innovative/(2019 年 8 月 16 日访问)。

3. Cision 美通社,《北面公司推出'更新版',以延长服装的使用寿命》,2018 年 6 月 6 日,https://www. prnewswire. com/news-releases/the-north-face-launches-renewed-to-keep-apparel-in-uselonger-300660594. html(2019 年 8 月 16 日访问)。

4. 安德鲁·麦克杜格尔(Andrew McDougall),《玛莎百货正在利用自己的葡萄酒生产废料创建一条新的护肤品生产线,并将其商业化》,欧洲化妆品设计公司,2014 年 7 月 23 日,https://www. cosmeticsdesign-europe. com/Article/2014/07/24/Marks-Spencer-skin-care-range-from-grapewaste-product(2019 年 8 月 16 日访问)。

5. Pulse 网站,《韩国星巴克今年回收了 97％的咖啡渣》,2018 年 11 月 20 日,https://pulsenews. co. kr/view. php? year = 2018&no = 725855(2019 年 8 月 16 日访问)。

6. 摇篮到摇篮认证(C2C Certified),《摇篮到摇篮认证™》,https://www. c2ccertified. org/get-certified/levels/platinum/v3_0(2019 年 8 月 27 日访问)。

7. 德国汉高,《汉高宣布可持续包装的宏伟目标》,2018 年 9 月 3 日,https://www. henkel. com/press-and-media/press-releases-and-kits/2018-09-03-henkel-announces-ambitious-targets-for-sustainable-packaging-873418(2019 年 8 月 16 日访问)。

8. Essity 公司,《Essity 投资可持续替代纤维技术》,2019 年,https://www. essity. fr/media/press-release/essity-invests-in-sustainable-alternative-fiber-technology/21e1f75622ad642b/(2019 年 8 月 12 日访问)。

9. 二手小松,《对旧设备的全新思考》,https://www. komatsuused. com/construction(2019 年 8 月 30 日访问)。

10. 埃森哲战略与全球青年领袖论坛合作,《全球循环经济奖 2017 年年鉴》,https://thecirculars. org/content/resources/TheCirculars_2017_Yearbook_Final. pdf(2019 年 8 月 16 日访问)。

11. 联合利华,《联合利华的目标导向品牌表现出色》,2019 年,https://www. unilever. com/news/press-releases/2019/unilevers-purpose-led-brands-outperform. html(2019 年 8 月 12 日访问)。

12. 马修·泰勒(Matthew Taylor),《世界首个无塑料过道在荷兰超市开张》,《卫报》,https://www. theguardian. com/environment/2018/feb/28/worlds-first-plastic-free-aisle-opens-in-netherlands-supermarket(2019 年 8 月 16 日访问)。

13. 托马斯·弗莱明(Thomas Fleming),马库斯·齐尔斯(Markus Zils),《走向循环经济:飞利浦首席执行官万豪敦》,麦肯锡,2014 年,https://www. mckinsey. com/business-

functions/sustainability/our-insights/toward-a-circular-economyphilips-ceo-frans-van-houten(2019 年 8 月 29 日访问)。

14. 英国政府网站(Gov. uk),《电子废弃物：零售商和分销商的责任》,2019 年,https://www.gov. uk/electricalwaste-producer-supplier-responsibilities(2019 年 8 月 12 日访问)。

15. 安全化妆品(Safe Cosmetics),《国际法》,http://www. safecosmetics. org/get-thefacts/regulations/international-laws/(2019 年 8 月 30 日访问)。

16. 埃森哲 2019 年消费者调查。

17. 埃森哲分析。

18. 宜家家居,《2018 财年宜家可持续发展报告》,2018 年,https://www. ikea. com/ms/hu_HU/pdf/sustainability_report/IKEA_Sustainability_Report_FY18. pdf(2019 年 8 月 12 日访问)。

19. 得嘉集团,《得嘉发布 2018 年企业社会和环境责任报告》,2019 年 3 月 25 日,https://www. tarkett. com/en/content/tarkett-releases-its-2018-corporate-social-environmental-re-sponsibility-report(2019 年 8 月 16 日访问)。

20. 今日塑料(Plastics Today),《汉高、安配色使黑色塑料包装更容易回收》,2019 年,https://www. plasticstoday. com/content/henkel-ampacet-make-black-plastic-packaging-easier-re-cycle/149419921761096(2019 年 8 月 12 日访问)。

21. 丽贝卡·史密瑟斯(Rebecca Smithers),《买旧袜子的钱：约翰·路易斯回购衣服以减少浪费》,《卫报》,2018 年 6 月 18 日,https://www. theguardian. com/business/2018/jun/18/money-for-old-socks-john-lewis-to-buy-back-clothesto-cut-waste(2019 年 8 月 27 日访问)。

22. 艾伦·麦克阿瑟基金会,《将打印即服务带入家里》,2017 年,https://www. ellen-macarthurfoundation. org/case-studies/bringingprinting-as-a-service-to-the-home(2019 年 8 月 12 日访问)。

23. 艾伦·麦克阿瑟基金会,《格林美：为下一次出行革命节约材料》,2017 年,https://www. ellenmacarthurfoundation. org/case-studies/avoiding-3-million-tonnes-of-waste(2019 年 8 月 12 日访问)。

24. 艾伦·麦克阿瑟基金会,《为下一次出行革命节约材料》,https://www. ellenmacarthur-foundation. org/case-studies/avoiding-3-million-tonnes-of-waste(2019 年 8 月 29 日访问)。

25. 莎拉·魏因雷布(Sara Weinreb),《Loop 的零废弃物平台正在改变一次性一品脱冰淇淋的文化》,《福布斯》,2019 年 3 月 7 日,https://www. forbes. com/sites/saraweinreb/2019/03/07/loops-zero-wasteplatform-is-changing-the-culture-of-disposability-one-pint-of-ice-cream-ata-time/＃478341f42122(2019 年 8 月 20 日访问)。

26. H&M 集团,《2018 年可持续发展报告》,https://sustainability. hm. com/content/dam/hm/about/documents/masterlanguage/CSR/2018 _ sustainability _ report/HM _ Group _ SustainabilityReport_2018_Chapter4_100％25Circular％26Renewable. pdf(2019 年 8 月 29

日访问)。

27. 威立雅,《2018 年要点》,https://www. veolia. com/sites/g/files/dvc2491/files/document/ 2019/04/Veolia-2018-The-Essentials. pdf(2019 年 8 月 12 日访问)。

28. Ascena 零售集团,《2018 财年责任报告》,https://www. ascenaretail. com/wp-content/ uploads/2018/10/ascena-Responsibility-Report-2018. pdf(2019 年 8 月 16 日访问)。

29. 美国商业资讯,《美国国际香料香精公司首次推出"摇篮到摇篮认证™"的香水: PuraVita™ 》, https://www. businesswire. com/news/home/20160512006588/en/IFF-Debuts-First-Ever-Cradle-Cradle-Certified％E2％84％A2-Fragrance(2019 年 8 月 16 日访问)。

30. Alexandra Wee,《6 个简单的方法来减少月经浪费》,THINX 公司,2019 年,https://www. shethinx. com/blogs/womens-health/how-to-reduce-period-waste-reusable-products（2019 年 8 月 12 日访问)。

31. H&M集团,《循环利用》,2019 年,https://hmgroup. com/sustainability/Planet/recycling. html(2019 年 8 月 12 日访问)。

32. 珍妮弗·埃尔克斯,《雀巢、可口可乐、百事可乐和联合利华联手在智利打击浪费》,可持续品牌网站,2014 年,https://sustainablebrands. com/read/collaboration-cocreation/nestle-coke-pepsi-unilever-join-forces-to-combat-waste-in-chile(2019 年 8 月 12 日访问)。

19

🏬 文化和组织

一家企业的文化可能很难定义,但对员工的行为和日常工作影响巨大。因此,除非企业内化循环模式,否则循环模式很难贯彻。也就是说循环原则需要纳入企业核心愿景和使命中,同时需要正确的组织激励:鼓励创新,实施循环运营,交付循环产品和服务,并积极寻求与公司外部生态系统的伙伴关系和合作。同时将循环作为企业所有职能和业务的中心,通过政策、流程和工作实践,使所有级别的人员积极参与循环工作方式。埃森哲的研究结论是,仅仅从高层推动变革举措可能会适得其反。在对涉及 150 多个组织的近 100 万名员工的变革项目进行研究时,表现最差的 25％ 的组织在实施变革时,高层领导高度参与,但在组织低层却出现了脱节。相比之下,表现最好的 25％ 的企业组织各级领导均参与了变革计划。[1] 结果显而易见:员工需要参与并充分参与组织变革,加快接受新文化价值观。

◎ 四个重点关注领域

对许多公司来说,组织变革既不简单又不直接,但这个过程对实现整体循环战略至关重要。研究发现,建立循环文化和组织,企业首先需要认识并接受目前模式的不可持续性,然后关注以下四个方面:愿景、创新、人员和治理(见表 19.1)。

表 19.1　四个重点领域

重点领域	工具集	文化和组织举措
愿景	制定具有里程碑意义的长期目标和支持性目标,在一段时间内成为循环型组织。这一领域的倡议旨在制定有时限的目标,支持循环愿景,动用所需资源,帮助业务部门优先考虑和实施循环倡议	炼油公司耐思特(Neste)的目标是成为可再生能源和循环解决方案的全球领导者,愿景是"每天做负责任的选择"。该公司设计了一项战略以实现可持续发展的目标,包括降低生产中的碳足迹,成为化学回收的解决方案提供商,并增加可再生原材料的使用[2]

（续表）

重点领域	工具集	文化和组织举措
创新	打破研发孤岛，鼓励整个组织创新，灌输"实验室"思维，推动创新的循环思维，分享最佳实践和相关使用案例，进行学习考察，将循环原则和设计嵌入组织的创新中心，并鼓励运营及产品和服务向循环性转移	瑞典家居用品公司宜家在哥本哈根建立了创新实验室 Space 10，研究和设计创造更多可持续生活的解决方案。Space10 的项目涵盖主题广泛，包括清洁能源、自动驾驶汽车和城市农业[3]
人员	让员工参与由组织高层领导推动的循环项目，通过识别和授权能够推动变革旅程的人，为员工提供培训和内部支持系统，并根据明确的关键绩效指标激励各级的循环绩效	挚纯饮料（Innocent Drinks）是一家主要由可口可乐公司控股的果汁和冰沙公司。该公司为员工制订了一个参与计划，这项计划是 2020 年可持续发展战略的一部分。该公司已要求每一名员工在岗位责任中增加一个可持续发展部分[4]
治理	认识到既定的内部经营方式可能阻碍循环决策的快速推进，成为下一步工作的障碍；通过在政策、流程和程序中嵌入循环，使循环经济成为公司工作方式和结构的核心要素；注重从"车间到公司总部"的问责制和敏捷决策实施	快消食品公司通用磨坊（General Mills）承诺在 2020 年前实现 10 种优先商品的 100% 可持续采购，包括燕麦、小麦和玉米。为实现这一目标，该公司成立了可持续发展治理委员会，制定目标、政策和战略，决定关键投资。该公司还在不同的职能部门嵌入了团队，专注于执行这些战略和政策[5]

开启转型

在确定循环计划的优先级时，高管们应牢记文化和组织是关键的推动因素，任何转型都应与其他正在进行的工作结合管理。也就是说，在组织文化中嵌入循环原则应该与其他三个维度（运营、产品和服务，以及生态系统）正在进行的循环计划协调管理。共同语言和目标有助于避免混淆。一旦选定计划，试验项目应在组织的各部分进行，并随着时间的推移，不断囊括不同业务单元和功能，为更具包容性的组织全面转型创建坚实基础。

当确定循环项目优先级时，领导者必须评估哪些业务功能至关重要（哪些是互补的），并且必须明确传统工作方式最需要改进的地方。试想一个公司正在实施产品循环新计划。计划增加产品回收，将回收物送到处理翻新转售、服务交付或零件回收的职能部门，实现最高价值二次利用。尽管这一举措可能是由物流团队推动的，但需要销售团队参与沟通并执行收回政策和激励措施，比如提供折扣鼓励客户在使用结束后归还产品。对于销售团队习惯于传统激励机制的公司来说,这可能是一个很大的挑战,必须修改激励机制以适应新的商业模式。

同样,对于传统上专注于成本或性能的工程师、设计师和技术人员团队来说,将循环性融入产品设计可能是一个重大转变,他们现在需要采用新的思维方式来整合新的、通常是颠覆性的原则。问题来了,比如,应该选择什么样的材料?如何避免设计一次性产品?如何提高产品耐用性?因为组织的可持续性目标通常与运营有关,如能源效率、减少用水和消除浪费,所以对于运营计划来说,挑战通常不像产品计划那么大。运营团队对可持续性项目有更多的经验,会更熟悉循环原则。

但是,不管高管们是否熟悉和舒适,在整个组织充分贯彻循环原则之前,他们都不应该有丝毫放松。循环不应该是员工的"课外活动",而应该嵌入员工的任务和职能中,就像其他工作一样。此外,循环发展需要全面的沟通和参与。目标是增强意识,消除支持变革的团队和抵制变革的团队之间的紧张关系。除了企业范围内的努力外,还应该进行更有针对性的措施,将对实施特定举措至关重要的团队和职能部门聚集在一起(例如,在上面的例子中,将设备、销售和物流部门聚集在一起)。

循环之旅:愿景和人才

不同企业有不同的目标,这取决于成熟程度。表19.2总结了企业在循环发展过程中的各种特点。根据组织的成熟度,四个重点领域——愿景、创新、人员和治理——的计划范围很广。值得注意的是,四个重点领域的计划密切相关。一个计划的成功将取决于其他计划,因此企业必须采取全面的方法改变组织文化。让我们同时考察愿景和人员这两个重点领域。

企业可以从为特定的业务部门(可能是设施或运营团队)设定循环目标开始。组织在循环过程中越发成熟,将会寻求制定长期目标,将循环置于使命的核心,从而在更广泛的价值链和生态系统中领导循环革命。例如,宜家已经提出到2030年实现"惠及公众和地球"的目标。承诺包括增加宜家食品中植物性食品的比例,如2018年推出素食热狗;到2020年取消所有一次性塑料制品;到2025年实现送货上门零排放。[6] 如果不与内部团队和其他利益相关者确认目标(包括短期里程碑以明确权责),这些目标就无法实现。

在设定企业目标之后,高管们需要实现循环。具体来说,必须提高人们对循环经济的认识,并教育内部利益相关者,让他们了解什么是循环经济,对企业和战略的意义,以及对人们角色和责任的影响。消费品公司宝洁首席可持续发展官维尔日妮·赫利亚斯说:"当我们谈论循环经济时应该秉持谦逊的态度,因为这是一个需要解释的新概念。"水、废弃物和能源管理解决方案公司威立雅负责发展、创新和市场的高级

表 19.2　公司成熟度提高的说明性特征

	新兴	小有成就	领先	将循环贯彻到底	成熟之旅：从→到
愿景	• 制定与可持续发展战略相关的量化循环目标 • 整合循环到现有的商业原则中	• 整合循环目标到商业战略中 • 在整个组织中推动循环：循环原则在企业价值观中是明确的，并共享最佳实践	• 循环目标与组织创新战略相关 • 循环是组织宗旨的一部分 • 循环在领导沟通中优先考虑	• 循环目标存在于组织的各个层面，并与业务绩效指标相关联 • 视觉加速了操作边界内外的循环	• 从概述可持续性功能的循环目标和原则，到在商业战略核心设立循环愿景 • 行动包括：①设定长期循环目标，交付和投资回报时间较长；②设定支撑目标/战略目标的循环原则
创新	• 员工意识到行业中正在兴起的循环创新 • 企业致力于发展循环创新的组织能力	• 循环与商业创新暗含联系 • 在共同的"循环"叙事下，投资内部创新分享与学习	• 循环与业务创新战略和首席技术官明确相关 • 公司投资以扩大循环创新的上游 • 循环创新和研发来自企业内部和外部	• 在所有级别和业务部门设置了大额循环创新预算 • 公司专注于先进的、市场领先的实现技术和颠覆性商业模式创新	• 从用于内部循环创新的小预算拨款，到利用合并技术来推动各级、职能和更广泛的生态系统的循环创新 • 行动包括：①为循环创新的目的要求部分业务单位/职能预算，②鼓励内部和外部建设"试错"心态，推动创新的循环思维
人员	• 非财务激励和鼓励循环行动 • 提供基本循环理念员工培训	• 在高层引入循环问责制，与奖励挂钩 • 提供循环理念培训，辅以详细的案例研究库和学习	• 循环经济是各个级别员工绩效的关键组成部分，进行相应衡量 • 循环培训被嵌入到核心业务培训课程中，被认为是"常规业务"。	• 组织在吸引和提高直接业务范围之外的人员（包括供应链伙伴、消费者和/或其他利益相关者）方面发挥着重要作用	• 从早期的循环激励和培训，到业务内外的全面循环参与 • 行动包括：①创建激励计划，鼓励循环思维和循环文化，②为循环经济的员工提供更高技能的资源/机会

（续表）

	新兴	小有成就	领先	将循环贯彻到底	成熟之旅：从→到
治理	• 循环经济是企业可持续发展政策的关键组成部分/支柱 • 可持续发展团队以循环经济为特色业务	• 内部报告循环绩效 • 战略团队以企业的循环发展团队的循环经济倡导者为特色	• 在内部和外部报告循环绩效 • 循环得到各个业务部门和职能部门的支持	• 循环关键绩效指标的全面可见性有助于推动行业和市场准入 • 首席级高管在外部支持循环领导	• 从将循环纳入企业可持续发展政策到循环行业领先的循环治理结构 • 行动包括：将循环经济作为公司工作方式和结构的关键原则
总结	• 循环计划可以在业务的目标部分进行试点 • 广泛沟通，促进向循环的转型，并提供相关培训	• 循环经济已融入企业的愿景和原则 • 循环是企业发展议程上的重要因素，并得到到鼓励	• 将循环经济融入商业和创新战略 • 循环文化和价值观引导人们的工作方式，确保成为"新常态"，成功向循环经济转型	• 循环是公司宗旨的核心，推动外部生态系统向前发展，支持系统性变革	• 企业采用了更长时间的时间表来支持循环目标的真正实现 • 企业结构是灵活的，不断调整政策，支持在创新和培训方面的投资，以实现大规模新商业模式

执行副总裁马克·德莱(Mark Delaye)赞同这一观点，"向循环经济的文化转型需要领导层真正承诺采取行动，加强对循环经济的认识。"

首先，循环经济有不同的解释。德国化学公司巴斯夫对9 000多名消费者、业务专家、政治家和技术专家进行了详细调研，以了解跨地区的行业趋势。研究发现，"循环不等于循环"——也就是说，这个术语在行业内部和行业之间可能有不同的含义。此外，人们经常困惑，不确定循环与更广泛的可持续性计划的区别，不明白它如何推动业务价值。

科技集团思科供应链可持续发展与循环经济总监莉萨·布雷迪(Lisa Brady)表示，要让人们"真正"感受到循环并不容易。布雷迪解释说："他们知道这样做是正确的，但并不能改变行为。循环经济是一种商业需要并不是一种直觉。"因此，除了广泛的教育之外，在企业内部将成功的循环"灯塔"项目社会化，将这一概念变为现实，往往会有所帮助。正如戴尔公司的首席环境战略家约翰·普鲁格所说："随着完成每一项试验和成功使用回收材料，我们更了解如何获得成功。这种转变的一个重要部分是在学习周期中，将所学到的知识和对业务现有机会的了解进行沟通"。

此外，支撑循环目标的有形循环经济核心原则可以帮助业务单位或品牌优先考虑并跟踪业绩，实现更广泛的循环战略。一个有效的方法是选择已经与循环原则紧密结合的团队或业务单位，然后指定该小组在整个组织中推动实现循环愿景和战略。创建与员工产生共鸣的组织原则的另一种方法是让人们参与到过程中。例如，2017年，出行平台优步新任命的首席执行官让员工就工作场所的文化价值投票。这次投票是为了解决一些问题，这些问题导致了对优步企业文化进行调查。结果是：1 200份材料，22 000张投票，以及8个新文化规范。[7]

另一个关键的成功要素是为内部利益相关方提供资源，提高劳动力在循环经济实践和原则方面的技能。企业可以先向目标业务领域提供介绍性的"循环经济101"培训，然后再向更多参与者推出扩展项目。最后，高管们可以在全公司范围内推广全面的培训项目，利用电子学习解决方案扩大参与度。培训劳动力可能是一项具有挑战性的任务——在这里，公司可以与提供此类专业知识的组织合作。例如，谷歌与艾伦·麦克阿瑟基金会合作，将循环经济原则嵌入谷歌的组织和文化结构中。[8]

最后，为了转变企业文化，实现全面循环愿景，组织需要建立适当的激励机制，鼓励员工进行循环思维。在制定了长期愿景后，高管们可能会开始在可持续发展团队内部启动循环激励计划，列出正确的行为、原则和奖励标准。然后，企业可以将该项目扩展到更多的业务部门，使其适应每个部门的需要，并最终在整个组织和领导层中推广。全球食品和饮料公司达能认识到激励的重要性，对高层管理人员实施了激励计划，其中一部分长期激励是基于碳信息披露项目(全球非营利组织，根据公司环境进步排名)给予该公司的气候表现分数。碳信息披露项目得分提供了鼓励和奖励的方式,以兑现达能在 2050 年前整个价值链实现碳中和的承诺。[9]

价值驱动因素

我们发现,运营、产品和服务和/或生态系统创造循环价值最成功的企业,在将循环嵌入文化和组织方面也处于领先地位。虽然循环变革不会一蹴而就,但随着时间的推移,的确会产生巨大的价值潜力。文化与组织通过四个杠杆推动价值:

增加收入: 通过培养创新文化,组织可以创造新的产品和服务,获得新的收入流来源。前一章"产品和服务"讨论了飞利浦向循环商业模式转变正在经历的巨大变革。2018 年,绿色和循环收入分别占公司销售额的 64% 和 12%。[10] 如果不关注企业文化,这种转型便无法实现。飞利浦首席执行官万敦豪解释道:"这是思维方式的转变,现在的挑战是扩大规模,将循环嵌入所有流程,使循环思维成为新常态。"

节约成本: 由于目的性商业实践、可持续性和循环主题对当前的劳动力和求职者愈发重要,循环组织文化可以提高公司吸引和留住顶尖人才的能力,产生巨大的员工价值。人力资源管理协会(Society for Human Resource Management)报告显示,对于企业来说,平均每名员工的成本超过 4 000 美元,这是降低招聘成本的关键。[11] 科恩通信公司(Cone Communications)最近的一项研究揭示了千禧一代求职者的以下信息:76% 的人在决定去哪里工作之前会考虑公司的社会和环境承诺;如果潜在雇主没有很强的企业责任实践,64% 的人不会接受这份工作;75% 的人愿意接受减薪为有社会责任感的公司工作。[12] 正如城市农业公司 AeroFarms 首席执行官兼联合创始人戴维·罗森伯格所说:"我们每个月都会收到 2 000 多份求职者的求职申请。对于一个员工少于 100 人的公司来说,吸引顶尖人才的能力很大程度上归功于循环精神。这是真正的竞争优势。"

降低风险: 循环文化不仅有助于公司选人、留人,而且有助于保持员工的积极性。盖洛普公司(Gallup)的一项分析发现,与员工敬业度处于最底层 1/4 的公司相比,处于最上层 1/4 的公司的盈利能力高出 22%,客户评级高出 10%,盗窃行为少 28%,安全事故少 48%。[13]

提升品牌: 当公司文化通过其愿景、原则和战略投射给消费者时,就会提高品牌意识,提高顾客的忠诚度。因此,具有开拓新市场和细分客户的潜力。这就是很多公司积极向外宣传循环计划和组织文化的原因。嘉士伯集团(Carlsberg Group)和嘉士伯基金会(Carlsberg Foundation)主席弗莱明·贝森巴赫(Flemming Besenbacher)表示："我们是一家目标驱动型公司。无论是在公司内部还是外部，'酿造更好的今天和明天'的理念都在提醒我们独特的目标，并与世界分享。"

🔍 案例研究：达能集团

达能集团提供了一个很好的例子，说明一家全球性公司采取了一种全面的方法来发展循环文化。[14] 该公司的历程对应着上述表格中展现的文化成熟的不同阶段。

在新兴阶段，达能决定在其运营和组织设计中嵌入循环原则。具体而言，达能围绕三个关键的战略资源"循环"——水、牛奶和塑料——组织其采购职能。这是为了通过在统一领导下重新组合采购、研究和创新以及可持续性来打破传统的线性孤岛。为了领导其战略资源部门，达能设立了首席周期和采购官职位，目前由凯塔琳娜·斯滕霍尔姆(Katharina Stenholm)担任。凯塔琳娜描述了循环组织的影响："它确保循环性嵌入达能的采购战略中，是改变我们工作方式的催化剂，使我们能够跨职能地利用能力，并在达能的运营方式中锚定变革。"

在此基础上，达能做出了一系列明确的决定。该公司推出了新的公司愿景——"同一地球，同一健康"。这反映了达能公司的信念，即地球的健康和人类的健康是相互关联的。通过一项战略收购，该公司成为植物类、有机类食品和饮料领域的全球领导者，并且达能公司制定了经科学碳目标批准的碳减排目标，作为其到 2050 年在整个价值链实现零净排放之旅的一部分。

随着达能进入成熟领先阶段，达能承诺成为首批获得共益企业(B Corp)认证的跨国公司之一。截至 2019 年，达能 30% 以上的销售额已通过共益企业认证，达能(北美)是世界上最大的共益企业。此外，该公司还公布了与联合国可持续发展目标一致的 9 个长期目标，该目标概述了其从现在到 2030 年的可持续业务增长愿景。通过"保护和更新地球资源"来应对环境挑战是这一愿景的关键组成部分。它标志着达能按照循环经济原则对地球产生积极影响的雄心（而不仅仅是"无害"方针）。

技术促进：深入探讨首席技术和信息官在循环之旅中的作用

技术是循环经济的关键推动因素。它有助于推动采用可持续创新、嵌入循环流程、提供可追溯性、执行高级分析和扩展解决方案，以及许多其他好处。正如我们在第2章和其他章所讨论的那样，领先的公司一直在用以前难以想象的方式应用技术来推动循环价值并改造整个业务。当然，所有这一切都需要首席技术和信息官(CTIO)的正确领导和心态。

首席技术和信息官处于一个独特的位置，可以横向观察整个企业，了解组织的总体技术需求，尤其是在通常孤立的职能部门中。在一个支持第四次工业革命的循环世界中，首席技术和信息官的作用变得更加重要。他不仅要统筹信息技术、工程、研发和产品开发部门，还必须对数字、物理和生物领域内的科学技术有广泛的了解，并了解如何将这些快速变化的技术集成到传统功能中。在循环经济中，首席技术和信息官的角色更像是企业变革的推动者，负责推动整个组织的自动化、洞察力和循环创新。换言之，首席技术和信息官的办公室是公司内众所周知实施循环计划的地方。那么，首席技术和信息官应该如何开始承担这一角色呢？

循环首席技术和信息官任务

循环首席技术和信息官的首要任务通常是**解决资源效率问题**。这意味着检查公司产生的各种废弃物池，以确定最大（且最容易处理）的废弃物产生和处理区域。分析应考虑许多变量，如能源/水/废弃物管理、库存管理、设施运营效率、数据中心效率、车队管理和物流效率。首席技术和信息官们应关注任何潜在的"速效方案"：最大限度地减少现有废弃物流或从废弃物和副产品中产生价值的机会，这些废弃物和副产品可以在现有业务中进行，而无须大量投资。例如，首席技术和信息官可能与运营职能部门合作，利用分析、自动化和流程优化的组合，将浪费的能源和资源用于发电厂。

为了有效地实施循环应用程序，首席技术和信息官们必须具备**识别、评估和监控核心业务价值链中的资源使用和效率**的能力。这需要在整个供应链中提供可视性的工具、用于测试生产设施和数据中心性能（包括资源使用）的传感器，以及用于收集性能数据以构建分析能力的系统，这些分析能力可以提供对效率增益的洞察，包括预测性维护。有了这些能力，首席技术和信息官们将能够获得对技术和流程变化的深入的、以数据为基础的理解，从而将公司从线性转变为循环。云计算是一种既能带来循环效益又能带来经济"快速收益"的技术的显著例子。该技术提供了多种效率和规模经济,可帮助组织的运营以更具成本效益和灵活性的方式运行,并有助于节约能源和排放。微软和专业服务公司 WSP 的一项研究发现,与现场解决方案相比,微软云的能效高达 93％(碳效率高达 98％)。到 2030 年,美国数据中心的电力消耗预计将增长到每年 730 亿千瓦时,相当于 600 万家庭的能源消耗。如果没有商业云数据中心实现的效率,这个数字会高得多。[15]

通过了解整个组织的资源使用情况和废弃物池,首席技术和信息官们可以更好地**捕捉重复使用、翻新、再制造或将非原始资源回收到价值链的机会**。对于许多行业来说,这首先涉及关闭运营和制造循环:将现场废弃材料(如生产副产品、未经处理的水等)重新纳入公司自身的内部价值链,通常作为原材料或能源。对于某些行业,这也可能涉及从终端消费者处收回材料——包括剩余使用寿命的产品以及需要更复杂的产品回收和逆向物流能力的使用结束产品。通过利用第四次工业革命技术,例如,通过人工智能为产品检索提供物流洞察力,或通过移动设备实现消费者退货,逆向物流可以提高效益,同时企业可以让客户参与更广泛的循环之路。

首席技术和信息官们还负责**开发和测试技术解决方案**,使企业的生产和消费模式从线性模式过渡到循环模式。如前所述,这可能涉及更广泛的第四次工业革命数字、物理和生物技术解决方案。例如,AMP 机器人公司开发了一种利用数字和物理创新彻底改变回收利用的解决方案。该公司利用人工智能(机器视觉和深度学习)和机器人技术创建了一个智能、高效的分拣系统。该公司还使用云技术将材料流数字化并优化操作。这种类型的解决方案可广泛适用于任何希望解决废弃物回收问题的组织。

为了确定哪些第四次工业革命解决方案最适合推动循环,首席技术和信息官需要了解正在销售的产品背后的价值,并确定以更少的资源使用实现相同价值的替代方法,例如,汽车制造商通过汽车共享而不是所有权以实现个人出行。

首席技术和信息官们的最后一项任务是**重新生成和恢复**。具体而言,首席技术和信息官们必须与研发和产品设计团队密切合作,以帮助找到替代材料、工艺和技术,从而在不损失(或最小损失)能源和资源的情况下永久再生资源。目标是一个完全闭环的系统,可以无限循环资源。

总之,首席技术和信息官需要通过以下方式来构建其组织的循环议程:

- **引领潮流**:首席技术和信息官将是循环经济转型的核心,在大多数情况下,将需要自己推动这些举措,包括与时俱进并努力了解其组织的循环潜力。

- **嵌入循环创新**:首席技术和信息官必须通过提高内部意识、建立创新中心和/或为循环价值技术的发现和评估分配特定角色,帮助培养以循环价值为目标的创新文化。

- **实现敏捷性：** 首席技术和信息官需要为灵活的运营模式奠定基础,以实现新技术和/或业务模型的测试和转向。
- **跨职能协作：** 首席技术和信息官应与研发、设计和开发、生产、物流等方面的团队合作,以了解每个业务部门的需求、挑战和准备情况,并整合新技术,促进循环旅程。

推动转型的领先实践

改变任何组织文化都是一项艰巨的任务,许多企业在尝试实施正确的方法来颠覆其一切照旧的文化和组织时遇到了挫折。但是,也有很多企业在实现循环文化方面取得了重大进展。我们对这些组织的研究揭示了一些领先的实践。

自上而下型灵活引导

领先企业都同意的一点是,文化变革必须得到组织高层的支持和积极参与。根据嘉士伯集团和嘉士伯基金会主席弗莱明·贝森巴赫的说法,"高级领导人需要推动这一进程,并得到管理层和董事会的充分承诺。在嘉士伯,公司的领导团队共同制定了可持续发展计划和 2030 年目标,并得到了首席执行官和董事会的大力支持"。为了帮助这些决议在整个组织层级中向下流动,汇报线和问责制至关重要。在耐克,管理层与团队合作确定适当的目标,高级管理人员定期了解公司在实现这些目标方面的最新进展。

尽管汇报渠道和责任制很重要,但高管们也必须灵活领导。循环经济从根本上改变了企业传统的经营方式,这可能导致员工产生相当大的不确定性和焦虑。"推动循环与领导力有关:你需要有远见卓识和勇气在一个完全未经授权的领域工作,有时你还需要有信心的飞跃。"宝洁首席可持续发展官维尔日妮·赫利亚斯如是说。由于这种不确定性,高管们需要与他们的团队保持开放的沟通,找出哪些有效(哪些无效),然后进行相应的调整。思科公司的莉萨·布雷迪说:"当不同的职能部门都有各自的目标和目的时,将不同的职能部门整合在一起以适应循环经济是一项挑战。"为了解决这些问题,思科建立了一个高管变革网络,帮助打破职能孤立,让每个人都团结一致,将循环性作为当务之急。"你必须从整体上看,才能将各个部分连接在一起。"莉萨·布雷迪说。由于循环计划通常要求公司走出舒适区,因此这种灵活性往往是成败关键。

以创新为核心

对于大型跨国企业来说,将现有文化转变为包含循环性的文化可能是一项艰巨的任务。相比之下，建立在循环和可持续精神基础上的初创企业和中小型企业具有优势，那就是它们从头开始构建自己的文化。能从这些规模较小、目标驱动的公司学到什么吗？我们认为，一个重要的启示是，企业要避免"半途而废"，全心全意地接受循环。清洁产品公司method有一个直接却宏大的愿景（"创造一个新的经济部门，利用商业的力量来解决社会和环境问题"）。再比如七世代（Seventh Generation），一个由联合利华收购的美国初创公司，以它的名字和指导原则（"在我们每一次深思熟虑时，都必须考虑到我们的决定对未来七代的影响"）中，我们今天所做的决定将导致未来七代人的可持续世界。

要将如此崇高的企业愿景转变为具体行动，管理层应考虑建立指导原则和指标，例如，强制将产品开发团队预算的一定比例用于循环创新试点项目。此外，高管们应通过实施奖励创新思维的激励措施，以及为循环研发分配足够的财力和人力资源，鼓励"测试和学习创业思维"。在宝洁，管理层有意降低成功率以促进整体创新，这一切都符合"越快失败越早成功"的研发方法。宝洁公司前首席执行官雷富礼（A. G. Lafley）表示："我们大约有一半的新产品取得了成功。这与我们希望的成功率一样高。如果我们试图让它更高，我们会倾向于谨慎行事，更多专注于改良式的创新。"[16] 最终，循环思维需要融入组织结构，成为员工在设计、制造、营销、销售和支持公司产品和服务方面工作的"新常态"。

最后，企业可以通过创建不同的业务部门或完全新的业务来产生稳定的创新渠道，这些业务只专注于捕捉市场上"最新和最伟大"的创新。以百威英博旗下的全球增长和创新集团ZX Ventures为例。ZX Ventures投资和开发满足新兴消费者需求的新产品和业务，以满足新兴的消费者需求。此外，百威英博还建立了其全球创新和技术中心，汇集了来自包装、产品和工艺开发的不同团队。[17] "我们不断创新，以对地球影响最小的方式将最好的产品带给消费者，我们深知无法单独实现雄心勃勃的可持续发展目标。作为在50多个国家/地区开展业务的酿酒商，我们支持来自世界各地的企业家，他们有大胆的想法来实现可持续发展的未来。"百威英博首席可持续发展和采购官托尼·米利金说。

构建必要的架构和能力

随着公司走向更成熟，它们将需要建立基础结构，以实施其循环计划，并在组织文化中确立循环原则。开发支持循环计划的正确机制是实现循环计划在潜在收入、客户参与度、成本节约等方面潜力的关键。

作为基础设施的一部分，公司需要投资于其数据体系结构，以优化循环信息流，并将循环经济嵌入各个功能中。"我们正在将供应链和工程之间的许多互动数字化，这有助于将正确的材料和循环设计嵌入他们的工作流程中,"思科的莉萨·布雷迪说。在建立基础设施的过程中,企业必须综合考虑在整个组织中建立新的联系。例如,如果公司计划实施产品使用扩展的业务模型,那么它需要连接所有必要的功能来实现这一点。这样做将需要这些功能之间交互的数字化蓝图,以便建立通用的工作流,并使有需要的人能够使用正确的工具。

先进技术的采用不仅能使人们更好地完成工作,而且能促使他们采取循环思维。Winnow Solutions 就是这样,它提供了一种人工智能工具,帮助商业厨房减少浪费。该公司的应用程序使用摄像头和数字秤自动跟踪被丢弃的食物,人工智能技术有助于确定浪费最大的区域(例如,分量过大的盘子)。根据 Winnow 创始人马克·佐恩斯(Marc Zornes)的说法,任何技术本身都不一定会带来预期的变革,但它可以让员工从组织最前端推动变革。"所有的厨师都厌恶食物浪费,"马克·佐恩斯说,"Winnow 将所有人聚集在一起解决这个问题,让人们在厨房里有一种使命感,并建立一种团队精神。看到浪费的人并不总是做决定的人。Winnow 可以建立这种联系,使员工能够提出建议并推动变革。"

促进思维转变

改变组织文化通常需要思维方式的重大转变,管理层需要让整个公司的员工团队贯彻这一点。美国服装公司巴塔哥尼亚长期以来一直是建立企业责任文化的先行者,其当前的使命宣言证明了这一点:"我们的使命是为了拯救我们的家园。"这家公司不只是说说而已;它通过积极地在其核心价值观的重要问题上表明立场来履行自己的职责。创始人伊冯·乔伊纳德(Yvon Chouinard)曾说过,无论职位如何,在所有条件相同的情况下,巴塔哥尼亚总是希望招聘一个致力于拯救地球的人。[18] 飞利浦的客户也在积极寻求必要的心态转变。这家荷兰公司越来越多地收到医院关于飞利浦产品如何为这些客户的可持续发展目标做出贡献的问题。"显然,这通常需要很好地改变客户的心态,"飞利浦首席执行官万豪敦说。"尤其是在采购部门,人们习惯于在5 到 10 年的典型周期内购买新设备(并摆脱旧机器),而不是升级它们或转向不同的所有权模式,在这种模式中,客户支付使用费用而不是所有权。我们可以用专业知识帮助他们。"

思维方式转变的另一个方面涉及认识到雄心勃勃的循环目标和成功交付需要更长期的时间范围。人们需要有足够的空间来构思、重新设计产品和流程、学习、迭代并最终获得收益。此外,循环是一个不断发展的领域,从长远看是对公司有一个整体了解的关键,然后可以鼓励创新在整个组织的各个业务部门蓬勃发展。正如飞利浦首席执行官万豪敦所说:"我们的思维方式是长期主义,比如着眼于 15 年之后,而不仅仅是关注'现在'。"[10]

📖 本章小结

文化释放循环经济的价值潜力。它是在公司运营、产品和服务以及整个生态系统中创建循环经济的最重要的推动杠杆之一。

- 循环支点需要雄心（大目标）、优先级（嵌入公司战略）、跨业务规模（员工支持）以及支持成功交付的更长时间范围。

- 企业应尽早确定循环经济对它们的意义，并通过展示转型将如何影响人们的角色和日常职责，对他们进行变革案例的教育。让公司的每个人都参与进来，并鼓励人们为建立一个循环公司做出贡献，这是至关重要的。

- 循环旅程涉及将循环原则融入公司的核心愿景、使命和文化，以便组织结构激励人们围绕循环运营进行创新并提供循环产品和服务。

要实现公司文化和组织的转变，领导者应首先进行评估，以了解公司是否已准备好进行文化转型。评估应有助于确定重点关注领域并确定启动循环旅程的最佳策略。以下注意事项有助于进行该评估。

示例问题

打造循环视野

☐公司未来的发展目标是什么？它如何推动循环影响？

☐什么循环原则可以成为公司经营方式的核心？

☐如何创造一个与价值链上的人们产生共鸣的循环愿景，并推动整个行业向前发展？

☐循环愿景如何与现有的业务和创新战略保持一致？

实现愿景

☐将如何在整个组织中灌输循环价值观和工作原则？

☐需要制定哪些政策和举措来支持我们的循环旅程？

☐是否需要与外部组织合作来培训和提升员工技能？

☐如何将循环融入更广泛的业务创新战略？

引领人们踏上循环之路

☐谁是我们需要参与的关键内部利益相关者以动员组织的循环旅程？

☐如何在整个组织内实施适当的培训和激励措施以转变为循环思维？

□循环转型对哪些团队/业务部门/职能的影响最大？

□如何有效地传达变化并征求反馈以解决不确定性和管理阻力？

参与职能

□由公司划定一部分资金预算专门为循环计划提供支持，从而实现对整个业务创新的投资

□人力资源部门建立鼓励循环行为的激励结构和奖励制度，并制定变革管理计划和沟通机制

□市场营销以将公司愿景和战略传达给外部利益相关者，在市场上重新定位公司并推广（新）循环战略/产品

□设计和开发以适应流程并将循环性作为方法论的关键标准，以便在公司产品中实现循环愿景和原则

依赖关系/交叉点

□运营：循环内部运营往往是公司开始循环旅程的起点。运营职能部门的团队通常具有可持续性工作的经验，可以用来促进整个组织的变革。

□产品和服务：循环创新可以体现在新产品和服务中。公司需要在相关团队之间保持开放的沟通和协作，以提供创新产品。

□生态系统：公司的外部生态系统在向循环性过渡时提供了一个庞大的支持系统。在公司缺乏必要的内部专业知识的领域，合作伙伴可以提供对成功至关重要的工具和能力。

注释

1. 戴安娜·巴里亚（Diana Barea）、雅瑞特·西尔弗斯通（Yaarit Silverstone），《文化变革的新规则》，埃森哲，2016 年，https://www. accenture. com/t20161216T040430__w__/us-en/_acnmedia/PDF-24/Accenture-Strategy-Workforce-Culture-ChangeNew. pdf（2019 年 8 月 9 日访问）。

2. 耐思特，《为我们的孩子创造一个更健康的地球》，https://www. neste. com/corporate-info/who-we-are/purpose（2019 年 8 月 16 日访问）。

3. 乔安娜·勒·普鲁亚特（Joanna Le Pluart），《揭秘创新实验室》，宜家，2016 年，https://www. ikea. com/ms/en_US/this-is-ikea/ikea-highlights/IKEA-secretinnovation-lab/index. html（2019 年 8 月 16 日访问）。

4. edie 网站，《变革英雄：挚纯饮料如何帮助员工推动可持续发展》，2018 年 1 月 10 日，https：//www. edie. net/library/Heroes-of-change-How-Innocent-Drinks-is-linking-staff-andsustainability/6804(2019 年 8 月 16 日访问)。

5. 安雅·哈拉迈泽(Anya Khalamayzer)，《更多关于通用磨坊公司可持续农业的污点》，GreenBiz 网站，2017 年，https：//www. greenbiz. com/article/more-dirt-general-mills-sustainable-agriculture-goals(2019 年 8 月 9 日访问)。

6. 宜家家居，《宜家将可持续生活提升到一个新的水平，并承诺到 2030 年成为积极的人类和地球》，2018 年，https：//www. ikea. com/us/en/about _ ikea/newsitem/060718-IKEA-commitsto-become-people-planet-positive-2030(2019 年 8 月 9 日访问)。

7. 安妮塔·巴拉克利什南(Anita Balakrishnan)，《优步员工对新公司文化进行投票——这看起来很像谷歌和亚马逊》，《今日美国》(USA Today)，2017 年，https：//www. usatoday. com/story/tech/news/2017/11/07/uber-employees-votednew-company-culture-and-looks-lot-like-google-and-amazon/842234001/(2019 年 8 月 9 日访问)。

8. 艾伦·麦克阿瑟基金会，《循环经济在谷歌数据中心发挥作用》，https：//www. ellen-macarthurfoundation. org/case-studies/circulareconomy-at-work-in-google-data-centers(2019 年 8 月 16 日访问)。

9. 达能集团，《达能通过科学碳目标的官方认可重申气候承诺，并加大对再生农业的关注》，2017 年 11 月 15 日，https：//danone-danonecom-prod. s3. amazonaws. com/COP _ press_release_Final. pdf(2019 年 9 月 2 日访问)。

10. 托马斯·弗莱明、马库斯·齐尔斯，《迈向循环经济：飞利浦首席执行官万豪敦》，麦肯锡，2014 年，https：//www. mckinsey. com/business-functions/sustainability/our-insights/to-ward-a-circular-economyphilips-ceo-frans-van-houten(2019 年 8 月 29 日访问)。

11. 人力资源管理协会，《人力资源管理协会调查发现，公司的平均每次雇用成本为 4 129 美元》，2016 年，https：//www. shrm. org/about-shrm/press-room/press-releases/pages/human-capital-benchmarking-report. aspx(2019 年 8 月 9 日访问)。

12. 查克·比勒(Chuck Beeler)，《年轻求职者重视企业的社会责任》，Mower 网站，2019 年，www. mower. com/insights/young-job-seekers-value-csr/(2019 年 8 月 9 日访问)。

13. 托尼·施瓦茨(Tony Schwartz)、克里斯汀·波拉斯(Christine Porath)，《你为什么讨厌工作》，《纽约时报》，2014 年，https：//www. nytimes. com/2014/06/01/opinion/sunday/whyyou-hate-work. html? _r＝1(2019 年 8 月 9 日访问)。

14. 《麦肯锡季刊》(McKinsey Quarterly)，《面向食品循环经济》，2016 年，https：//www. mckinsey. com/business-functions/sustainability/our-insights/toward-acircular-economy-in-food(2019 年 9 月 2 日访问)。

15. 微软公司，《云计算的碳优势：微软云研究》，2018 年，https：//www. microsoft. com/en-us/download/details. aspx? id＝56950&WT. mc_id＝DX_MVP4025064(2019 年 8 月 9 日访

问)。

16. 雷富礼,《宝洁的创新文化》,商业与策略网站(Business + Strategy),2008 年,https://www. strategy-business. com/article/08304? gko = b5105(2019 年 8 月 9 日访问)。

17. 百威英博,《利用科技更好地与消费者互动》,2019 年,https://www. ab-inbev. com/what-we-do/innovation. html(2019 年 8 月 9 日访问)。

18. 杰夫·比尔(Jeff Beer),《巴塔哥尼亚正致力于拯救我们的家园》,Fast Company, 2018 年 12 月 13 日,https://www. fastcompany. com/90280950/exclusive-patagonia-is-in-business-to-save-our-home-planet(2019 年 8 月 16 日访问)。

20

🔗 生态系统

没有一家企业是一座孤岛。对希望发展循环经济的企业来说,建立起与更广阔生态系统的联系尤为重要,这意味着合作贯穿于整个价值链,与同一市场的利益相关者合作(包括和同行在竞争前合作),与相邻行业和不同地区的利益相关者合作,还要与投资机构、政府、非政府组织、学术界等合作。因此,高管的任务是采取全局性的系统思维,以打牢基础、促进合作、推广循环方案、充分发挥自身优势、增加对循环经济的投资。"为了向循环经济转型,我们需要整体思考整个生态系统和价值链。这意味着传统贸易模式需要转变,在帝斯曼(DSM),我们与供应链上的合作伙伴一起创造不同的生产和消费模式,我们与创新者一起发现和推广颠覆性技术。我们定位独特,既能在全球范围推动下游行业的循环,又能帮助创造就业机会,并在各地产生积极的社会影响。"目标导向的全球科学公司帝斯曼的首席执行官谢白曼①说。

🎯 四个重点关注领域

我们认为,循环语境下的"生态系统"指的是:将相关组织机构的协作关系和伙伴关系搭建成网,以创造有利于集体转型的环境,进而使整个价值链(或特定区域,如城市或运营区)商业模式从线性向循环的转型成为可能。参与生态系统是公司转型发展的重要垫脚石,不仅有助于公司在更大的商业环境中实现循环,还能为公司明智有效的决策奠定基础。发展生态系统的最终目的是建立起供应商、物流伙伴和技术紧密结合的组织机构。以消费者和政策支持为基础,实现材料循环。法国能源管理公司施耐德电气董事会主席兼首席执行官赵国华表示:"生态系统对我们最大的影响是,在施耐德电气和周围生态系统中,我们要确保以更循环的方式重新思考自己的一

---

① 谢白曼(Feike Sijbesma)先生已于 2020 年 2 月卸任首席执行官,现为帝斯曼的名誉主席——译者注。

切行为,生态系统包括我们与客户、供应商、合作伙伴和技术集成商的全生命周期关系。循环带来了有形的商业价值,把合适的利益相关者聚集在一起创造系统级的改变时,价值尤为明显。"

一般来说,人们通常认为生态系统领导力是"最后"一步,在循环枢纽的其他维度(运营、产品和服务、文化和组织)处理妥当后发展。公司倾向于首先"整理好自己的房子",即公司通常希望在积极参与更大规模的行动前,先展示出自己得到认可的循环能力。这是因为相比其他维度,生态系统离组织中的直接供应链更远,在很多情况下,尤其与新的合作伙伴和同行合作时,生态系统需要更多的信任和开放的胸怀。

然而现实情况是,今天的公司不能再把生态系统当作"次要"问题,相反必须把生态系统当作扩大规模和影响的先导,尤其是考虑到很多行业和地区面临的巨大挑战。比如,公司要建立产品回收的基础设施或强大的替代供应链,以此支持行业向循环商业模式过渡,这对任何公司来说都是艰巨的任务。此外,若无合作伙伴的支持,经济领域的变革可能就毫无吸引力,合作伙伴是成功至关重要的因素。所以我们认为,若不考虑公司或行业所处的生态系统,就几乎无法释放循环经济的全部潜力。比如,可口可乐公司认识到,实现公司的循环经济目标,不仅需要在直接的价值链内合作,还需要和竞争对手合作,以此推动整个行业向前发展,可口可乐公司宣布,到 2030 年,公司将收集所有投放到市场的可乐瓶和可乐罐,可口可乐深知,仅关注自身的业务距离要实现这个宏大的目标,仅专注于自身的运营是不够的,它还必须努力实现整个价值链的大循环。"这个系统不仅适用于可口可乐,更适用于所有公司。"可口可乐公司首席公共事务、传播、可持续发展和市场营销业务官贝亚·佩雷斯说。

可口可乐等公司已经认识到主动构建生态系统的重要性,公司不能被动地行动。它们正助推整个行业前进,进而为循环创造有利的环境。"公司必须投身于整个行业,竞争对手和同行也在其中。公司需要努力在商业生态系统中与大家步调一致,然后推广到整个行业。"佩雷斯补充说。

对领先企业来说,发挥生态系统的潜力意味着专注于四个关键领域:共享、协作、投资和政策(见表 20.1)。统筹这些领域的工作有助于公司克服政策限制和市场障碍,达成必要的规模并兑现承诺,以使循环方案带来的经济收入更加可观。

表 20.1　四个重点领域

重点领域	工具集	生态系统举措
共享	非竞争、透明地共享知识、信息和学识,来发展循环思维、提升循环效能。此类方案围绕与同行分享见解和专业	美国服装企业李维斯(Levi Strauss&Co.)分享了高效加工的制造秘籍,该工艺可以在牛仔服装加工过程中节约高达 96% 的

（续表）

重点领域	工具集	生态系统举措
	知识以应对共同的挑战。与地方或区域合作伙伴交流行业相关的话题,可以大规模加快循环经济的发展	水。该公司为全行业更大的利益公开自己的知识产权,帮助竞争对手改善环境绩效并降低生产成本[1]
协作	发展双边和多边伙伴关系,以提供切实可行的循环解决方案。此领域的方案侧重于建立双边伙伴关系,并与多边公私利益攸关方合作,将惠及所有人的循环解决方案推向市场	达能建立了一个创新的多边联盟,该联盟汇集了整个农业价值链的领导者,包括动物健康和福利公司、作物营养专家,及一家人工智能农业食品初创公司,该联盟与美国、欧洲和俄罗斯的农民密切合作,探索从种植动物饲料、饲养动物到生产牛奶的过程,如何将再生农业应用于奶牛场[2]
投资	金融支持促进循环创新。此领域的方案旨在推动市场的循环创新(和最终颠覆性的循环解决方案)。投资对象可以是创新型初创企业、产品和商业模式开发、思想领导力、研发,以及非商业第三方,如非政府组织或学术界	全球变革大奖是由 H&M 基金会主办和资助的奖项,从设计、生产到材料创新和回收,全球变革大奖为循环时尚提供了早期的创意。自 2015 年以来,全球变革大奖已收到超过 14 000 份参赛作品,每年 5 位获奖者将分享 100 万欧元的资助并有机会加入一项创新加速者项目[3]
政策	支持有利于循环的监管环境。此领域的方案包括参与地方和国家讨论以及国际论坛,为促进区域和全球循环经济发展的相关政策和条例提供信息和/或施加影响	2018 年 6 月通过的《海洋塑料宪章》(Oceans Plastic Charter)将主要的政府、企业和民间社会组织聚集在一起,为确保塑料的再利用和再循环奠定了基础[4]

开启转型

从投资初创企业、与同行分享经验,到建立伙伴关系以帮助制定国内和国际政府政策,生态系统四个重点领域(共享、协作、投资、政策)的方案差异很大。取决于自身在循环之旅的成熟度水平：新兴、小有成就、领先、将循环贯彻到底,公司可能尝试一系列项目(见表 20.2)。

循环之旅： 协作和共享

公司可以实施两大类的协作计划。第一类解决方案是建立双边伙伴关系,一个案例是威立雅环境集团与达能集团建立的长期战略联盟,将威立雅在水、废弃物和能源管理方面的专业知识运用到达能的整个流程中。这一双边举措是达能整体气候政

表 20.2　公司成熟度提高的说明性特征

	新兴	小有成就	领先	将循环贯彻到底	成熟之旅:从→到
分享	● 通过循环实践和外部参与,结识同行并推动产生影响的社会影响 ● 参与经验教训分享等活动	● 建设竞争前的联盟/平台,分享循环见解 ● 领导和同行的双边互动,分享循环知识	● 建立非竞争中心/联盟/平台的全球网络 ● 实质性参与分享行业的循环解决方案	● 定期召开论坛,使同行能够非竞争地分享循环信息 ● 在更大的外部生态系统中创造大规模的循环就业机会 ● 为求索更大的行业利益而共享知识/产权,其中可能包括制造机密或其他商业秘密	● 从发起与行业同行共享信息,到领导多个知识共享论坛 ● 举措包括:①与同行分享见解和专业知识以应对共同挑战,②与产业相关的地方/区域合作伙伴分享经验教训以应对共同挑战
协作	● 加入同行和有影响力者的网络 ● 评估以协作方式提供循环解决方案的范围	● 安排有针对性的方案来推动创新的解决方案 ● 领导对话,推动和同行的进一步合作	● 发展创新的双边伙伴关系以推广大规模的循环解决方案 ● 促进和多边跨行业利益相关者合作关系以激发变革 ● 设定推动行业/价值链向前发展的主要循环目标	● 利用循环思想领导力来促进整个市场的循环协作 ● 主持活动/牵头大的解决方案(共享工作空间/活动/联盟),就全球问题展开合作	● 从和其他同行进行试点的早期对话,到支持和指导整个产业的循环协作 ● 举措包括:①发展双边伙伴解决方案,②和多边公私利益攸关方合作提供循环解决方案
投资	● 向小规模、研究驱动的循环举措捐款,以促进可扩展性 ● 进行临时的短期投资	● 随着时间的推移,进行有影响力投资/有目的的投资,比如结构化的机构支持 ● 对具体的研究/创新进行长期投资	● 利用专门的循环投资能力,加快推广已选定的循环方案 ● 将长期投资扩展到试点和部署阶段	● 提供大规模金融投资,为外部的循环加速器提供资金,以扩大循环研究的规模 ● 进行长期、多行业投资	● 从循环方案中的小规模、有针对性的投资,到领军战略里长期、跨行业的投资 ● 举措包括:①向包括初创企业、中小型企业等提供投资,②提供投资以支持循环研究,③向非商业第三方提供投资

（续表）

	🎯	🔲 新兴	🔲 小有成就	🔲 领先	🔲 将循环贯彻到底	成熟之旅：从→到
政策		• 监控相关地方、国家和国际的政策 • 参与并支持已产生的改变	• 将对循环经济议程的支持与当地和国际的利益攸关方联系起来 • 就关键的循环问题游说政府	• 直接参与制定国家和国际政府政策的讨论，并在其中发挥倡导作用，比如倡导废弃物税收结构	• 将国际循环政策塑造成决定性的利益攸关方，比如参与超国家委员会级别的论坛	• 从遵守政策法规到影响国际循环环保政策 • 举措包括：①参与地方和国家政策和法规的讨论，②参与国际政策和监管论坛
小结		• 参与外部生态系统主要关于界定和范围界定和生态系统中不同类型搭档的少数外部组织机构的浅显直接接触	• 方案的针对性更强、项目更有深度，方案涵盖公司、涵盖公司和生态系统中不同类型搭档的伙伴关系/协作的塑造	• 在大部分生态系统中发挥驱动作用，包括设计针对特定循环挑战的解决方案，这些挑战成对整个产业/地理/主题都有重大影响	• 最终在所有领域都发挥举足轻重的作用，侧重于一定期合作长期的投资并参与国际政策	• 从被动的参与者到生态系统主动的推动者，影响力大，领导地位提高，并在循环之旅帮助他人

策的一部分,目标是在公司直接和共同责任范围内,于 2050 年前实现运营碳排放量净值为零的目标。[5] 最初,该联盟侧重于促进共享学习的试点项目,包括开发"零液体排放"工厂和再生塑料生产单元。[5] 几年后,两家公司合作设计达能在荷兰纽迪希亚克伊克(Nutricia Cuijk)的生产设施,注重资源的使用效率,帮助达能在 2050 年实现碳中和的目标。此外,双方已就一份进行中的合同达成一致,该合同保证并激励威立雅致力于改善绩效。[6] 威立雅发展、创新和市场高级执行副总裁马克·德莱说,"联盟的形式和目标使其在创造经济、社会和环境价值方面,成为真正独特的解决方案。"[5]

第二类协作方案是召集多个利益攸关方,制订多边解决方案,应对共同的循环挑战。以世界经济论坛和世界资源研究所主办的"加速循环经济平台"为例,该平台有超过 50 位成员,从首席执行官到政府部长再到国际组织负责人不等。加速循环经济平台是各领域商业模式和市场转型的加速器,目标是为循环经济项目开发混合的融资模式、支持有利的政策框架、解决发展循环经济的具体障碍、鼓励公私合作以扩大循环方案的影响。在世界经济论坛和世界可持续发展工商理事会的支持下,加速循环经济平台一项"电子产品新愿景"的具体方案将所有相关的联合国机构聚集在一起,为循环的电子产业制定新愿景。[7]

有效的组织内和组织外合作,应在很大程度上有赖于共享独特的知识和能力。一个典例是全球糖果制造商玛氏公司(Mars)、跨国信息技术公司国际商业机器公司(IBM)、美国农业部(US Department of Agriculture, USDA)之间的成功合作,三方共同绘制了可可的基因组图以增进行业福祉:玛氏公司贡献出了科学的领导和可可的供应链知识、IBM 分享了其计算生物学和蓝色基因(Blue Gene)超级计算机的专业知识、美国农业部提供了农业和政策的知识。独特的能力和专业知识相结合,使玛氏公司、IBM、美国农业部合作研究并绘制出可可的基因组图,进而提高可可质量、维持可可供应。

上述两类合作(双边和多边)的最终目标是有效促进知识共享,并推动解决行业(和全球)问题的行动。公司实施这类方案,还可以抓住新的合作机会,并与合作伙伴共同试点解决方案。比如,H&M 公司在 2011 年与世界自然基金会(World Wildlife Fund, WWF)建立了为期 5 年的合作伙伴关系,主要目的是使 H&M 超越工厂生产线、在整个供应链都负责任地利用水资源,这一伙伴关系为 H&M 带来了实实在在的成果,比如 70 000 名员工参与了水资源的培训,500 多家供应商在水和化学品管理方面有了更高的标准。积极的成果激发了更进一步的集体行动,其他公司、决策者和公众也聚集在一起,为目标地区的可持续水资源管理贡献力量,比如,中国引入了第一个纺织工业用水管理指南。基于这些成功,该伙伴关系在 2016 年进一步扩大,将气候行动以及与时尚行业相关的战略问题对话也纳入其中,包括共同开发工具,帮助 H&M 团队在开发新产品时采用循环方法。[9,10]

价值驱动因素

在前几章中,我们讨论了在组织中生成价值的各种方法。当运营、产品和服务及文化和组织动员公司可以在其企业范围内获取的循环价值时,一个循环生态系统在支持和扩大组织外的计划方面是至关重要的,而这反过来又可以,在以下几个方面对公司内部运作产生积极的影响:

增加收入:有时需要合作来将独特的循环产品商业化。一个例子是美国西南航空公司(Southwest Airlines),该公司正在利用循环经济原则来增加收入并提高品牌声誉。比如,该公司没有处理 2014 年初一次机队改装中拆除的 80 000 个皮革飞机座位,而是将皮革交给了美国的"升级再造商"Looptworks,后者让废料摇身一变成为时尚的皮革制品来寻找营销机会。[11]

节约成本:合作对降低成本也特别有效。英国汽车公司捷豹路虎希望生产过程减少原铝的使用,便与其材料供应商诺贝丽斯(Novelis)以及英国的创新机构创新英国(Innovate UK)进行合作,由此诞生了 REALCAR,这是一款采用新型铝合金开发的汽车,可以利用再循环的材料,降低成本并减少不利的环境影响。和原先同类产品相比,再生铝在生产过程需要的能源要少得多(可减少 95%),再生铝也有助于将路虎揽胜 TDV6 在使用期间对全球变暖的影响降低 13.8%。[12]

降低风险:为了应对规章制度变化带来的风险,组织机构可以主动与决策者接触,在潜在风险成为主要问题之前就解决掉它们。比如,巴塔哥尼亚公司与政策制定者不断合作,为有利的商业行为争取合适的激励措施。巴塔尼亚公共事务副总裁里克·里奇韦说:"正确的监管方向对创造有利于使用二手材料的经济环境非常重要,不应该总是首先考虑多使用原始材料。"

提升品牌:积极参与外部生态系统的组织机构通过品牌领导力提升价值,这有助于将公司从行业竞争对手中脱颖而出,不仅在客户之间,而且在股东、投资者、媒体和预期雇员之间获得胜算。很多世界领先品牌都是重要循环生态系统的推动者,如艾伦·麦克阿瑟基金会、终结塑料垃圾联盟(Alliance to End Plastic Waste)和加速循环经济平台。公司与这样的生态系统建设组织合作,可以将其品牌与更广泛的循环经济使命相连接,并向客户、员工、投资者和其他利益相关者宣告这一承诺。

技术促进

技术可以从几方面发挥核心作用促进生态系统发展。首先,数字平台让公司和行业更容易共享资源,这些平台帮助扩大产品的使用范围并为废弃物提供市场,进而提高资源利用效率,目标是使一个公司(或行业)的过剩产能或浪费成为另一个企业(或行业)的投入。这就是奥斯汀材料市场(Austin Materials Marketplace)的想法,这个在线平台连接了美国得克萨斯州的公司和组织机构,提供废弃物和副产品材料的再利用和再循环解决方案。该平台自2014年启动以来,已从垃圾填埋场转移了超过55 000立方英尺废弃物,节省了超过60万美元的成本并创造了价值,减少了900吨的碳排放。[13]

在线平台也是推动知识共享和开放创新的强大工具,参与者可以在平台上轻松地交流想法、分享见解、共同生成克服循环障碍的解决方案。开放创新平台 Circle Lab 是"循环的维基百科",这一在线空间,供个人、公司、组织机构和城市来发现、讨论和分享循环商业实践和战略以应对本地和全球的挑战。由循环经济俱乐部(Circular Economy Club)和 Circle Economy 组织的"循环经济地图标示周"(Circular Economy Mapping Week)活动记录了3 000项循环举措。[14]

除了数字平台,其他创新亦可使公司更容易地共享相同的价值链或连接至不同的价值链,具体来说,先进的分析和追踪技术可以让不同的公司利用相同的物流基础设施优化路线。在比利时,雀巢公司和百事公司已经合作,将双方的卡车车队和路线相结合后为商店运送新鲜的冷冻产品。世界经济论坛的数据显示,该伙伴关系已降低了44%的运输成本和55%的碳排放。为保持两家公司间的专有信息(并避免任何反垄断投诉),由第三方处理运营过程的复杂物流。

推动转型的领先实践

很多公司通过参与循环生态系统进而取得了很大的成功。这些公司如何做到这一点的? 研究它们的业务后,我们强调以下重要教训和最佳举措。

重新定义价值链参与

没有任何一家公司能够单独做到循环。公司可以在改善自身运营和提供循环产品和服务方面取得重大进展,但最终还是需要系统的方法来扩展并释放循环的全部潜力,这个道理甚至适用于宝洁这样的大型跨国公司。耗尽了早期行动的"低垂果实"后,宝洁现在意识到自己需要生态系统的支持,才能将其循环举措提升到更高水平。"我们已经做了所有能独自做到的事情。"宝洁首席可持续发展官维尔日妮·赫利亚斯说。事实上,仅仅是整个问题的一个子集也可能庞大到任何一家公司都无法独自解决,比如食品废弃物。Winnow 公司的马克·佐恩斯说:"我们正试图解决一个万亿美元的问题,但我们无法独自完成,需要特别多的组织机构采用不同方式来解决这个问题。"

在行业界限变得更加模糊、价值链压缩的时代,循环经济为企业提供了多种可能性,让公司重新思考如何在整个价值链中与客户、供应商、社区和合作伙伴互动,且很多可能性会带来宝贵的合作机会。思科公司一直尝试与其供应商和合作伙伴建立一个开放和协作的环境,协作源不断地为思科提供了如何重新设计产品的宝贵意见。思科供应链运营高级副总裁约翰·克恩表示:"我们不仅规定供应商可使用和不使用的材料,我们还希望他们成为协作的一部分。我们需要他们的想法。"

话虽如此,但将生态系统发展到完全循环仍然面临重大挑战。比如,供应链更注重前向流动,本质上就为回收制造了障碍,再制造的流程也面临挑战。为克服这些障碍,公司需要与供应商和生态系统的其他参与者密切合作,以促进反向流动,这意味着原料再加工和供需匹配的功能要落实到位,这样一个流程的废弃物就可以成为另一个流程的原始投入,从而产生巨大的商业价值。

建立整体循环生态系统所需的努力不应被低估,但建立一个由不同方面组成的复杂且大规模的网络是可以做到的。阿姆斯特丹港就是一个很好的例子,该港口致力于利用生态系统实现一个共同的目标:连接各行业的运营废弃物流并将其货币化。该港口现已成为循环中心和基于生物发展的中心,港口周围是一群包括生物塑料和生物柴油生产商的循环型公司,目标是用生物质替代化石燃料货物,转化有机废弃物,同时创造就业机会并刺激经济增长。"阿姆斯特丹港有着雄心勃勃的循环经济目标。"港口循环经济业务发展经理米夏·海斯(Micha Hes)说。为实现这些目标,该港口已经组装了欧洲最大的生物生态系统之一,可将有机废弃物转化为可再生能源、燃料、肥料和化学化合物,目前阿姆斯特丹港已经有 6％的营业额基于循环系统,该港口的目标是到 2021 年将这一数字增长到 10％。[15]

利用（颠覆性）合作伙伴开发和部署新的解决方案

正如本书通篇所述,技术是推进循环计划的关键力量,尤其公司开始将循环解决方案扩展到公司外部时。所以高管需要不断寻找新的技术,并找到方法,利用公司的生态系统帮助开发新兴技术并加速其广泛采用以扩大规模,这就是宝洁公司与PureCycle 科技公司合作的战略,旨在加速采用宝洁的创新性塑料回收方法,将塑料与其他废弃物分离,提供超纯的再生聚丙烯。宝洁已将这项专利技术授权给 PureCycle,与雀巢和其他公司合作推广这项技术。[16,17] 在时装业,意大利奢侈品公司菲拉格慕(Ferragamo)与 Orange Fiber 公司合作,后者制造了第一种由柑橘汁副产品制成的织物,再加上一位获奖设计师的画作,一个全新的商品系列由此诞生。[18,19]

为使这种伙伴关系取得成功,组织机构必须培养强大的能力,进而理解交付价值、分析项目的可伸缩性、筛选合作伙伴并确定优先顺序、确定与其现有运营模式和流程的兼容性。大公司作为合作伙伴资源雄厚且能力强大,但大公司通常受限于核心业务承担风险的程度,从这个角度看,和创新的小公司建立伙伴关系往往是必要的。

长期投资(并获得股东和投资者的支持)

高管和决策者应致力于支持循环生态系统并将其作为长期投资,金融部门和金融机构也要发挥关键作用,为循环经济举措的形成提供必要的资源(参见"投资——金融服务的作用")。事实上,对组织、商业模式、产品、技术或非商业第三方的投资是在一个行业或地区内实实在在展开循环解决方案关键的垫脚石。丹麦政府意识到,对风力发电场等创新举措的长期投资对这些技术的成熟至关重要,长期投资可最终使技术商业化而不再需要额外的补贴。德国化工公司巴斯夫表示,大股东已开始采用长期思维,但投资经理需要跟上这种思维。巴斯夫执行董事会成员董善励说:"不确定性和凝聚力缺乏的问题仍存在于衡量循环解决方案的过程中——公司还不知道该寻找什么。因此,组织机构必须帮助股东和投资者了解循环的价值(并用强有力的商业案例证明),以便采用支持循环经济的全新衡量系统和管理系统。董善励说:"我们需要重新定义自己衡量商业成功的方式,从仅仅关注利润,转向创造利润、优化人力资本并造福环境。重点是公司要汇报所有这三个要素,并将决策和激励与这三重底线相联系。"

主动与决策者合作

当公司越来越多地参与到生态系统,监管环境既可能起到关键的促进作用,又可能成为严重的阻碍(参见"政策——决策者的作用"),因此需要鼓励高管与公共部门和跨行业同行合作,共同制定更明智的政策,使循环经济发生系统的阶段性变化。正如意大利国家电公司领导卢卡·梅尼所说:"立法在一些国家可能成为限制因素,是阻碍成功的最大障碍之一。应克服部门之间的立法孤岛,以实现循环解决方案。"政策制定者很多情况下愿意支持循环经济,但往往缺乏促进这种转变所需的更全面观点,这是公司可以介入的情况之一,即与公共政策界合作,帮助制定政策,遏制不负责任的竞争对手、提高集体标准、推动创新。公司在认识到有必要使政府和监管机构了解循环经济的趋势和可能的商业模式后，越来越愿意分享自己的想法和专业知识，以支持更广泛的循环转型。

这是嘉士伯和丹麦政府部署的战略。嘉士伯集团和嘉士伯基金会主席弗莱明·贝森巴赫（Flemming Besenbacher）为丹麦政府起草了一份报告，以激励政府努力实现循环经济，并提出了 27 项可能在丹麦社会和商界推广循环经济的举措。循环对社会和嘉士伯集团都至关重要，因为循环会在 98 个丹麦城市展开，而这些城市今天都在用不同的方式处理废弃物。贝森巴赫表示："我们正试图影响规章制度的调整以实现集体影响，但要做到这一点需要时间和耐心。我们不能指望政府单独行动，与企业合作是行动的关键，嘉士伯集团已经在带动这一发展。"

有时，公司不仅应该与政府合作，制定适当的规章制度鼓励循环，还需要领先一步，主动承担起循环的责任。也就是说，在被要求做到循环之前，公司可以采用新的循环标准实现领先，比如规定产品循环回收的最低水平。2013 年丹麦电子行业的多个协会和公司与环境部联合签署了"废弃物和电子设备自愿协议"，旨在促进电气和电子设备的生态设计，刺激废旧电子产品在分离、再利用和再循环方面做得更多、更好。该协议从 2014 年持续到 2016 年，其结果证实了利用生态设计实现循环解决方案的巨大潜力。[20] 最近，各公司和行业协会解决塑料废弃物问题时采取了类似方法一举两得，不仅解决了严重的环境问题，还获得了可观的商业利益。欧洲塑料战略（The European Strategy for Plastics）呼吁利益攸关方自愿承诺使用或生产更多的再生塑料，截至 2018 年底，已有 70 家公司和商业协会响应这一号召。[21]

企业与行业同行或供应链上合作伙伴的共同行动，改善了所有参与者的竞争环境，为和政策制定者一道将自愿行为转化为政策规范铺平了道路。可口可乐公司的迈克尔·戈尔茨曼（Michael Goltzman）说："行业带头行动，更容易开展卓有成效的对话并和政府协调行动，若行业没有发挥带头作用，而公众舆论和其他压力迫使政府需要首先采取行动，那面临的挑战就大了。"

📖 本章小结

- 企业不能再将其生态系统视为"次要"问题。生态系统现在必须被视为扩大规模和影响的先导。
- 高管必须主动塑造公司的生态系统，而不是保持被动和合规。

- 生态系统发展需要关注四个关键领域：共享、协作、投资、政策。

- 循环生态系统对支持和扩展组织外部的循环方案至关重要,这反过来会对企业的内部运营产生积极影响,包括收入增长、成本节约、风险降低、品牌提升。

- 数字平台可以连接企业和行业,促进资源、知识和想法的共享。这可以共同创造解决方案,克服循环挑战,并获得可观的商业价值。

- 在行业界限变得更加模糊、价值链压缩的时代,循环经济为企业提供了多种可能性,让企业重新思考如何在整个价值链中与客户、供应商、社区和合作伙伴互动,其中很多可能性将带来包括创新、协作、新商业模式和新市场在内的宝贵机会。

- 有时,企业不仅必须与政府合作,影响政府颁布适当的规章制度鼓励循环;它还需要领先一步并为之付出努力。

生态系统是力量相互作用和整合的复杂"蛛网",是公司在更大范围的经济和社会扩大其循环影响力的跳板,没有相互联系,就难以实现系统级别的变革。然而如何在一个组织内走完这一旅程需要指导。以下注意事项将帮助组织机构决定如何定制最优的正确操作,进而支持向循环生态系统的过渡。

示例问题

价值链内外的协作

☐可以从哪些重要的双边和多边合作机会中学习、贡献和帮助扩大业务的循环方案?

☐如何与供应商合作,将循环解决方案推向市场?

☐如何让行业内外的参与者分享循环的挑战和理想并鼓励共同创造?

提高认识和共享

☐如何找到低成本的方法来提高对行业循环挑战的认识(如在线分享案例研究)?

☐如何在不同的参与者群体中围绕循环挑战展开对话和生发想法(如活动、在线参与、强调挑战的"黑客马拉松"等)?

☐能够提供哪些能力,可能对价值链之外的循环有所作用? 同理,其他行业的哪些能力可能对业务循环有用?

为扩大影响而投资

☐可以在哪些方面进行投资，以推动循环创新，并加快行业向循环经济的过渡？

☐可以和谁合作来帮助寻找和发现投资机会，进而为业务创造循环价值？

☐如何与金融提供商合作，影响金融服务行业向循环方向的重塑？

影响政策

☐如何与业内同行合作影响循环经济政策？

☐可以与政策制定者分享哪些信息/经验以推动有利于循环的监管？

☐当前哪些法规可能会阻碍行业的循环发展？

相关功能

☐财务要利用投资，发展合作创新项目或并购（M&A）活动

☐采购要发展以供应为基础的循环关系和方案

☐研发将战略和创新重心转向循环

☐事务部要建立行业内、与决策者之间的有效联系

☐营销以向更广泛的利益相关方传达合作伙伴关系、计划和影响

☐人力资源要培养合作和学习的文化

相关性/交叉点

☐运营：与外部组织的创新项目可能会影响不同运营职能部门的计划和流程，管理层需要评估这些变化的影响，考虑如何利用这些人才的知识和专长。

☐产品和服务：更广泛的生态系统参与和联合创新项目可能会对产品和服务的设计和交付产生影响，为新模式、新渠道和新的发展机会打开大门。

☐文化和组织：有效的生态系统参与，需要将协作和开放的方法嵌入组织机构所有职能部门内部的价值观、决策和创新实践中。

注释

1. Stout 网站，《分享知识产权创造价值》，2016 年 9 月 1 日，https://www. stout. com/en/insights/article/creating-value-sharing-intellectual-property/（2019 年 8 月 9 日访问）。

2. 达能集团，《支持奶农走向再生农业》，2019 年 6 月 26 日，https://www. danone. com/stories/articles-list/supporting-dairy-farmers. html（2019 年 8 月 29 日访问）。

3. H&M基金会,《全球变革大奖》,https://hmfoundation.com/global-change-award/(2019年8月12日访问)。

4. 加拿大政府(Government of Canada),《海洋塑料宪章》,https://www.canada.ca/en/environment-climate-change/services/managing-reducing-waste/international-commitments/ocean-plastics-charter.html(2019年8月12日访问)。

5. 威立雅,《达能与威立雅宣布成立独特的全球联盟以应对气候变化的挑战》,2015年,https://www.veolia.com/en/veolia-group/media/press-releases/danone-and-veolia-announce-unique-globalalliance-meet-challenge-climate-change(2019年8月9日访问)。

6. 威立雅,《威立雅支持在荷兰新建最先进的达能纽迪希亚工厂》,2019年,https://www.veolia.com/en/newsroom/communiques-de-presse/veolia-supports-new-state-art-danone-nutricia-plant-netherlands(2019年8月9日访问)。

7. 世界经济论坛与联合国电子废弃物联盟合作(United Nations E-waste Coalition),《电子学的新循环视野》,2019年,https://static1.squarespace.com/static/5c3f456fa2772cd16721224a/t/5c48930b0e2e728dfff44df3/1548260175610/New+Vision+for+Electronics-+Final.pdf(2019年8月9日访问)。

8. 克里斯·凯利(Chris Kelly),《玛氏公司、国际商业机器公司和美国农业部绘制可可植物基因组图》,路透社,2010年,https://www.reuters.com/article/us-cocoa-genome/mars-incibm-and-usda-map-genome-for-cocoa-plant-idUSTRE68E0TO20100915(2019年8月9日访问)。

9. H&M,《共同改变:H&M与世界自然基金会合作中期结果报告(2016年1月—2018年7月)》, https://about.hm.com/content/dam/hmgroup/groupsite/documents/masterlanguage/Newsroom/2019/WWF_report/Midterm%20result%20report%20H&M%20WWF%20partnership%202016-2018.pdf(2019年8月9日访问)。

10. 世界自然基金会,《世界自然基金会全球合作伙伴报告:世界自然基金会最大的企业合作伙伴概述,2016财政年度》,2016年,http://awsassets.panda.org/downloads/WWF_Global_Partnerships_FY16_FINAL.pdf(2019年8月9日访问)。

11. 伊丽莎白·布拉(Elisabeth Braw),《美国西南航空公司将8万个皮座椅升级改造成包、鞋和球》,《卫报》,2014年7月15日,https://www.theguardian.com/sustainable-business/southwest-airlines-upcycle-leather-seats-aeroplane-bags-shoes-balls(2019年8月12日访问)。

12. 保罗·卡塞尔(Paul Cassell)、伊恩·埃利森(Ian Ellison)、亚历山德拉·皮尔逊(Alexandra Pearson)、杰米·肖(Jamie Shaw)、阿德里安·道策(Adrian Tautscher)、史蒂夫·贝茨(Steve Betts)、安迪·多兰(Andy Doran)和米兰·菲尔伯鲍姆(Milan Felberbaum),《闭环价值链的协作》,剑桥大学可持续发展领导力研究所,2016年,http://www.multivu.com/players/English/7755351-novelis-jaguar-rc5754-recycled-aluminum-alloy/docs/casestudy-

845192244. pdf(2019 年 8 月 9 日访问)。

13. 奥斯汀材料市场,《当前项目指标》,https：//austinmaterialsmarketplace. org/success-stories(2019 年 8 月 9 日访问)。

14. Circle Economy,《全球最大的循环经济开放获取创新平台——Circle Lab 发布了 1 000 个新案例研究》,2018 年, https：//www. circle-economy. com/circle-lab-biggest-global-open-access-innovation-platform-for-the-circular-economy-launches-1-000-newcase-studies/♯. XSz5xZNKiAs(2019 年 8 月 9 日访问)。

15. 约翰·本莎赫(John Bensalhia),《全循环》,Port Strategy 网站,2017 年 8 月 22 日,https：//www. portstrategy. com/news101/environment/full-circular2(2019 年 8 月 16 日访问)。

16. 宝洁,《宝洁研究人员发明了突破性技术,将彻底改变回收行业》,2017 年 8 月 22 日,https：//news. pg. com/blog/PG-Innventure(2019 年 8 月 27 日访问)。

17. 环球电讯社,《PureCycle 回收技术公司与美利肯公司和雀巢公司合作加速革命性的塑料回收》, 2019 年, https：//www. globenewswire. com/news-release/2019/03/13/1752436/0/en/PureCycleTechnologies-Partners-with-Milliken-Nest1％ C3％ A9-to-AccelerateRevolutionary-Plastics-Recycling. html(2019 年 8 月 9 日访问)。

18. 菲拉格慕(Ferragamo),《Orange Fiber 绿色时尚灵感》,2019 年,https：//www. ferragamo. com/shop/eu/en/sf/collections/orange-fiber--37542(2019 年 8 月 9 日访问)。

19. Orange Fiber,《柑橘汁副产品的可持续织物》,2019 年,http：//orangefiber. it/en/(2019 年 8 月 9 日访问)。

20. 丹麦工业(Dansk Industri),《报废电子电气设备循环,WEEE 自愿协议的结果》,http：//di. dk/SiteCollectionDocuments/Milj％C3％B8/Nyheder/Sarahs％20mappe％20-％20nyheder/WEEE/UK_WEEE％20goes％20circular％202017_publikation_A4_WEB. pdf(2019 年 8 月 9 日访问)。

21. 欧盟委员会,《欧洲塑料战略——自愿承诺》,2019 年,https：//ec. europa. eu/growth/content/european-strategy-plastics-voluntary-pledges_en(2019 年 8 月 9 日访问)。

21

 生态系统深度探索 1：投资——金融服务的作用

从支持初创企业试验新循环商业模式，到大规模开发回收基础设施，循环经济需要在一系列领域进行大量投资。目前，支持新循环商业模式转型的资金远远超过了现有可获得的资金。据估计，到 2050 年，仅建造清洁能源基础设施每年就需要投资 3.5 万亿美元。[1] 这显然不够。联合国贸易和发展会议（UNCTAD）估计，2015 年到 2030 年，仅发展中国家每年就需要 3.9 万亿美元才能完全实现联合国 17 项可持续发展目标。[2] 金融机构有责任认识到自己在循环经济生态系统中的作用，并提供必要的投资和工具，推动从线性向循环转型。在这一过程中，可以从三个主要方面获得竞争优势：

- **增长：** 在过去十年中，金融行业已经开始意识到长期可持续商业实践的潜力，随着这种思维的转变，越来越多的投资开始涌入。例如，覆盖循环经济几个关键要素的绿色债券增长了 300 多倍，从 2008 年的不到 5 亿美元增至 2017 年的 1630 亿美元，截至 2018 年，绿色债券累计售出 5800 亿美元。[3,4] 另外，公司可以发行"过渡债券"，为低碳密集型替代能源技术或新商业模式提供资金。[1] 荷兰国际集团可持续发展全球主管利昂·维南德斯（Leon Wijnands）证实："在循环经济中，我们看到了新商业模式和开放的市场。荷兰国际集团内部对为循环提案和客户融资更感兴趣。"

- **差异化：** 作为扩大循环经济规模的先锋，金融服务公司将确立领导地位，获得相对于同行的显著优势。意大利联合圣保罗银行（Intesa Sanpaolo）循环经济全球主管马西米亚诺·泰利尼（Massimiano Tellini）表示："金融服务业还没有意识到，作为先锋引领循环经济发展并创造需求是一个巨大的机会。我们需要积极主动，而不仅仅是响应。"

- **经营许可和风险缓解：** 政府和其他利益攸关方越来越意识到循环经济转型的重要性，对行业施加的压力与日俱增以支持转型。对于受到严格监管的金融业来说，投资循环业务有助于降低风险，使企业获得经营许可。此外，很少有金融机构考虑到的一点是，循环经济转型的一个巨大优势是可以降低日益普遍的风险；这些因素包括原始物质依赖风险、相关价格波动、消费者需求变化以及更严格的环境立法的影响。[5,6] 正如荷兰国际集团的利昂·维南德斯所言："保持一切照旧的风险可能比循环商业模式模型的风险更大。如果不能评估风险并做出相应调整，投资组合和贷款账簿中的线性风险将会增加，产生严重后果。"

四种资金来源

金融服务部门和其他资本提供者可以通过改善获得基本信贷，创造创新产品提供资金，并提供激励措施鼓励企业实施循环倡议，从而支持循环经济。提供的帮助一般取决于资金提供者的类型：

- **银行和贷款机构**：可以提供信贷工具，如债券或贷款，将结果与贷款成本挂钩。例如，如果可持续发展绩效提高，净利率就会下降。这就是荷兰国际集团正在开发的创新金融工具。荷兰国际集团的可持续发展改善贷款（Sustainability Improvement Loan）为可持续发展评级上升的客户提供财务激励。例如，2017 年，荷兰国际集团向飞利浦发放了 10 亿欧元贷款，贷款利率与客户的可持续性表现和评级挂钩。[7] 意大利联合圣保罗银行也在努力为客户提供创新产品，在 2018 年推出了 50 亿欧元信贷，支持采用循环业务模式的企业。[8] 意大利联合圣保罗银行还建立了一个创新中心，帮助羽翼未丰的初创企业与 1 万多名投资者、公司和创新生态系统中的其他参与者建立联系。[9] 意大利联合圣保罗银行的马西米亚诺·泰利尼说："循环意味着降低银行业风险，更能抵御外部冲击。"

- **商业投资者**：有较长的投资期限，更适合投资颠覆性循环企业。Circularity Capital 是一个典型的例子，这是一家专业私募股权公司，投资处于发展关键阶段的中小型循环企业。Circularity Capital 的合伙人杰米·巴特沃思（Jamie Butterworth）指出："我们不断认识到，至关重要的是了解这类商业模式投资，并有恰当的网络为投资企业创造价值——例如，与关键企业发展业务。"另一个例子是闭环合作伙伴（Closed Loop Partners, CLP），该平台专注于加速发展循环应链的基础设施项目和催化技术，以推动材料类别循环。自 2015 年以来，CLP 已经在 30 个项目上投资了超过 4 400 万美元，并启动了 1.05 亿美元的共同投资。[10]

- **非商业资本提供者**：如发展机构或私人慈善机构可以通过赠款、公共资本或政府支持的工具提供共同资金。与商业投资相比，这些投资并不严格要求短期或中期回报。欧洲投资银行（EIB）是最大的多边开发银行，为实现欧盟政策提供长期融资。欧洲投资银行通常为循环企业提供 30%～50% 的总投资，随着倡议不断成熟，吸引其他公共和私人资金。换句话说，欧洲投资银行吸收了项目早期风险，使其更有投资价值与长期投资吸引力。在过去的 5 年里，欧洲投资银行已经为 100 多个循环项目提供了 21 亿欧元的共同融资，这些项目涉及水资源管理、农业和生物经济等不同领域。[11] 欧洲投资银行咨询服务部创新金融主管希瓦·达斯达(Shiva Dusdar)说："欧洲投资银行的独特之处在于深厚的技术和金融专业知识以及在风险管理方面的良好记录，这得益于与欧盟委员会的风险分担机制，可以承受更多风险。我们通过融资帮助传统银行和主流投资者的参与投资、分担风险和获得回报。"[12] 高净值人士(HNWI)作为私人慈善资本提供者发挥着越来越大的作用，例如，埃里克和温迪·施密特战略创新基金(Eric and Wendy Schmidt Fund for Strategic Innovation)为艾伦·麦克阿瑟基金会提供"循环经济学习计划"资金。高净值人士的资源也可以汇集在一起促进投资。例如，领先且有影响力的投资银行 ClearlySo 为循环创业公司 Bio-Bean 筹集了 400 万英镑。[13,14]

- **企业风险投资**：寻找、支持并投资具有创新价值主张的初创公司。企业风险投资有助于大公司促进创新，确保有发展前景的公司获得早期投资。企业风险投资在某些情况下可以促进初创企业开发产品并推向市场。例如，由 H&M 基金会发布的 H&M 全球变革大奖旨在寻找设计、生产、材料创新和回收等循环时尚空间早期创意。自 2015 年以来，该项目已收到参赛作品超过 1.4 万份，其中部分获奖者随后便与时尚界领袖合作。[15]

🔍 案例研究：荷兰银行(ABN AMRO)

荷兰银行作为循环投资的领导者，积极寻找接受循环商业模式的客户。荷兰银行生态系统的不断成熟重点在以下几个步骤。

在新兴阶段，荷兰银行在 2016 年发布了循环经济指南，解释了基本的循环原则，并提供了准备阶段的五步流程。[16] 该公司还发布了一套工具，简化新业务模式转型。在小有成就阶段，荷兰银行在 2017 年开放了新场地，促进与其他公司、客户和当地居民的合作。该建筑在建筑师、学术界和供应商的帮助下开发，阐述了循环经济的基本原则：建筑使用了回收材料(例如，利用旧牛仔裤作为绝缘材料)，结构设计为易于拆卸和再利用。[17] 最后，在领先阶段，荷兰银行、荷兰国际集团和荷兰合作银行(Rabobank)于 2018 年合作开发并推出了金融指导新方针，作为循环经济投资的标准框架。指导方针描述了所需资本的新形式，并解释了循环商业模式的金融基础，如按使用支付结构和二手市场的价值创造。有了这些信息，高管们能够更好地根据循环模型选择和资助新业务提案。目标是通过提供合理评估框架，加速循环供资。[18]

有待克服的障碍

由于种种原因,目前的或传统的融资机制和制度往往不适合循环经济转型,例如:

- 银行厌恶循环风险,认为循环风险比传统或更"成熟"的投资风险更大
- 债券市场需要商业有一定程度的成熟度,以扩大规模,增加对经济的影响
- 风险资本和私募股权青睐短期回收期
- 众筹难以调动资产密集型循环商业模式所需的资本
- 循环公司、产品或计划的标准仍在制定中,投资者难以找到财务和环境都有吸引力的投资业务

由于这些和其他障碍,循环计划的资金规模和普及程度仍然较小,只有少数金融组织有不同的循环战略或计划。正如海湾国际银行(英国)首席执行官凯瑟琳·加勒特-科克斯(Katherine Garrett-Cox)所说:"循环商业模式在金融服务领域还没有得到广泛理解,传统的企业融资工具也没有得到充分的应用。"欧洲投资银行咨询服务部门创新金融主管希瓦·达斯达也认同这一趋势,他表示:"5年前,金融服务领域几乎不知道循环经济这个词。只是在过去一两年,我们才看到主流金融机构将循环经济视为新兴的投资机会。"尽管推动金融服务业的循环转型仍有一段路要走,但一些措施可以帮助克服这些挑战。

一种解决方案是释放更多融资,寻找合作伙伴,最大限度地发挥循环主张的影响,同时也能分享风险。这就是循环供应链加速器(CiSCA)背后的理念,该加速器由荷兰国际集团与埃森哲战略和Circle Economy组织共同开发,这三家机构都是世界经济论坛加速循环经济平台的成员。CiSCA支持大型跨国公司及其中小型供应商循环经营模式转型。2018年,CiSCA宣布,考虑到该行业的材料和能源强度,第一轮加速器将聚焦于建筑和建筑行业。[19]另一个例子是循环经济框架贷款,这是欧洲最大的循环计划信贷额度(10亿欧元),也是意大利市场的首个此类贷款。[20]意大利联合圣保罗银行和欧洲投资银行通过合作已经能够为中型企业和创新中小型企业提供新资源,特别是在制造业、农业、能源和废弃物管理部门与循环经济相关的项目投资。[20]

金融机构评估循环计划的方式是另一个需要克服的障碍:由于缺乏适当的框架,传统的金融措施被用来评估新型商业模式。但传统措施忽略了循环举措的环境和社会效益、价值产生的不同方式等种种重要因素。例如,基于传统金融风险模型,由于循环业务模型历史记录有限、产品或服务新颖,可能被认为是高风险。财务风险建模需要调整,适当地评估价值链中的资产剩余价值,以及服务型商业的高客户留存率

等。在资源日益匮乏的情况下,金融机构考虑线性模型的风险也很重要。

海湾国际银行(英国)的凯瑟琳·加勒特-科克斯强调:"金融服务业需要发展更好的风险评估和估值模型,正确评估与循环业务模式相关的风险和机会。与线性业务模型相比,循环业务模型通常涉及不同的资产、现金流和风险/收益属性。开发新方法来衡量和监测循环经济中的各项举措很有必要。通用的分类法有助于确保投资者和被投资方使用共同的语言。"荷兰国际集团、荷兰银行和前面提到的其他机构制定的指导方针朝这一方向迈出了第一步,但还有更多工作需要完成。

还需要注意的是,尽管目前的风险模型和金融方法往往较为保守,但跨国公司有巨大的潜力改变这些模型和方法,影响行业转型。毕竟,大公司是金融机构的主要客户。它们可以教育金融服务提供者了解循环经济的好处,并合作开发适当的金融工具。为抓住这一机遇,达能在 2018 年 2 月修订了 20 亿欧元的银团信贷,将环境和社会标准纳入向银行支付的保证金。[21] 标准是基于两个独立的环境、社会和治理(ESG)机构提供的分数,以及达能的综合销售额中被共益企业认证的覆盖百分比。该项目是由法国国际银行集团法国巴黎银行(BNP Paribas)为关系银行提供的可持续发展协调服务。[22] 法国巴黎银行进一步发展了这一概念,与索尔维、L&Q、泰晤士水务公司(Thames Water)和德意志交易所集团(Deutsche Börse Group)合作推出了额外的激励贷款计划,与德国商业银行(Commerzbank)合作,为 7.5 亿欧元的信贷财团提供了融资。[23]

📖 本章小结

- 金融服务公司可以通过投资循环计划在三个重要方面获得竞争优势:实现增长;实现与竞争对手的差异化;获得经营许可并降低风险
- 需要新的财务指标和工具来正确评估和资助循环计划。金融机构应该寻找更好的风险评估方法,使用混合金融模型降低风险。
- 银行和贷款机构应与客户合作,帮助开发循环商业项目,更好地确定和量化成本和收益。

注释

1. 汤姆·弗雷克(Tom Freke),《过渡债券如何帮助污染者转向绿色环保》,《彭博商业周刊》,

2019 年 1 月 14 日，https：//www. bloomberg. com/news/articles/2019-07-14/how-transi-tion-bonds-can-help-polluters-turngreen-quicktake(2019 年 8 月 13 日访问)。

2. 联合国贸易和发展会议，《促进可持续发展目标投资》，2018 年，https：//unctad. org/en/PublicationsLibrary/diaepcb2018d4_en. pdf(2019 年 9 月 2 日访问)。

3. 《经济学人》，《欧盟想让金融更加环保》，2018 年 3 月 22 日，https：//www. economist. com/finance-and-economics/2018/03/22/the-eu-wants-to-make-finance-more-environmentally-friendly(2019 年 8 月 13 日访问)。

4. 柳波夫·普罗尼娜(Lyubov Pronina)，《什么是绿色债券，如何为'绿'?》，《彭博商业周刊》，2019 年 3 月 24 日，https：//www. bloomberg. com/news/articles/2019-03-24/what-are-green-bonds-and-how-green-is-greenquicktake(2019 年 8 月 13 日访问)。

5. 荷兰国际集团，《循环经济金融再思考》，2015 年 5 月，https：//www. ingwb. com/media/1149417/ing-rethinking-finance-in-a-circular-economy-may-2015. pdf(2019 年 8 月 13 日访问)。

6. 艾伦·麦克阿瑟基金会，《金钱让世界运转》，2016 年 3 月，https：//www. ellenmacarthur-foundation. org/assets/downloads/ce100/FinanCE. pdf(2019 年 8 月 13 日访问)。

7. 荷兰国际集团，《荷兰国际集团与飞利浦进行可持续贷款合作》，2017 年 4 月 19 日，https：//www. ing. com/Newsroom/All-news/ING-and-Philips-collaborate-onsustainable-loan. htm(2019 年 8 月 30 日访问)。

8. 嘉利堡基金会(Fonazione Cariplo)和意大利联合圣保罗银行，《意大利联合圣保罗银行和嘉利堡基金会在意大利启动第一个循环经济实验室》，2018 年 9 月 24 日，https：//www. group. intesasanpaolo. com/scriptIsir0/si09/contentData/view/content-ref? id = CNT-05-0000000513D20(2019 年 8 月 13 日访问)。

9. 意大利联合圣保罗银行，《意大利联合圣保罗银行创新中心：面向未来的商业加速器》，https：//www. intesasanpaolo. com/it/news/innovazione-e-fintech/acceleratori-di-imprese-e-startup-intesa-san-paolo-innovation-center-a-prova-di-futuro. html(2019 年 8 月 13 日访问)。

10. 闭环合作伙伴，《Closed Loop Partners 2018 影响报告》，http：//www. closedloopparteners. com/wp-content/uploads/2019/03/Closed-LoopPartners-Impact-Report-2018-1. pdf (2019 年 8 月 30 日访问)。

11. 欧洲投资银行，《欧洲投资银行在循环经济领域的领导地位在达沃斯世界经济论坛会议上得到认可》，2019 年 1 月 21 日，https：//www. eib. org/en/press/news/eibs-leadership-in-the-circulareconomy-recognized-at-world-economic-forum-meeting-in-davos. htm (2019 年 8 月 30 日访问)。

12. 艾伦·麦克阿瑟基金会，《循环经济计划》，https：//www. ellenmacarthurfoundation. org/our-work/activities/learn-about-the-circular-economy/circular-economy-programme (2019 年 8 月 13 日访问)。

13. ClearlySo 银行，《个人投资者》，https://www.clearlyso.com/investors/individual-investors/(2019 年 8 月 13 日访问)。

14. ClearlySo 银行，《Bio-Bean 获得 400 万英镑，颠覆依赖使用未开发的和稀缺资源的市场》，2019 年 4 月 25 日，https://www.clearlyso.com/bio-bean-secures-4-million-to-disrupt-markets-reliant-on-use-of-virgin-andscarce-resources/(2019 年 8 月 13 日访问)。

15. 全球变革大奖，《关于奖项》，https://globalchangeaward.com/about-the-award/(2019 年 8 月 13 日访问)。

16. 荷兰银行，《信息图：公司循环转型的 5 个步骤》，https://www.abnamro.com/en/about-abnamro/in-society/sustainability/newsletter/2016/january/towards-a-circular-company.html(2019 年 8 月 13 日访问)。

17. 荷兰银行，《Circl，阿姆斯特丹循环馆正式开放》，2017 年 9 月 5 日，https://www.abnamro.com/en/newsroom/press-releases/2017/circl-a-circular-pavilion-in-amsterdam-officially-opened.html(2019 年 8 月 13 日访问)。

18. 荷兰合作银行，《荷兰银行、荷兰国际集团和荷兰合作银行推出融资循环经济指南》，https://www.rabobank.com/en/press/search/2018/20180702-abn-amro-ing-and-rabobank-launch-financeguidelines-for-circular-economy.html(2019 年 8 月 13 日访问)。

19. 荷兰国际集团，《什么推动企业循环经营？》，2019 年 1 月 17 日，https://www.ing.com/Newsroom/All-news/What-motivates-companies-togo-circular.htm(2019 年 8 月 13 日访问)。

20. 意大利联合圣保罗银行，《意大利联合圣保罗银行和欧洲投资银行为中盘股和循环经济提供 10 亿欧元》，2019 年 6 月 10 日，https://www.group.intesasanpaolo.com/scriptIsir0/si09/salastampa/eng_comunicati_detail_intesa_spaolo.jsp?contentId=CNT-05-000000053317E♯/salastampa/eng_comunicati_detail_intesa_spaolo.jsp％3FcontentId％3DCNT-05-000000053317E(2019 年 8 月 13 日访问)。

21. 杰伊·科恩·吉尔伯特(Jay Coen Gilbert)，《首席财务官都应该知道："银行业未来"将环境、社会和治理绩效与更廉价的资本联系起来》，《福布斯》，2018 年 2 月 20 日，https://www.forbes.com/sites/jaycoengilbert/2018/02/20/every-cfoshould-know-this-the-future-of-banking-ties-verified-esg-performance-tocheaper-capital/♯2715c4da7e4d(2019 年 8 月 13 日访问)。

22. 法国巴黎银行，《达能集团积极激励融资策略》，2018 年 8 月 3 日，https://cib.bnpparibas.com/sustain/danone-s-positive-incentive-financing-strategy_a-3-2238.html(2019 年 9 月 2 日访问)。

23. 法国巴黎银行，《德意志交易所在法国巴黎银行的支持下，推出新积极激励贷款》，2019 年 3 月 27 日，https://group.bnpparibas/en/news/deutsche-boerse-with-support-bnp-paribas-launches-positive-incentive-loan(2019 年 9 月 2 日访问)。

22

🔖 生态系统深度探索 2：政策——决策者的作用

政府是变革的关键加速器。除了发展、考虑和制定政策措施以及将公共投资引向循环经济之外，它们还可以激活其他参与者来发展和扩大对企业和社会有益的循环经济实践。为了用建设性的方式发挥这种力量，公共政策应该为公司开发和扩展循环业务模式创造有利的环境，其最终目标是让公民在一个更健康、更繁荣、更公平的社会中茁壮成长。跨国科技公司戴尔的埃丽卡·陈表示："政策制定者在推动循环经济发展方面可以发挥重要作用。我们在推进工作时，总会遇到障碍。政策制定者有机会通过监管、指导方针或投资来帮助消除这些障碍。"

决策者的循环经济工具

加速循环经济的政策应该从一个清晰的愿景开始，它描述政府希望看到的循环活动以及它想要实现的目标。明确的目标和指标为确定倡导（或不鼓励）哪些业务活动提供了框架，并为可以比较哪些政策替代方案以解决任何冲突设定了基准。例如，增加回收利用的措施可能与扩大废弃物转化能源使用的举措相冲突。

有了清晰的愿景，决策者就可以评估一系列政策干预措施，以实现循环经济的规模化，每一种措施都解决了阻碍循环企业实现规模化的不同障碍（见图 22.1）。

国家和地方战略已成为能源和气候政策的共同目标，各国正开始制定这些战略和目标，以向循环经济过渡。循环经济战略提出了可持续资源利用的综合方法，设定了目标，并引入了一系列实现目标的措施。废弃物管理和回收通常是关键要素，通常辅以提高生产率、资源效率和创造就业机会的目标。值得注意的例子包括：

• 《欧盟循环经济行动计划》（EU Circular Economy Action Plan）提出了欧盟向循环经济转型的愿景。有关废弃物的相关指令规定了废弃物管理的具体目标：包括到 2035 年回收 65% 城市废弃物的欧盟目标；到 2030 年回收 70% 包装废弃物的欧盟共

循环经济的战略和目标

愿景	资源效率、循环利用、经济增值、创造就业		
规章	产品标准	对回收物品的要求	对有害物质和塑料的禁令
财政和税务	补贴和财政福利	外部性定价和税务	生产者责任延伸
公共投资	有形基础设施和数字基础设施	意识和行为的改变	公共研发
协作	公私合作和跨部门伙伴关系		

图 22.1　政策干预可以促进循环经济发展

同目标；以及到 2035 年将垃圾填埋量减少到城市垃圾 10％的垃圾填埋目标。[1]

- 中国的"'十三五'规划"和《循环经济促进法》制定了到 2020 年将资源生产率在 2015 年的水平上提高 15％、将主要垃圾类型的回收率提高到 55％、将工业垃圾利用率提高 73％的目标。[2,3] 正如中国循环经济协会副会长兼秘书长赵凯所说，国家战略对加速循环经济转型至关重要，我们看到这开始在中国产生影响。当地需要最佳实践试点和新措施，例如，创建零废弃物城市试点或循环工业园区，以使这些政策生效，并展示循环的优势。

法规和禁令用于处理在废弃物管理和资源使用中对环境、人类健康和/或经济有直接负面影响的行为。最早的一些环境政策是禁止或管制有害化学品（如某些杀虫剂），最近此类政策也被用于处理废弃物问题，最显著的是塑料废弃物。

- 规定处理和处置危险废弃物的法规很常见。在美国，有害电子产品必须遵守《资源保护和恢复法》进行管理。中国是全球电子垃圾产生量最高的国家（720 万吨），国家法律对电视、冰箱、洗衣机、空调和电脑的收集和处理进行了监管。然而，虽然政府越来越重视，但非正规的废弃物处理与非法处置利润丰厚，还继续在中国电子废弃物管理中发挥着重要作用。[4]

- 世界各地的政策制定者和监管机构一直在禁止使用不同类型的塑料产品以应对人们对塑料废弃物日益增长的担忧。大多数非洲国家、欧盟、所有主要亚洲国家以及美国的许多州和城市已经宣布或实施了对不同类型塑料产品的禁令，其中大部分是一次性物品，如购物袋或餐具。

- 对发展中国家来说，一个主要问题是非法倾倒塑料垃圾。随着中国从世界塑料垃圾储存库中撤出，越南、印度尼西亚、马来西亚、泰国等国的塑料垃圾进口量大幅增加,世界市场陷入了混乱。例如,马来西亚最近出台了限制塑料垃圾进口的规定,其他国家可能很快也会效仿。[5]

产品要求和产品标准最初是为了规范有害物质的使用和含量。它们已演变为对可持续含量(如回收含量)和性能(如能源效率)的最低要求。

● 欧盟生态设计指令(Directive 2009/125/EC)为提高产品的环保性能提供了全欧盟范围内的准则。它规定了最低的强制性要求,尤其是在能源使用方面。目标是从市场上淘汰表现不佳的产品,以激发行业竞争力和创新。[6]

● 美国加州是最早对可回收含量采用产品标准的司法管辖区之一。为帮助减少扔进加州垃圾填埋场的塑料数量而颁布的《硬质塑料包装容器法》规定,塑料容器需要由至少 25％的回收材料制成。[7] 该州还引入了塑料袋的回收含量要求。

● 《七国集团海洋塑料宪章》(G7 Oceans Plastic Charter)的成员国已经通过了一个雄心勃勃的目标,即"到 2030 年,与工业界合作,使塑料产品中的可回收成分至少增加 50％"。[8]

税收和奖励被用来对有害的做法(产生废弃物、不可持续的废弃物处理等)定价,并奖励有益的做法。

激励措施包括对循环经济解决方案的投资使用提供补贴及税收优惠,如英国资本免税额计划,该计划允许节能系统投资的加速折旧。[9] 例如,在瑞典,维修店的增值税税率降低。[10]

对行为或产品的负面影响征税或定价是让污染者为其活动的有害影响埋单。其中包括废弃物处置费、对产生废弃物的直接征税(例如,通过塑料袋征税)和碳税。通过市场或税收为碳定价,政府寻求鼓励低碳解决方案。同样,法国最近推出了一项惩罚制度,对不可回收的包装材料征税。[11] 通过对此类有害做法征税而获得的收入可用于投资基础设施或为解决方案提供支持。

企业在确保公平合理的监管方面发挥着重要作用,这些监管承认产品和服务对社会和环境的真实成本。但负面环境影响的成本,即所谓的外部性,传统上不包含在产品和服务的价格中,这一直是循环经济发展的重大障碍。

近年来,领先的循环企业已成为整合负面环境影响成本的积极倡导者,例如,呼吁政府为碳排放定价。这将加强它们在其业务中投资减排措施的理由,并刺激消费者选择低碳产品而不是替代品。再循环平台 Stuffstr 公司的约翰·

艾奇逊(John Atcheson)表示："由于定价外部性,二级市场的价值将更高,因为消费者意识到产品的真正价值和产品报废后的剩余价值。"

定价外部性也将有助于更准确地了解所涉及的环境成本。考虑到纺织行业传统染色工艺造成的水污染,工业二氧化碳染色设备供应商 DyeCoo 公司认为,让企业为污染付出代价的政策将使循环工艺变得更加有利。DyeCoo 的联合创始人赖尼尔·莫马尔断言："一旦立法要求强制执行,公司必须将废水净化到更高的水平并为污染付费,那么循环解决方案将具有成本竞争力。"

生产者责任延伸(Extended Producer Responsibility, EPR)政策是一项通过定价和奖励方式进行废弃物管理和循环再造的综合政策。根据《废旧电子和电气设备回收指令》的规定,欧盟成员国已经引入了生产者责任延伸计划来规范电子垃圾的回收利用。[12]2018 年修订的废弃物法令也对环保工作提出了最低要求。在这些政策下,企业负责承担收集电子垃圾的成本,但收费可以用来刺激电子产品在使用结束时的回收。例如,法国消费者在购买新的电器或电子设备时必须支付一笔环保费[13],然后将这笔费用支付给政府认证的回收组织,该组织回收使用过的电器,对其进行回收利用。生产者责任延伸政策在世界各地越来越普遍。印度是亚洲生产者责任延伸计划的先行者,中国也在讨论该计划,计划在 2025 年为电子产品、汽车、铅酸电池和包装产品引入这些计划。[14,15] 在 2016 年,智利成为拉丁美洲第一个引入生产者责任延伸计划的国家,目前该地区已有 10 个国家实施了生产者责任延伸政策。[16] 采取了生产者责任延伸政策的国家一般都看到回收率上升,但条件是收费(与非法处置相比)是足够的激励因素,并且有可靠的基础设施来回收使用过的产品。[17]

对废弃物回收和再循环**基础设施、意识和技术**的投资是政府为循环解决方案创建平台的一种方式。

回收是循环经济和废弃物政策的重中之重。大多数国家都制定了鼓励回收利用的政策,但迄今为止回收率一直很低,而且材料质量很差。在欧盟,2017 年仍有 23% 的城市垃圾被送往垃圾填埋场,这一比例在七个成员国超过 60%。[18] 欧盟成员国必须将城市垃圾回收利用的目标从 2025 年的 55% 提高到 2035 年的 65%。在其他国家,垃圾填埋率通常高于 50%。缺乏基础设施和能力是增加回收利用的主要挑战,尤其是废弃物分离、收集和分类系统。垃圾分类在源头进行时最有效,即由公众进行,这就是为什么政府政策侧重于消费者意识和教育,以确保收集过程中的激励措施(罚款和逆向收集)能够有效。新技术,如自主机器人,为改善垃圾分类提供了巨大的潜力。政策制定者可以投资于研发以加速这些技术的开发,并提供经济利益来刺激它们的部署。

发展中国家尤其受到废弃物收集和处理基础设施和能力的限制。其问题是资金不足，垃圾收集只能覆盖一部分人口，处理基础设施的缺乏导致非法倾倒活动产生，执法能力不足和收集垃圾费的能力不足，反过来又加剧了资金短缺。世界银行与地方政府和国际伙伴合作，帮助资助了加强世界各地废弃物管理基础设施和能力的项目。这包括对现有废弃物处理场的修复投资(例如，在印度尼西亚、波黑和阿塞拜疆)、提高消费者意识和参与度的项目(例如，在摩洛哥、牙买加和中国)以及对废弃物收集能力的投资(例如，在尼泊尔和利比里亚)。[19]

只有当制造商拥有关于这些材料的成分和质量的可靠数据时，回收材料的使用才能得到改善。这需要投资于收集和跟踪相关数据的数字基础设施。在美国，环境保护署最近建立了一个国家系统来跟踪危险废弃物的运输，这一新的电子清单将影响波及所有产生危险废弃物的行业的公司，从打印机的剩余墨水到汽车服务中心的废弃轮胎。[20]

展望未来，不仅需要在废弃物收集和处理基础设施和意识方面进行投资，还需要能够将回收材料带回制造过程的基础设施。废弃物处理公司的角色将发生巨大变化。它们将不再是价值链末端管理单向处置的企业；它们将成为连接价值链起点和终点的参与者，负责升级资源流和寻找最高价值的回收材料。政府可以通过鼓励或促进对逆向物流基础设施的投资来支持这一闭环。

协作和跨部门伙伴关系由政府推进，以促进整个价值链中的综合循环解决方案。

● 除了制定政策外，政府还可以发挥关键作用，帮助刺激和协调企业和其他团体的行动。它们的力量和视角使其成为召集来自不同部门的参与者以鼓励综合解决方案的理想选择。当决策者参与商业伙伴关系时，它们可以更容易地解决阻碍新的伙伴关系和实践的监管障碍。在地方层面，政府可以在商业园区和工业中心促进跨部门合作和行业共生。例如，中国有多个经过认证的工业园区，这些园区采用循环经济原则，主要是再利用和回收塑料等常见材料来管理其供应链。国家"十三五"规划的目标是到 2020 年 75％以上的国家工业园区和 50 多个省级工业园区实施完整的循环战略。[2] 同样，在国家出口加工区和经济特区可以重组为开发、测试和扩展循环解决方案的精英中心，增加此类区域对跨国公司及其供应商的吸引力。

● 政府还需要解决阻碍公司开展联合循环业务实践的障碍。竞争监管可能会阻碍合作，尤其是对于在同一行业运营的企业。政策制定者可以通过设定允许合作的条件来消除这些障碍，从而确保公平竞争和消费者保护。数据共享和知识产权的安排为任何类型的生态系统创新带来了额外的障碍。如果有明确的规则规定如何共享数据并规定如何在联合倡议中共享和保护知识产权，公司才更有可能建立创新合作伙伴关系。

除了采用新的干预措施外，政策制定者还应定期审查现有法规并使其合理化，尤其是那些提供相互冲突的目标或包含具有意外副作用的措施的法规。根据新的政策目标、技术或流程的进步对现有政策进行审查，通常会发现破除循环实践障碍的机会，同时仍能实现现有政策的原始目的。例如，食品安全法规可能会阻止餐馆捐赠多余的食物。该法规的调整可以明确在什么条件下捐赠食物垃圾。

全球格局

循环经济显然已列入世界各国和地方各级决策者的议程。欧洲、亚洲和其他地区的决策者表达了向更循环经济转型的大胆雄心，一些国家也制定了具体目标。但循环经济政策的实施情况差异很大，由于执行能力和基础设施的限制，实现政策目标的能力也存在很大差异。

欧洲：通过共同的多国循环倡议和目标发挥领导作用

● 《欧盟循环经济行动计划》阐述了欧盟向循环经济转型的愿景，其目标是从所有原材料、产品和废弃物中获取最大价值和用途，促进节能，减少温室气体排放，以及创造新的商业机会和就业机会。它列出了成员国和公共当局为实现愿景必须实施的54项具体措施。[21]

● 最近一份关于循环经济行动计划实施的报告证实了其商业价值：2016年，诸如修复、再利用或回收等循环活动从价值约175亿欧元的投资中产生了近1 470亿欧元的附加值。[21,22]

● 建立了协调政府部门、智库、大学、企业和工会行动的协作平台。

● 这一领域走在前列的两个国家是芬兰和荷兰，它们都制定了具体行动的路线图，可以快速向竞争性循环经济转型。[23]

亚洲：受到对塑料废弃物、电子废弃物和空气污染担忧的刺激，国家废弃物和资源效率战略和法规日益强大

中国的"十三五"规划提出了循环经济的目标，《循环经济促进法》（2009年）提出了提高效率、减少制造浪费和污染的措施[2]。规定金融机构对节能节水节地节材项目给予信贷支持；对促进循环经济发展的工业活动给予税收优惠；并要求企业部署回收技术，综合利用生产过程中产生的废水和热量。

印度政府推出了生产者责任延伸计划，以刺激正规废弃物管理系统的发展，并鼓励对非正规废弃物收集和处理的工人进行整合。首个应用于铅酸电池的生产者责任延伸系统于2001年投入使用，从那之后，它已经通过《塑料废弃物管理规则》应用于

电子废弃物和包装行业。[14,24] 然而,有限的执法能力和各州零散的设施降低了这些措施的积极作用。[14]

亚洲各国一直在采取行动减少塑料废弃物和海洋垃圾。**印度尼西亚**出台了《国家海洋废弃物行动计划》,旨在到 2025 年底较 2017 年减少 70％的塑料废弃物,**菲律宾**政府起草了一项关于海洋垃圾的国家战略,这为随后的《海洋塑料管理总体规划》奠定了基础。[25] 但是,由于地方一级的废弃物管理基础设施和能力不足,这些计划的可行性受到了阻碍。

非洲:建立废弃物管理能力,同时解决塑料和电子废弃物对环境和人类健康的直接负面影响

许多非洲国家制定了废弃物法,一般规定了废弃物的收集和处理,有时还制定了回收目标。然而,由于地方政府层面缺乏资源和能力,政策实施和执法往往很困难。因此,各国引入了各种机制,通过废弃物管理费或税收为正规废弃物部门提供资金。此外,它们正在通过将非正规废弃物工人纳入正规废弃物管理系统来提升能力。例如,**摩洛哥**与世界银行合作,将 2 万名废弃物处理工人转正。[26]

非洲国家在解决塑料废弃物方面处于领先地位;**撒哈拉以南非洲**的 30 多个国家已禁止使用塑料袋或对其使用征税。**肯尼亚**是其中最严厉的国家,禁令包括可能的监禁或巨额罚款。[27]

非洲国家长期以来一直是废弃有害电子产品的垃圾场,主要是露天倾倒、焚烧和填埋等,这些行为对环境和人类健康造成严重伤害。《巴马科公约》旨在通过禁止非洲从其他国家进口危险废弃物和放射性废弃物来解决这一问题。但由于国家层面缺乏后续行动,电子垃圾倾倒事件仍在发生。巴塞尔行动网络的一项调查表明,尽管欧洲法规禁止这种做法,但每年仍有数百吨来自欧洲国家的电子废弃物出口到发展中国家。[28]

近年来,出现了通过循环经济推动经济发展的超国家举措。例如,**卢旺达、南非和尼日利亚**正在与联合国环境规划署和世界经济论坛合作,建立一个全大陆联盟,以推动非洲向循环经济转型,重点关注电子废弃物[29]。正如非洲循环经济网络(African Circular Economy Network)创始人彼得·德斯蒙德(Peter Desmond)强调的那样,"在非洲实施循环政策有可能开辟一条更好的发展道路,以韧性和资源丰富为基本特征,使非洲能够跨越式发展,实现可持续、公平、繁荣和循环的经济"。

澳大利亚和新西兰:从废弃物法转向更广泛的循环过渡政策

澳大利亚联邦政府于 2018 年更新了其国家废弃物政策,将避免废弃物、改善材料回收和使用回收材料列为优先事项。为产品的环境管理提供了一个框架,包括自愿、共同监管和强制性管理。[30]

新西兰为促进国家循环过渡的举措建立了加速器计划和基金。废弃物最小化基金(Waste Minimisation Fund)用来支持促进或实现废弃物最少化、提高资源效率、促进回收再利用的项目。[31]

新西兰已于 2019 年 7 月开始在全国范围内禁止使用一次性塑料袋。同样，西澳大利亚昆士兰州也禁止使用一定厚度的一次性塑料袋，南澳大利亚州、塔斯马尼亚岛、澳大利亚首都地区和北领地、维多利亚州将于 2019 年 11 月跟进。[32,33]

北美：在公私循环合作中建立州和地区领导地位

• 在**加拿大**，循环经济政策是在省级和地方一级制定的。安大略省于 2015 年启动了一项"无废弃物战略：建设循环经济"，多个省已通过了回收目标。[34] 多伦多市的目标是实现零废弃物，根据其 2016 年长期废弃物管理战略，从转移 70％的垃圾开始。[35]

• 加拿大在促进公私循环伙伴关系方面处于领先地位，比如循环经济实验室。[36] 此外，国家零废弃物委员会一直在召集政府、企业和非政府组织来减少废弃物产生。[37]

• 在**美国**，循环性在商业界越来越受欢迎，在州和地方一级支持循环经济的势头强劲。[38] 20 多个州已经针对电子废弃物引入了生产者责任延伸法规，加利福尼亚、科罗拉多和华盛顿等州已经制定了废弃物最小化和资源效率的目标。纽约市致力于通过实现 2030 年零废弃物的目标，成为固体废弃物管理领域的全球领导者。[39]

• 《资源保护和恢复法》(RCRA)规范了美国有害和非有害固体废弃物的管理。[40] 该法案关注可持续材料管理，鼓励废弃物最小化和循环利用，建立伙伴关系和奖励计划，以激励公司修改其生产实践，减少废弃物并安全地重新使用材料。

拉丁美洲和加勒比地区：开始确定循环经济的目标

拉丁美洲国家制定了能源、废弃物和环境方面的国家政策。乌拉圭、智利、巴西和墨西哥在联合国工业发展组织(The United Nations Industrial Development Organization, UNIDO)气候技术中心和网络的协助下制定了循环经济路线图。[41]

智利是该地区第一个引入生产者责任延伸和第一个禁止塑料袋的国家。[42,43] 此外，2018 年，智利经济发展局和智利环境部创建了拉丁美洲第一个公共财政工具，以帮助企业家和公司实施循环商业模式。[43] 智利环境部长卡罗琳娜·施密特(Carolina Schmidt)强调了政策制定者在推动进步方面的关键作用："在制定正确的激励措施和制定新的游戏规则方面，决策者是至关重要的，以便私营部门可以从线性经济转向循环经济。我们相信，循环经济政策必须以综合方式和各种补充手段加以处理。在智利，我们结合了多种政策方法，包括监管和禁令，比如实施生产者责任延伸计划和禁止塑料袋的法律。此外，我们还与行业达成了明确的自愿协议，如《智利塑料协定》。

巴西的工业和对外贸易部、环境部以及全国工业联合会是生产和可持续消费论坛的一部分,致力于实现民族工业的竞争力和运营的可持续性。[44]

美洲循环经济论坛旨在创建一个超国家的政策框架,以推动美洲的循环经济。[45]

决策者下一步做什么

虽然新的政策和法规鼓励采用循环商业模式,但这反过来又导致了一系列新的政策问题。在向前推进的过程中,政策制定者应该解决以下五个方面的问题:

废弃物定义。废弃物法规通常定义何时将材料视为废弃物、二次材料或副产品。这些分类决定了材料的价值,以及它是否可以出口。例如,归类为废弃物的废弃电子设备可能面临出口限制,即便它可以作为国外二次材料的来源。为了解决这些障碍,政策制定者应根据新的循环经济政策目标和最新的技术可能性审查所有废弃物分类和限制。

材料使用和废弃物等级的应用。政策制定者应引导法规向能够最大限度地利用稀缺材料和废弃物的方向发展。应用优先级框架,如减少、再利用、修复、循环、回收、处置的废弃物等级,将有助于确保一致的政策措施并解决政策目标之间的潜在冲突(例如,循环经济目标和气候政策之间)。

改变税收激励循环行为。旨在实现其他目标(如创造就业或经济增长)的现有税收可能会阻碍资源的有效利用。因此,政策制定者应审查税收对资源效率的影响,并在可能的情况下考虑将税收转向资源利用。为防止总税负上升,可在增加材料使用税的同时降低劳动力税,刺激新的循环活动,创造就业机会并促进更具包容性的经济增长。

产品质量与安全监管。这类法规通常会限制产品在处置后的使用方式。它们可以完全限制二次使用(例如,食物即使仍可食用但被捐赠为食物垃圾)或降低二次产品的价值。政策制定者可以通过明确何时可以使用二级资源来减少这一障碍,同时继续保证质量和安全。危险化学品的存在是一个特别值得关注的领域,重要的是政策制定者和监管机构采取审慎的方法来审查产品安全法规对回收材料的适用性,尤其是那些含有有害物质的材料。

基础设施投资。我们从当地企业听到的最大挑战之一是缺乏用于收集、分类、回收、堆肥等的基础设施。开放和引导资金投入、加强和扩大废弃物回收利用基础设施建设仍然至关重要,需要新的基础设施将回收和再循环的材料重新整合到生产过程中。随着政策制定者认识到循环经济在发展和经济增长方面的潜力,他们应当优先考虑促进循环经济基础设施的投资,像对其他关键基础设施一样。

鉴于循环倡议的不断创新,未来很可能需要对政府法规和法律继续完善。这要求企业应不断与政策制定者接触，帮助发现当前法律和监管框架中的不足和障碍，并分享有关新循环经济实践和解决方案的潜力和影响的信息，以刺激循环经济的持续增长。

📖 **本章小结**

● 通过政策措施和公共投资以及召集其他行动者发展和推广循环实践，政府在加速向循环经济过渡方面发挥着关键作用。

● 加快循环经济发展的政策要有远见、有目标，并辅以监管、财税、公共投资、合作等措施。

● 循环经济已被各国决策者提上议程，但循环经济政策的实施和有效性因地区而异。

● 为促进循环倡议，政策制定者应解决以下五个方面的问题：废弃物定义、废弃物等级、税收、产品质量与安全以及基础设施投资。

注释

1. 欧盟委员会，《实施循环经济行动计划》，https://ec. europa. eu/environment/circular-economy/index_en. htm(2019 年 8 月 16 日访问)。

2. 中央编译出版社(Central Compilation & Translation Press)，《中华人民共和国国民经济和社会发展第十三个五年规划，2016—2020》，http://en. ndrc. gov. cn/newsrelease/201612/P020161207645765233498. pdf(2019 年 8 月 9 日访问)。

3. 李金惠(Jinhui Li)，《循环经济在实现可持续发展目标中的作用——以中国为例》，联合国区域发展中心，2016 年 12 月 26 日，http://www. uncrd. or. jp/content/documents/4414Background%20paper-Jinhui%20Li_Final-PS-1. pdf(2019 年 8 月 16 日访问)。

4. 国际环境与发展研究所(International Institute for Environment and Development)，《清洁和包容？中国和印度的电子垃圾回收》，2016 年 3 月，https://pubs. iied. org/pdfs/16611IIED. pdf(2019 年 8 月 12 日访问)。

5. 英国广播公司新闻，《为什么一些国家回收塑料垃圾》，2019 年 6 月 2 日，https://www. bbc. co. uk/news/world-48444874(2019 年 8 月 16 日访问)。

6. 欧洲议会，《关于生态设计指令 (2009/125/EC) 的实施情况》，2018 年 5 月 7 日，www. europarl. europa. eu/doceo/document/A-8-2018-0165_EN. html(2019 年 8 月 16 日访问)。

7. 加州资源循环和回收部(Cal Recycle)，《回收塑料产品和材料》，2018 年 7 月 26 日，https://www. calrecycle. ca. gov/plastics/recycled(2019 年 8 月 9 日访问)。

8. 塑料行动中心(Plastic Action Centre)，《七国集团海洋塑料宪章》，https://plasticactioncentre. ca/directory/ocean-plastics-charter/(2019 年 8 月 9 日访问)。

9. 英国政府网站(Gov. uk)，《资本免税额申请》，https://www. gov. uk/capital-allowances (2019 年 8 月 9 日访问)。

10. 理查德·奥林奇，《不要也不浪费：瑞典将对汽车修理给予税收减免》，《卫报》，2016 年 9 月 19 日，https://www. theguardian. com/world/2016/sep/19/waste-not-want-not-sweden-tax-breaks-repairs(2019 年 8 月 16 日访问)。

11. 《每日电讯报》，《法国将于 2019 年对使用不可回收塑料包装的商品进行处罚》，2018 年 8 月 12 日，https://www. telegraph. co. uk/news/2018/08/12/france-set-penalities-goods-packaged-non-recycled-plastic-2019/(2019 年 8 月 16 日访问)。

12. 经济合作与发展组织，《生产者责任延伸和在线销售环境的影响，第 142 号工作文件》，2019 年，www. oecd. org/officialdocuments/publicdisplaydocumentpdf/? cote ＝ ENV/WKP (2019)1＆docLanguage＝En(2019 年 8 月 16 日访问)。

13. 生态系统网站(Eco-systemes)，《法国法规》，https://www. eco-systemes. fr/en/frenchregulations(2019 年 8 月 16 日访问)。

14. 欧盟赞助的欧盟-印度行动计划支持设施环境，《欧盟和印度的废弃电气和电子设备：分享最佳实践》，欧洲对外行动局，http://eeas. europa. eu/archives/delegations/india/documents/eu_india/final_e_waste_book_en. pdf(2019 年 8 月 16 日访问)。

15. 《中国日报》(*China Daily*)，《中国公布生产者责任延伸计划》，2017 年 1 月 3 日，www. chinadaily. com. cn/china/2017-01/03/content_27851701. htm(2019 年 8 月 16 日访问)。

16. 智利政府官网(Gob. cl)，《巴切莱特(Bachelet)总统颁布回收和延伸生产者责任法》，2016 年 5 月 26 日，https://www. gob. cl/noticias/archivo-president-bachelet-enacts-the-recycling-and-extended-producer-liability-law/(2019 年 8 月 16 日访问)。

17. 经济合作与发展组织，《生产者责任延伸的现状：机遇与挑战》，2014 年 6 月 17 日至 19 日，https://www. oecd. org/environment/waste/Global％ 20Forum％ 20Tokyo％ 20Issues％ 20Paper％2030-5-2014. pdf(2019 年 8 月 16 日访问)。

18. 欧盟统计局(Eurostat)，《城市垃圾的统计数据》，2019 年 6 月，https://ec. europa. eu/eurostat/statistics-explained/index. php/Municipal_waste_statistics(2019 年 8 月 9 日访问)。

19. 世界银行，《固体废弃物管理》，2019 年 4 月 1 日，https://www. worldbank. org/en/topic/urbandevelopment/brief/solid-waste-management(2019 年 8 月 9 日访问)。

20. 美国环境保护署，《有害废弃物电子舱单系统》，2019 年 6 月 27 日，https://www. epa. gov/e-manifest(2019 年 8 月 9 日访问)。

21. 欧盟委员会，《欧盟委员会向欧洲议会、欧洲理事会、欧洲经济和社会委员会及各区域委员会提交的报告》，2019 年 3 月 4 日，http://ec. europa. eu/environment/circular-economy/pdf/report_implementation_circular_economy_action_plan. pdf(2019 年 8 月 12 日访问)。

22. 欧盟统计局，《与循环经济部门相关的私人投资、就业和总增加值》，2018 年 8 月 17 日，https://ec. europa. eu/eurostat/tgm/refreshTableAction. do? tab ＝ table&.plugin ＝ 1&.pcode ＝ cei_cie010&.language ＝ en(2019 年 8 月 12 日访问)。

23. 艾伦·麦克阿瑟基金会，《实现内在的"成长"》，https://www. ellenmacarthurfoundation. org/assets/downloads/publications/AchievingGrowth-Within-20-01-17. pdf (2019 年 8 月 16 日访问)。

24. 《经济时报》(*The Economic Times*)，《政府公布〈塑料废弃物管理规则〉》，https://economictimes. indiatimes. com/news/economy/policy/government-notifies-plastic-waste-management-rules-2016/articleshow/51459885. cms(2019 年 8 月 16 日访问)。

25. 世界银行，《世界银行在东盟海洋废弃物特别部长级会议上的声明》，2019 年 3 月 11 日，https://www. worldbank. org/en/news/speech/2019/03/11/world-bank-statement-at-the-special-aseanministerial-meeting-on-marine-debris(2019 年 8 月 16 日访问)。

26. 世界银行，《固体废弃物管理》，2019 年 4 月 1 日，https://www. worldbank. org/en/topic/urbandevelopment/brief/solid-waste-management(2019 年 8 月 9 日访问)。

27. 路透社，《肯尼亚出台世界上最严厉的塑料袋禁令：监禁 4 年罚款 4 万美元》，《卫报》，2017 年 8 月 28 日，https://www. theguardian. com/environment/2017/aug/28/kenya-brings-in-worlds-toughest-plastic-bag-ban-four-years-jail-or-40000-fine(2019 年 8 月 9 日访问)。

28. 巴塞尔行动网络，《循环经济的漏洞：WEEE 从欧洲渗漏. 电子垃圾透明项目》，2018 年，http://wiki. ban. org/images/f/f4/Holes_in_the_Circular_Economy-_WEEE_Leakage_from_Europe. pdf(2019 年 8 月 12 日访问)。

29. 加快循环经济平台，《非洲循环经济联盟》，https://www. acceleratecircular economy. org/african-circular-economy-alliance-index(2019 年 8 月 16 日访问)。

30. 澳大利亚政府(Australian Government)，《2018 年国家废弃物政策》，https://www. environment. gov. au/system/files/resources/d523f4e9-d958-466d-9fd1-3b7d6283f006/files/national-waste-policy-2018. pdf(2019 年 8 月 9 日访问)。

31. 新西兰环境部 (Ministry for the Environment—New Zealand)，《循环经济—Ōhangaāmiomio》，https://www. mfe. govt. nz/waste/circular-economy(2019 年 8 月 9 日访问)。

2. 斯瓦蒂·迪贝(Swati Dubey)，《新西兰发布一次性塑料袋全国禁令，Apna Time Kab Aayega》，Storypick 网站，2019 年 7 月 1 日，https://www. storypick. com/new-zealand-plastic-bags-ban/(2019 年 8 月 9 日访问)。

3. 新西兰环境部，《新西兰禁止使用一次性塑料袋购物》，https://www. mfe. govt. nz/waste/

singleuse-plastic-shopping-bags-banned-new-zealand(2019 年 8 月 9 日访问)。

34. 安大略省,《安大略省零浪费战略：建立循环经济》,2019 年 3 月 8 日,https://www. ontario. ca/page/strategy-waste-free-ontario-building-circular-economy(2019 年 8 月 9 日访问)。

35. 多伦多,《长期废弃物管理战略》,https://www. toronto. ca/services-payments/recycling-organics-garbage/long-term-waste-strategy/(2019 年 8 月 9 日访问)。

36. 循环经济实验室,《关于我们》,https://circulareconomylab. com/aboutceil/(2019 年 8 月 16 日访问)。

37. 国家零废弃物委员会,《本会简介》,http://www. nzwc. ca/about/council/Pages/default. aspx(2019 年 8 月 16 日访问)。

38. 能源效益及可再生能源办公室(Office of Energy Efficiency and Renewable Energy),《能源部宣布将投入 7 000 万美元用于美国的新改造项目》,2016 年 6 月 23 日,https://www. energy. gov/eere/articles/energy-department-announces-70-million-new-remade-america-institute(2019 年 8 月 9 日访问)。

39. 纽约市官网(NYC. gov),《零废弃物》,https://www1. nyc. gov/assets/dsny/site/our-work/zero-waste(2019 年 8 月 9 日访问)。

40. 美国国家环境保护署,《〈资源保护与恢复法〉摘要》,https://www. epa. gov/laws-regulations/summary-resource-conservation-and-recovery-act(2019 年 8 月 16 日访问)。

41. 佩塔尔·奥斯托伊奇(Petar Ostojic),《拉丁美洲走向循环》,Medium 平台,2019 年 5 月 26 日, https://medium. com/@ petarostojic/latin-america-goes-circular-5d1b73a96c27 (2019 年 8 月 9 日访问)。

42. 佩塔尔·奥斯托伊奇,《智利的循环经济之旅》,Medium 平台,2018 年 9 月 11 日,https://medium. com/@ petarostojic/chiles-journey-to-a-circulareconomy-8ea601c829ec (2019 年 8 月 9 日访问)。

43. Bnamericas 网站,《智利公布气候变化法草案》,2019 年 6 月 19 日,https://www. bnamericas. com/en/news/chile-unveils-draft-climate-changelaw(2019 年 8 月 9 日访问)。

44. 巴西经济部(Ministry of Economy—Brazil),《循环经济》,2018 年 6 月 29 日,http://www. mdic. gov. br/index. php/competitividade-industrial/sustentabilidade/economia-circular (2019 年 8 月 9 日访问)。

45. 美洲循环经济论坛 2018(CEFA 2018),《建设一个具有循环意识的大陆》,https://www. cefa2018. com(2019 年 8 月 16 日访问)。

23

循环的未来

我们正迅速接近临界点，届时消费模式和需求将超过地球的安全再生能力，更不用说繁荣发展。过去的十年我们一直被困在不可持续的生产和消费体系中。虽然技术进步使自然资源得到了更有效的利用，但消耗和浪费更多。循环经济转型是企业创新和创造新市场的绝佳机会，同时也能减少有害的环境影响，并改善社会经济。在战略上采用循环经济，可以为企业和社会创造巨大的金融和经济价值。这就是所谓的循环优势。

这种转变绝非易事。虽然循环的基本概念很简单——变废为宝——但打乱当前的生产和消费线性模型是一项艰巨的任务。正如本书所示，各种类型和规模的私营和公共组织都有令人印象深刻的例子，成功引导着这一转变。但要将转折点转变为机遇，需要在每个行业和地区发展循环经济。

为实现4.5万亿美元的潜在价值，企业需要评估当前的线性模型、核心资产和客户偏好，确定如何（而不是是否）向循环经济转型。我们提出的五种商业模式——循环投入、共享平台、产品使用扩展、产品即服务和资源回收——可以作为转型蓝图。在本书描述的27种物理、数字和生物技术的支持下，领导者可以复制和扩大循环创新，获得可观的财务收益。正如行业概述所示，这种方法适用于任何行业。每个行业改变线性系统的方式取决于当前的废弃物流、对自然资源的预期需求、消费者偏好和行业成熟度。向循环转型的方式和公司一样广泛而多样，为创新和再创造增加了很多可能。因此，需要综合考虑运营、产品和服务、文化和组织以及生态系统，明智地从线性向循环转型。

希望《循环经济之道》能帮助读者了解循环经济的基本原理，提供实用的工具和见解，规划组织的转型进程。虽然本书的目的是为领导者提供实用的"工具包"，但也希望能激励读者和刚刚开始踏上循环之路的人加入公司、政府、非政府组织、消费者和公众的行列中，共同打造更加再生和积极的未来。在这个未来，新商业模式和技术将引领强劲的增长和盈利能力,生产和消费被重新定义,环境和社会将更加繁荣。正如这场运动的发起者之一威廉·麦克多诺(William McDonough)所强调的那样:"丰足。惠及全人类。永续。"

附录 A： 4.5 万亿美元的潜在价值

目的

《变废为宝》(2015 年)估算了 2030 年的潜在价值为 4.5 万亿美元。《循环经济之道》希望重新审视这一分析,并做以下三件事:

(1) 根据最新可用数据进行更新,

(2) 了解期间发生的变化,

(3) 明确其他需求。

分析的目的是预估资源日益受限对全球 GDP 的潜在影响,进而了解循环经济重置这种关系的潜力。

本附录概述了主要研究结果,六步详细方法(包括来源)和研究局限性。

主要研究结果

- 自 2015 年《变废为宝》出版以来,我们重新审视了计算,发现机会规模没有实质性变化;事实上,估计相当保守。

- 到 2030 年,受到资源约束的影响,4.5 万亿美元全球 GDP 面临危机;相当于德国目前的经济规模(世界第四)。

- 大规模实行循环经济会释放价值,世界将继续保持当前的经济增长。

- 目前,全球经济对自然资源的需求相当于 1.7 倍地球的资源需求。

- 价值估计基于的假设是,到 2050 年世界成为"单一星球经济"(只使用可在一年内补充的资源)。

- 由于人们不断意识到破坏不可逆转,如果这一转变在 2050 年之前发生,那么潜在价值将急剧增加。

详细方法

鉴于这项工作是更新以前的分析，来源和方法使用保持一致。包括六个步骤：

1. 预测全球人口和全球 GDP

该模型的基础是了解资源失衡对未来 GDP 的潜在影响。需要根据以下三点，对 2050 年全球 GDP 进行预测：

i. 经合组织全球人口的历史数据和预测，[1]

ii. 总经济数据库的历史 GDP 数据(以 1990 年美元购买力平价计算)，[2]

iii. 基于经合组织和汇丰银行预测的预计 GDP(转换为 1990 年购买力平价美元)。[3,4]

这与 1970 年至 2050 年全球 GDP 和人均 GDP 的看法一致。

2. 理解 GDP 和资源消耗之间的关系

利用历史数据，该模型确定了 GDP 和资源消耗之间的关系。这是基于联合国环境规划署收集的数据集，该数据集跟踪了四类材料(以吨为单位)的国内材料消费(DMC)：

- 生物量
- 化石能源载体
- 矿石和工业矿物
- 建筑矿物质

1970 年，全世界总共消耗了 265.4 亿吨材料。到 2017 年，增至 416.6 亿吨。

利用这些数据，可以确定 DMC 和 GDP 之间的比率关系。每提取一吨原料，会产生多少 GDP。随着技术的进步，人类从资源中获取价值的效率也在不断提高。1970 年，1 美元的 GDP 需要 1.95 千克的材料。到 2017 年，这一比例降至 1.08 千克/美元。

3. 资源需求预测

历史数据显示了物质投入与经济产出比的改进率。该模型以十年为单位计算四种材料类别中每一种的变化率，对变化率进行加权，以利于最近几十年的变化，并确定四种可能的情况：

a. **不变：** 假设从单个单元中提取价值的能力已经达到峰值，不会有更多的改进。

b. **基线：** 投入/产出比改进将继续保持在历史加权平均水平。

c. **悲观：** 投入/产出比将继续改善，但处于历史加权平均数范围的最低端。

d. **乐观：** 投入/产出比将继续改善，但处于历史加权平均数范围的最高端。

因为这些情景有关改变变化率，所以每一年情景应用的差异都是复合的。这意味着在这四种情况下，总资源需求(基于一致的 GDP 预测)会有很大的变化。

情景	总资源需求(2030 年,十亿吨)
不变	112
基线	106
悲观	121
乐观	95

资源需求总量作为最后一个假设，通过部分排除建筑用矿物(留下总数的 10%)来减少需求。因为这些资源，如沙子，大量可得，不受稀缺性动态影响。

4. 预测资源供应

明确了历史和项目的资源需求后，下一步是确定资源的可用性。基于以下三个核心元素自上而下确定需求：

i. **生物承载力**：全球足迹网络对全世界生产性土地总公顷数的估计。目前这一数字为 122 亿公顷。该模型假设这个数字在 2050 年之前不变。[5]

ii. **足迹**：全球足迹网络还估算了目前人类活动每年所需的公顷面积。[6]

iii. **碳足迹强度**：最后，通过了解历史碳足迹强度比率，可以将碳足迹(单位：公顷)转换为"DMC 津贴"(单位：吨)。这决定支持一吨材料消耗需要多少公顷。1970 年，这个数字是每吨 0.55 公顷。到 2014 年(最近的可用日期)，这一数字为每吨 0.43 公顷。

有了这三个要素，还需要另外两组关键假设，就可以预测未来的资源供应。

首先，世界最终需要恢复到每年生态足迹不超过生物承载力的状态，被称为"单一星球经济"。如今，生态足迹为 213.3 亿公顷，或 1.7 倍生物承载力。该模型假定，与所有联合国机构一致，到 2050 年必须达到对等点。它还假设需要一个过渡期，从 $1.7 \times$ 到 $1.0 \times$ 两个阶段线性发展。2030 年将达到目标的 20%，到 2050 年实现目标。

第二个关键是预测足迹强度，同样通过设想来完成。根据加权平均历史变化率(每年 0.6%)，基准情景假设公顷/吨比率将继续改善。高情景和低情景依赖于 IPCC 的数据。全球二氧化碳排放预测可用于创建人均每吨 DMC 排放视图。悲观情景(RCP 2)假设该比率没有改善，而乐观情景(RCP 1)假设该比率将迅速改善(每年 1.5%)。

根据这五个组成部分，就可以根据每个场景(在上面第 3 节中定义)来理解全球

资源供应(或**允给量**),可以用数十亿吨来表示。每个场景的结果为:

情景	总资源**需求**(2030 年,十亿吨)
不变	48. 4
基线	44. 3
悲观	42. 4
乐观	53. 5

5. 确定资源不平衡

在计算了总资源需求(根据国内生产总值)和总资源**余量**(根据向"单个星球经济"转型)之后,就可以确定任何给定年份中每种情景的总资源不平衡。该分析将2030 年作为目标年。一旦总需求数字由于建筑材料丰富而打折扣,每种情况下的供应不平衡如下所示:

情景	总资源**需求**(2030 年,十亿吨)
不变	24. 1
基线	7. 0
悲观	18. 7
乐观	无

6. 转化为经济影响

最后一步是将资源不平衡转化为经济影响。模型使用了世界银行的生产函数,并确定每单位资源变化带来的国内生产总值的单位变化。[7] 包括以下四个关键阈值:

每单位资源减少(%)	GDP 单位变化(%)
<20	− 0. 33
20~50	− 0. 37
50~75	− 0. 43
75~92	− 0. 55

这些乘数已应用于每种情景,估算对 2030 年世界 GDP(以％计)的总影响及相应的美元价值。

最后,对两种最可能的情景(基线和乐观)进行加权平均,确定总体估算。考虑到乐观情景需要重大技术和社会变革,其权重为 10％。这与 IPCC 估计的上限是一致的。

不足

- 本评估的假设是人类必须停止不可持续地消耗资源。
- 虽然立场合理,但重要的是要认识到,每年消费不断增加的趋势在明显改变。
- 在大多数情况下,这种变化不可能由物质匮乏引起,而是由社会、政治和监管期望推动。
- 这是自上而下的分析,重点关注 GDP 和资源消耗之间的关系,并没有检验当前或未来循环经济对经济产出的贡献。
- 它与本书中其他任何模型没有任何直接关系(例如,行业级机会评估)。
- 没有对循环经济技术和业务的成熟度及能否弥补未来 GDP 增长的缺口进行评估。
- 本评估并不试图了解支持这一过渡所需的投资,以及投资刺激措施对国内生产总值的潜在影响。对比来说,马歇尔计划(按 2018 年的价值为 1 000 亿美元)估计使国民总收入增加了 2％～3％,而美国复苏和再投资计划(2009 年价值 7 500 亿美元)使美国经济产出增加了 2.5％。
- 本分析立足于全球,证明资源逐渐在国际共享。可以从地区层面(或世界主要经济体)深入研究,方法和研究结果有待完善。

注释

1. 经合组织统计数据,《欢迎来到 OECD 统计数据网站》,https://stats.oecd.org/(2019 年 8 月 30 日访问)。
2. 世界大企业联合会,《总体经济数据库™——关键发现》,https://www.conference-board.org/data/economydatabase/(2019 年 8 月 30 日访问)。
3. 经合组织统计数据,《实际 GDP 长期预测》,https://data.oecd.org/gdp/real-gdp-long-term-forecast.htm(2019 年 9 月 2 日访问)。
4. 汇丰银行全球研究,《2050 年的世界:量化全球经济变化》,2011 年 1 月,https://www.hs-

bc. ca/1/PA _ ES _ Content _ Mgmt/content/canada4/pdfs/business/hsbc-bwob-theworl-din2050-en. pdf(2019 年 9 月 2 日访问)。

5. 全球足迹网络,《衡量珍惜之物》,https://www. footprintnetwork. org(2019 年 8 月 30 日访问)。

6. 全球足迹网络,《开放数据平台》,http://data. footprintnetwork. org/♯/(2019 年 8 月 30 日访问)。

7. 世界银行,《国家财富在哪里?》,http://siteresources. worldbank. org/INTEEI/214578-1110886258964/20745221/Chapter8. pdf(2019 年 8 月 30 日访问)。

附录 B：行业层面的机会评估

目的

行业级机会评估考虑了循环举措对不同行业边际收益的影响，从而帮助理解循环经济的行业级机会。

分析通过量化每个行业内的循环机会充实了行业章节内容，这些机会产生价值转移，或通过增加收入或降低成本增加价值。

详细方法

五大分析步骤：

1. 衡量行业规模

根据彭博行业分类系统(BICS)，行业规模按 2018 年该行业相关公司的收入之和计算。根据外部研究，采用平均行业增长率，估算 2030 年行业的潜在规模。

2. 预计当前成本结构

行业成本结构是通过对该行业所有收入超过 70％ 的公司的各种成本项目，如销售成本(COGS)和销售、管理和行政费用(SG&A)的中位数，作为收入的百分比来预估。

3. 确定循环举措

通过探索公司的循环投资以及行业研究趋势和预测，确定整个行业的关键循环举措。

4. 确定举措的价值杠杆

举措影响分类根据其是否产生：

- **价值转移：** 通过市场份额转移或产品替代，在行业内实现价值转移。
- **价值增加：** 通过创造新收入或减少成本，增加行业的总价值。

5. 计算举措效益

估算举措的税息折旧及摊销前利润应乘以：

i. 行业规模，

ii. 作为行业规模的一部分,举措影响的价值杠杆规模,

iii. 根据行业研究、专家意见和领先公司的目标,举措对价值杠杆的影响。

"潜在价值"细分

"潜在价值"由两个关键杠杆驱动,即价值迁移和价值增加。

价值转移: 是导致收入从一个行业参与者(不循环或较少循环)转移到另一个行业参与者(较多循环)的举措对税息折旧及摊销前利润的影响。

这种转变可能由以下因素推动:

(1) **品牌价值:** 促使具有环保意识、重视循环产品组合或循环供应链的消费者收入发生变化的举措。

(2) **新商业模式:** 新商业模式,如转售或租赁,导致收入在行业内转向更优质的产品。

价值增加: 增加行业总规模或降低行业成本的举措对税息折旧及摊销前利润的影响。增加或减少的动力可能来自:

收入增加: 通过以下方式增加公司(或行业)收入:

(1) **溢价定价:** 公司能够因产品的循环价值收取更高费用的举措。

(2) **新收入来源:** 在行业内创造新的收入来源,并从邻近行业抢夺份额的举措。

降低成本: 通过以下方式降低公司(或行业)成本的举措:

(1) **循环设计:** 减少材料/能源的使用或重复使用废弃物,

(2) **减少生产:** 更好地预测,准确生产,减少浪费,

(3) **可持续的投入:** 通过采购更便宜的再生资源降低投入成本,

(4) **智能操作:** 通过提高运营效率减少浪费(见图 B.1)。

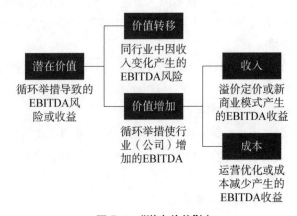

图 B.1 "潜在价值"树

Index
索　引